听香深处——魅力

苏州园林园境系列

曹林娣 ◎ 主编

曹林娣 ◎ 著

中国电力出版社
CHINA ELECTRIC POWER PRESS

内容提要

《苏州园林园境系列》是多方位地挖掘苏州园林文化内涵，并对园林及具体装饰构件进行文化阐释的专门性著作。本册是系列的开篇，全书分为八章，全面展示了苏州园林这一文化经典锻铸的历程，以及苏州园林作为中华文化经典、世界艺术瑰宝的价值。从全局的视角，探讨和揭示苏州园林永恒魅力的生命密码。

图书在版编目（CIP）数据

苏州园林园境系列. 听香深处·魅力 / 曹林娣著、主编.
—北京：中国电力出版社，2021.9（2023.5重印）
ISBN 978-7-5198-4993-1

Ⅰ. ①苏… Ⅱ. ①曹… Ⅲ. ①古典园林—园林艺术—苏州 Ⅳ. ① TU986.625.33

中国版本图书馆 CIP 数据核字（2020）第 182817 号

出版发行：中国电力出版社
地　　址：北京市东城区北京站西街 19 号（邮政编码 100005）
网　　址：http://www.cepp.sgcc.com.cn
责任编辑：曹　巍　（010-63412609）
责任校对：黄　蓓　王小鹏
书籍设计：锋尚设计
责任印制：杨晓东

印　　刷：北京瑞禾彩色印刷有限公司
版　　次：2021 年 9 月第一版
印　　次：2023 年 5 月北京第二次印刷
开　　本：787 毫米 ×1092 毫米　16 开本
印　　张：16.75
字　　数：343 千字
定　　价：78.00 元

苏州

园林

听香深处——魅力

总序

序一

序二

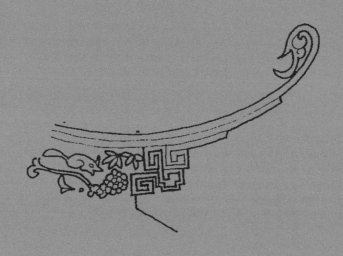

《苏州园林园境》系列，是多方位地挖掘苏州园林文化内涵，并对园林及具体装饰构件进行文化阐释的专业性著作。首先要厘清的基本概念是何谓"园林"。《佛罗伦萨宪章》[①] 用词源学的术语来表达"历史园林"的定义是：园林"就是'天堂'，并且也是一种文化、一种风格、一个时代的见证，而且常常还是具有创造力的艺术家独创性的见证"。明确地说：园林是人们心目中的"天堂"；园林也是艺术家创作的艺术作品。

但是，诚如法国史学家兼文艺批评家伊波利特·丹纳（Hippolyte Taine，1828—1893）在《艺术哲学》中所言，文艺作品是"自然界的结构留在民族精神上的印记"。世界各民族心中构想的"天堂"各不相同，相比构成世界造园史中三大动力的古希腊、西亚和中国 [②] 来说：古希腊和西亚属于游牧和商业文化，是西方文明之源，实际上都溯源于古埃及。位于"热带大陆"的古埃及，国土面积的 96% 是沙漠，唯有尼罗河像一条细细的绿色缎带，所以，古埃及人有与生俱来的"绿洲情结"。尼罗河泛滥水退之后丈量耕地、兴修水利以及计算仓廪容积等的需要，促进

① 国际古迹遗址理事会与国际历史园林委员会于 1981 年 5 月 21 日在佛罗伦萨召开会议，决定起草一份将以该城市命名的历史园林保护宪章即《佛罗伦萨宪章》，并由国际古迹遗址理事会于 1982 年 12 月 15 日登记作为涉及有关具体领域的《威尼斯宪章》的附件。

② 1954 年在维也纳召开世界造园联合会（IFLA）会议，英国造园学家杰利科（G. A. Jellicoe）致辞说：世界造园史中三大动力是古希腊、西亚和中国。

了几何学的发展。古希腊继承了古埃及的几何学。哲学家柏拉图曾悬书门外："不通几何学者勿入。"因此，"几何美"成为西亚和西方园林的基本美学特色；基于植物资源的"内不足"，胡夫金字塔和雅典卫城的石构建筑，成为石质文明的代表；"政教合一"的西亚和欧洲，神权高于或制约着皇权，教堂成为最美丽的建筑，而"神体美"成为建筑柱式美的标准……

中国文化主要属于农耕文化，中国陆地面积位居世界第三：黄河流域的粟作农业成为春秋战国时期齐鲁文化即儒家文化的物质基础，质朴、现实；长江流域的稻作农业成为楚文化即道家文化的物质基础，飘逸、浪漫。[①]

我国的"园林"，不同于当今宽泛的"园林"概念，当然也不同于英、美各国的园林观念（Garden、Park、Landscape Garden）。

科学家钱学森先生说："园林毕竟首先是一门艺术……园林是中国的传统，一种独有的艺术。园林不是建筑的附属物……国外没有中国的园林艺术，仅仅是建筑物上附加一些花、草、喷泉就称为'园林'了。外国的 Landscape（景观）、Gardening（园技）、Horticulture（园艺）三个词，都不是'园林'的相对字眼，我们不能把外国的东西与中国的'园林'混在一起……中国的'园林'是他们这三个方面的综合，而且是经过扬弃，达到更高一级的艺术产物。"[②]

中国艺术史专家高居翰（James Cahill）等在《不朽的林泉·中国古代园林绘画》（*Garden Paintings in Old China*）一书中也说："一座园林就像一方壶中天地，园中的一切似乎都可以与外界无关，园林内外仿佛使用着两套时间，园中一日，世上千年。就此意义而言，园林便是建造在人间的仙境。"[③]

孟兆祯院士称园林是中国文化"四绝"之一，是特殊的文化载体，它们既具有形的物质构筑要素，诸如山、水、建筑、植物等，作为艺术，又是传统文化的历史结晶，其核心是社会意识形态，是民族的"精神产品"。

苏州园林是在咫尺之内再造乾坤设计思想的典范，"其艺术、自然与哲理的完美结合，创造出了惊人的美和宁静的和谐"，九座园林相继被列入了世界文化遗产名录。

苏州园林创造的生活境域，具有诗的精神涵养、画的美境陶冶，同时渗透着生态意识，组成中国人的诗意人生，构成高雅浪漫的东方情调，体现了罗素称美的"东方智慧"，无疑是世界艺术瑰宝、中华高雅文化的经典。经典，积淀着中华民族最深沉的精神追求，包含着中华民族最根本的精神基因，代表着中华民族独特的精神标识，正是中华文化独特魅力之所在！也正是民族得以延续的精神血脉。

但是，就如陈从周先生所说："苏州园林艺术，能看懂就不容易，是经过几代人的琢磨，又有很深厚的文化，我们现代的建筑

① 蔡丽新主编，曹林娣著：《苏州园林文化》《江苏地方文化名片丛书》，南京：南京大学出版社，2015年，第1—2页。

② 钱学森：《园林艺术是我国创立的独特艺术部门》，选自《城市规划》1984年第1期，系作者1983年10月29日在第一期市长研究班上讲课的内容的一部分，经合肥市副市长、园林专家吴翼根据录音整理成文字稿。

③ 高居翰，黄晓，刘珊珊：《不朽的林泉·中国古代园林绘画》，生活·读书·新知三联书店，2012年，第44页。

师们是学不会，也造不出了。"阮仪三认为，不经过时间的洗磨、文化的熏陶，单凭急功近利、附庸风雅的心态，"造园子想一气呵成是出不了精品的"。[①]

基于此，为了深度阐扬苏州园林的文化美，几年来，我们沉潜其中，试图将其如实地和深入地印入自己的心里，来"移己之情"，再将这些"流过心灵的诗情"放射出去，希望以"移人之情"。

我们竭力以中国传统文化的宏通视野，对苏州园林中的每一个细小的艺术构件进行精细的文化艺术解读，同时揭示含蕴其中的美学精髓。诚如宗白华先生在《美学散步》中所说的：

> 美对于你的心，你的"美感"是客观的对象和存在。你如果要进一步认识她，你可以分析她的结构、形象、组成的各部分，得出"谐和"的规律、"节奏"的规律、表现的内容、丰富的启示，而不必顾到你自己的心的活动，你越能忘掉自我，忘掉你自己的情绪波动、思维起伏，你就越能够"漱涤万物，牢笼百态"（柳宗元语），你就会像一面镜子，像托尔斯泰那样，照见了一个世界，丰富了自己，也丰富了文化。[②]

本系列名《苏州园林园境》，这个"境"指的是境界，是园景之"形"与园景之"意"相交融的一种艺术境界，呈现出来的是情景交融、虚实相生、活跃着生命律动的韵味无穷的诗意空间，人们能于有形之景兴无限之情，反过来又生不尽之景，迷离难分。"景境"有别于渊源于西方的"景观"，"景观"一词最早出现在希伯来文的《圣经》旧约全书中，含义等同于汉语的"风景""景致""景色"，等同于英语的"scenery"，是指一定区域呈现的景象，即视觉效果。

苏州园林是典型的文人园，诗文兴情以构园，是清代张潮《幽梦影·论山水》中所说的"地上之文章"，是为情而构的文人主题园。情能生文，亦能生景，园林中沉淀着深刻的思想，不是用山水、建筑、植物拼凑起来的形式美构图！

《苏州园林园境》系列由七本书组成：

《听香深处——魅力》一书，犹系列开篇，全书八章，首先从滋育苏州园林的大吴胜壤、风华千年的历史，全面展示苏州园林这一文化经典锻铸的历程，犹如打开一幅中华文明的历史画卷；接着从园林反映的人格理想、摄生智慧、心灵滋养、艺术品格诸方面着笔，多方面揭示了苏州园林作为中华文化经典、世界艺术瑰宝的价值；又从苏州园林到今天的园林苏州，说明苏州园林文化艺术在当今建设美丽中华中的勃勃生命力；最后一章的余韵流芳，写苏州园

① 阮仪三：《江南古典私家园林》，南京：译林出版社，2012年，第267页。

② 宗白华：《美学散步（彩图本）》，上海：上海人民出版社，2015年，第17页。

林已经走出国门，成为中华文化使者，惊艳欧洲、植根日本，并落户北美，成为异国他乡的永恒贵宾，从而展示了苏州园林的文化魅力所在。

《景境构成——品题》一书，诠释园林显性的文学体裁——匾额、摩崖和楹联，并一一展示实景照，介绍书家书法特点，使人们在诗境的涵养中，感受到"诗意栖居"的魅力！品题内容涉及社会历史、人文及形、色、情、感、时、节、味、声、影等，品题词句大多是从古代诗文名句中撷来的精英，或从风景美中提炼出来的神韵，典雅、含蓄，立意深邃、情调高雅。它们是园林景境的说明书，也是园主心灵的独白；透露了造园设景的文学渊源，将园景作了美的升华，是园林风景的一种诗化，也是中华文化的缩影。徜徉园中，识者能从园里的境界中揣摩玩味，从中获得中国古典诗文的醇香厚味。

《含情多致——门窗》《透风漏月——花窗》[①]《吟花席地——铺地》《木上风华——木雕》《凝固诗画——塑雕》五书，收集了苏州园林门窗（包括花窗）、铺地、脊塑墙饰、石雕、裙板雕梁等艺术构建上美轮美奂的装饰图案，进行文化解读。这些图案，一一附丽于建筑物上，有的原为建筑物件，随着结构功能的退化，逐渐演化为纯装饰性构件，建筑装饰不仅赋予建筑以美的外表，更赋予建筑以美的灵魂。康德在《判断力批判》"第一四节"中说：

在绘画、雕刻和一切造型艺术里，在建筑和庭园艺术里，就它们是美的艺术来说，本质的东西是图案设计，只有它才不是单纯地满足感官，而是通过它的形式来使人愉快，所以只有它才是审美趣味的最基本的根源。[②]

古人云：言不尽意，立象以尽意。符号使用有时要比语言思维更重要。这些图案无一不是中华文化符码，因此，不仅将精美的图案展示给读者，而且对这些文化符码一一进行"解码"，即挖掘隐含其中的文化意义和形成这些文化意义的缘由。这些文化符号，是中华民族古老的记忆符号和特殊的民族语言，具有丰富的内涵和外延，在一定意义上可以说是中华民族的心态化石。书中图案来自苏州最经典园林的精华，我们对苏州经典园林都进行了地毯式的收集并筛选，适当增加苏州小园林中比较有特色的图案，可以代表中国文人园装饰图案的精华。

由以上文化符号，组成人化、情境化了的"物境"，生动直观，且与人们朝夕相伴，不仅"养目"，而且通过文化的"视觉传承"以"养心"，使人在赏心悦目的艺境陶冶中，培养情操，涤胸洗襟，精神境界得以升华。

① "花窗"应该是"门窗"的一个类型，但因为苏州园林"花窗"众多，仅仅沧浪亭一园就有108式，为了方便在实际应用中参考，故将"花窗"从"门窗"中分出，另为一书。

② 转引自朱光潜：《西方美学史》下卷，北京：人民文学出版社，1964年版，第18页。

意境隽永的苏州园林展现了中华风雅的生活境域和生存智慧，也彰显了中华文化对尊礼崇德、修身养性的不懈追求。

苏州园林一园之内，楼无同式，山不同构、池不重样，布局旷如、奥如，柳暗花明，处处给人以审美惊奇，加上举目所见的美的画面和异彩纷呈的建筑小品和装饰图案，有效地避免了审美疲劳。

朱光潜先生说过："心理印着美的意象，常受美的意象浸润，自然也可以少存些浊念……一切美的事物都有不令人俗的功效。"①

诚如台湾学者贺陈词在黄长美《中国庭院与文人思想》的序中指出的，"中国文化是唯一把庭园作为生活的一部分的文化，唯一把庭园作为培育人文情操、表现美学价值、含蕴宇宙观人生观的文化，也就是中国文化延续四千多年于不坠的基本精神，完全在庭园上表露无遗。"②

苏州园林是熔文学、戏剧、哲学、绘画、书法、雕刻、建筑、山水、植物配植等艺术于一炉的艺术宫殿，作为中华文化的综合艺术载体，可以挖掘和解读的东西很多，本书难免挂一漏万，错误和不当之处，还望识者予以指正。

① 朱光潜:《把心磨成一面镜:朱光潜谈美与不完美》，北京:中国轻工业出版社，2017年版，第 185 页。

② 黄长美:《中国庭院与文人思想》序，台北:明文书局，1985 年版，第 3 页。

曹林娣

辛丑桐月于苏州南林苑寓所

　　世界遗产委员会评价苏州园林是在咫尺之内再造乾坤设计思想的典范，"其
艺术、自然与哲理的完美结合，创造出了惊人的美和宁静的和谐"，而精雕细琢
的建筑装饰图案正是创造"惊人的美"的重要组成部分。

　　中国建筑装饰复杂而精微，在世界上是无与伦比的。早在商周时期我国就
有了砖瓦的烧制；春秋时建筑就有"山节藻棁"；秦有花砖和四象瓦当；汉画
像砖石、瓦当图文并茂，还出现带龙首兽头的栏杆；魏晋建筑装饰兼容了佛教
艺术内容；刚劲富丽的隋唐装饰更具夺人风采；宋代装饰与建筑有机结合；明
清建筑装饰风格沉雄深远；清代中叶以后西洋建材应用日多，但装饰思想大多
向传统皈依，纹饰趋向繁缛琐碎，但更细腻。

　　本系列涉及的苏州园林建筑装饰，既包括木装修的内外檐装饰，也包括从属
于建筑的带有装饰性的园林细部处理及小型的点缀物等建筑小品，主要包括：精
细雅丽的苏式木雕，有浮雕、镂空雕、立体圆雕、锼空雕刻、镂空贴花、浅雕等
各种表现形式，饰以古拙、幽雅的山水、花卉、人物、书法等雕刻图案；以绮、
妍、精、绝称誉于世的砖雕，有平面雕、浮雕、透空雕和立体形多层次雕等；石
雕，分直线凿雕、花式平面线雕、阳雕、阴雕、浮雕、深雕、透雕等类；脊饰，

诸如龙吻脊、鱼龙脊、哺龙脊、哺鸡脊、纹头脊、甘蔗脊等，以及垂脊上的祥禽、瑞兽、仙卉，绚丽多姿；被称为"凝固的舞蹈""凝固的诗句"的堆塑、雕塑等，展现三维空间形象艺术；变化多端、异彩纷呈的漏窗；"吟花席地，醉月铺毡"的铺地；各式洞门、景窗，可以产生"触景生奇，含情多致，轻纱环碧，弱柳窥青"艺术效果的门扇窗棂等。这些凝固在建筑上的辉煌，足可使苏州香山帮的智慧结晶彪炳史册。

园林的建筑装饰主要呈现出的是一种图案美，这种图案美是一种工艺美，是科技美的对象化。它首先对欣赏者产生视觉冲击力。梁思成先生说：

> 然而艺术之始，雕塑为先。盖在先民穴居野处之时，
> 必先凿石为器，以谋生存；其后既有居室，乃作绘事，
> 故雕塑之术，实始于石器时代，艺术之最古者也。①

1930 年，他在东北大学演讲时曾不无遗憾地说，我国的雕塑艺术，"著名学者如日本之大村西崖、常盘大定、关野贞，法国之伯希和（Paul Pelliot）、沙畹（Édouard Émmdnnuel Chavannes），瑞典之喜龙仁（Prof Osrald Sirén），俱有著述，供我南车。而国人之著述反无一足道者，能无有愧？"②

叶圣陶先生在《苏州园林》一文中也说：

苏州园林里的门和窗，图案设计和雕镂琢磨工夫都是工艺美术的上品。大致说来，那些门和窗尽量工细而决不庸俗，即使简朴而别具匠心。四扇，八扇，十二扇，综合起来看，谁都要赞叹这是高度的图案美。

苏州园林装饰图案，更是一种艺术符号，是一种特殊的民族语言，具有丰富的内涵和外延，催人遐思、耐人涵咏，诚如清人所言，一幅画，"与其令人爱，不如使人思"。苏州园林的建筑装饰图案题材涉及天地自然、祥禽瑞兽、花卉果木、人物、文字、古器物，以及大量的吉祥组合图案，既反映了民俗精华，又映射出士大夫文化的儒雅之气。"建筑装饰图案是自然崇拜、图腾崇拜、祖先崇拜、神话意识等和社会意识的混合物。建筑装饰的品类、图案、色彩等反映了大众心态和法权观念，也反映了民族的哲学、文学、宗教信仰、艺术审美观念、风土人情等，它既是我们可以感知的物化的知识力量构成的物态文化层，又属于精神创造领域的文化现象。中国古典园林建筑上的装饰图案，密度最高，文化容量最大，因此，园林建筑成为中华民族古老的记忆符号最集中的信息载体，在一定意义上可以说是中华民族的'心态化石'。"③苏州园林的建筑装饰图案不啻一部中华文化"博物志"。

① 梁思成：《中国雕塑史》，天津：百花文艺出版社，1998 年，第 1 页。

② 同上，第 1-2 页。

③ 曹林娣：《中国园林文化》，北京：中国建筑工业出版社，2005 年，第 203 页。

美国著名人类学家 L. A. 怀德说"全部人类行为由符号的使用所组成，或依赖于符号的使用"①，才使得文化（文明）有可能永存不朽。符号表现活动是人类智力活动的开端。从人类学、考古学的观点来看，象征思维是现代心灵的最大特征，而现代心灵是在距今五万年到四十万年之间的漫长过程中形成的。象征思维能力是比喻和模拟思考的基础，也是懂得运用符号，进而发展成语言的条件。"一个符号，可以是任意一种偶然生成的事物（一般都是以语言形态出现的事物），即一种可以通过某种不言而喻的或约定俗成的传统或通过某种语言的法则去标示某种与它不同的另外的事物。"②也就是雅各布森所说的通过可以直接感受到的"指符"（能指），可以推知和理解"被指"（所指）。苏州园林装饰图案的"指符"是容易被感知的，但博大精深的"被指"，却留在了古人的内心，需要我们去解读，去揭示。

一

苏州园林建筑的装饰符号，保留着人类最古老的文化记忆。原始人类"把它周围的实在感觉成神秘的实在：在这种实在中的一切不是受规律的支配，而是受神秘的联系和互渗律的支配"。③

早期的原始宗教文化符号，如出现在岩画、陶纹上的象征性符号，往往可以溯源于巫术礼仪，中国本信巫，巫术活动是远古时代重要的文化活动。动物的装饰雕刻，源于狩猎巫术的特殊实践。旧石器时代的雕刻美术中，表现动物的占到全部雕刻的五分之四。发现于内蒙古乌拉特中旗的"猎鹿"岩画，"是人类历史上最早的巫术与美术的联袂演出"④。世界上最古老的岩画是连云港星图岩画，画中有天圆地方观念的形象表示；"蟾蜍驮鬼"星象岩画是我国最早的道教"阴阳鱼"的原型和阴阳学在古代地域规划上的运用。

甘肃成县天井山麓鱼窍峡摩崖上刻有汉灵帝建宁四年（171年）的《五瑞图》，是我国现存最早的石刻吉祥图。

吴越地区陶塑纹饰多为方格宽带纹、弧线纹、绳纹和篮纹、波浪纹等，尤其是弧线纹和波浪纹，更可看出是对天（云）和地（水）崇拜的结果。而良渚文化中的双目锥形足和鱼鳍形足的陶鼎，不但是夹砂陶中的代表性器具，也是吴越地区渔猎习俗带来的对动物（鱼）崇拜的美术表现。⑤

海岱地区的大汶口—山东龙山文化，虽也有自己的彩绘风格和彩陶器，但这一带史前先民似乎更喜欢用陶器的造型来表达自己的审美情趣和崇拜习俗。呈现鸟羽尾状的带把器，罐、瓶、壶、

① [美] L. A. 怀德：《文化科学》，曹锦清，等译，杭州：浙江人民出版社，1988年，第21页。

② [美] 艾恩斯特·纳盖尔：《符号学和科学》，选自蒋孔阳主编《二十世纪西方美学名著选》（下），上海：复旦大学出版社，1988年，第52页。

③ [法] 列维·布留尔：《原始思维》，丁译，北京：商务印书馆1981年，第238页。

④ 左汉中：《中国民间美术造型》，长沙：湖南美术出版社，1992年，第70页。

⑤ 姜彬：《吴越民间信仰民俗》，上海：上海文艺出版社，1992年，第472—473页。

盖之上鸟喙状的附纽或把手，栩栩如生的鸟形鬶和风靡一个时代的鹰头鼎足，都有助于说明史前海岱之民对鸟的崇拜。[1]

鸟纹经过一段时期的发展，变成大圆圈纹，形象模拟太阳，可称之为拟日纹。象征中国文化的太极阴阳图案，根据考古发现，它的原形并非鱼形，而是"太阳鸟"鸟纹的大圆圈纹演变而来的符号。

彩陶中的几何纹诸如各种曲线、直线、水纹、漩涡纹、锯齿纹等，都可看作是从动物、植物、自然物以及编织物中异化出来的纹样。如菱形对角斜形图案是鱼头的变化，黑白相间菱形十字纹、对向三角燕尾纹是鱼身的变化（序一图1）等。几何形纹还有颠倒的三角形组合、曲折纹、"个"字形纹、梯形锯齿形纹、圆点纹或点、线等极为单纯的几何形象。

"中国彩陶纹样是从写实动物形象逐渐演变为抽象符号的，是由再现（模拟）到表现（抽象化），由写实到符号，由内容到形式的积淀过程。"[2]

序一图1　双鱼形（仰韶文化）

符号最初的灵感来源于生活的启示，求生和繁衍是原始人类最基本的生活要求，于是，基于这类功利目的的自然崇拜的原始符号，诸如天地日月星辰、动物植物、生殖崇拜、语音崇拜等，虽然原始宗教观念早已淡漠，但依然栩栩如生地存在于园林装饰符号之中，就成为符号"所指"的内容范畴。

"这种崇拜的对象常系琐屑的无生物，信者以为其物有不可思议的灵力，可由以获得吉利或避去灾祸，因而加以虔敬。"[3]

《礼记·明堂位》称，山罍为夏后氏之尊，《礼记·正义》谓罍为云雷，画山云之形以为之。三代铜器最多见之"雷纹"始于此。[4] 如卍字纹、祥云纹、冰雪纹、拟日纹，乃至压火的鸱吻、厌胜钱、方胜等，在苏州园林中触目皆是，都反映了人们安居保平安的心理。

古人创造某种符号，往往立足于"自我"来观照万物，用内心的理想视象审美观进行创造，它们只是一种审美的心象造型，并不在乎某种造型是否合乎逻辑或真实与准确，只要能反映出人们的理解和人们的希望即可。如四灵中的龙、凤、麟等。

龟鹤崇拜，就是万物有灵的原始宗教和神话意识、灵物崇拜

① 王震中：《应该怎样研究上古的神话与历史——评〈诸神的起源〉》，《历史研究》，1988年，第2期。

② 陈兆复、邢琏：《原始艺术史》，上海：上海人民出版社，1998年版，第191页。

③ 林惠祥：《文化人类学》，北京：商务印书馆，1991年版，第236页。

④ 梁思成：《中国雕塑史》，天津：百花文艺出版社，1998年版，第1页。

和社会意识的混合物。龟，古代为"四灵"之一，相传龟者，上隆象天，下平象地，它左睛象日，右睛象月，知存亡吉凶之忧。龟的神圣性由于在宋后遭异化，在苏州园林中出现不多，但龟的灵异、长寿等吉祥含义依然有着强烈的诱惑力，园林中还是有大量的等六边形组成的龟背纹铺地、龟锦纹花窗（序一图2）等建筑小品。鹤在中华文化意识领域中，有神话传说之美、吉利象征之美。它形迹不凡，"朝戏于芝田，夕饮乎瑶池"，常与神仙为俦，王子

序一图2　龟锦纹窗饰（留园）

乔曾乘白鹤驻缑氏山头（道家）。丁令威化鹤归来。鹤标格奇俊，唳声清亮，有"鹤千年，龟万年"之说。松鹤长寿图案成为园林建筑装饰的永恒主题之一。

　　人类对自身的崇拜比较晚，最突出的是对人类的生殖崇拜和语音崇拜。生殖崇拜是园林装饰图案的永恒母题。恩格斯说过："根据唯物主义的观点，历史中的决定因素，归根结底是直接生活的生产和再生产。但是，生产本身又有两种。一方面是生产资料即食物、衣服、住房以及为此所必需的工具的生产；另一方面是人类自身的生产，即种的繁衍。"[①]

　　普列哈诺夫也说过，"氏族的全部力量，全部生活能力，决定于它的成员的数目"，闻一多也说："在原始人类的观念里，结婚是人生第一大事，而传种是结婚的唯一目的。"[②]

　　生殖崇拜最初表现为崇拜妇女，古史传说中女娲最初并非抟土造人，而是用自己的身躯"化生万物"，仰韶文化后期，男性生殖崇拜渐趋占据主导地位。苏州园林装饰图案中，源于爱情与生命繁衍主题的艺术符号丰富绚丽，象征生命礼赞的阴阳组合图案随处可见：象征阳性的图案有穿莲之鱼、采蜜之蜂、鸟、蝴蝶、狮子、猴子等，象征阴性的有蛙、兔子、荷莲（花）、梅花、牡丹、石榴、葫芦、瓜、绣球等，阴阳组合成的鱼穿莲、鸟站莲、蝶恋花、榴开百子、猴吃桃、松鼠吃葡萄（序一图3）、瓜瓞绵绵、狮子滚绣球、喜鹊登梅、龙凤呈祥、凤穿牡丹、丹凤朝阳等，都有一种创造生命的暗示。

　　语音本是人类与生俱来的本能，但原始先民却将语音神圣化，看成天赐之物，是神造之物，产生了语音拜物教。[③]于是，被视为上帝对人类训词的"九畴"和"五福"等都被看作是神圣的、万能的，可以赐福降魔。早在上古时代，就产生了属于咒语性质的歌谣，园林装饰图案大量运用谐音祈福的符号都烙有原始人类语音崇拜的胎记，寄寓的是人们对福（蝙蝠、佛手）、禄（鹿、鱼）

① ［德］恩格斯《家庭、私有制和国家的起源》第一版序言，见《马克思恩格斯选集》第4卷第2页。

② 《闻一多全集》第1卷《说鱼》。

③ 曹林娣：《静读园林·第四编·谐音祈福吉祥画》，北京：北京大学出版社，2006年，第255—260页。

序一图3　松鼠吃葡萄（耦园）

寿（兽）、金玉满堂（金桂、玉兰）、善（扇）及连（莲）生贵子等愿望。

植物的灵性不像动物那样显著，因此，植物神灵崇拜远不如动物神灵崇拜那样丰富而深入人心。但是，植物也是原始人类观察采集的主要对象及赖以生存的食物来源。植物也被万物有灵的光环笼罩着，仅《山海经》中就有圣木、建木、扶木、若木、朱木、白木、服常木、灵寿木、甘华树、珠树、文玉树、不死树等二十余种，这些灵木仙卉，"珠玕之树皆丛生，华实皆有滋味，食之皆不老不死"。[1]灵芝又名三秀，清陈淏子《花镜·灵芝》还认为，灵芝是"禀山川灵异而生"，"一年三花，食之令人长生"。松柏、万年青之类四季常青、寿命极长的树木也被称为"神木"。这类灵木仙卉就成为后世园林装饰植物类图案的主要题材。东山春在楼门楼平地浮雕的吉祥图案是灵芝（仙品，古传说食之可保长生不老，甚至入仙）、牡丹（富贵花，为繁荣昌盛、幸福和平的象征）、石榴（多子，古人以多子为多福）、蝙蝠（福气）、佛手（福气）、菊花（吉祥与长寿）等。

神话也是园林图案发生源之一，神话是文化的镜子，是发现人类深层意识活动的媒介，某一时代的新思潮，常常会给神话加上一件新外套。"经过神话，人类逐步迈向了人写的历史之中，神话是民族远古的梦和文化的根；而这个梦是在古代的现实环境中的真实上建立起来的，并不是那种'懒洋洋地睡在棕榈树下白日见鬼、白昼做梦'（胡适语）的虚幻和飘缈。"[2]神话作为一种原始意象，"是同一类型的无数经验的心理残迹""每一个原始意象中都有着人类精神和人类命运的一块碎片，都有着在我们祖先的历史中重复了无数次的欢乐和悲哀的残余，并且总的来说，始终遵循着同样的路线。它就像心理中的一道深深开凿过的河床，生命之流（可以）在这条河床中突然涌成一条大江，而不是像先前那样在宽阔而清浅的溪流中向前漫淌"。[3]作为一种民族集体无意识的产物，它通过文化积淀的形式传承下去，传承的过程中，有些神话被仙化或被互相嫁接，这是一种集体改编甚至再创造。今天我们在园林装饰图案中见到的大众喜闻乐见的故事，有不少属于此类。如麻姑献寿、八仙过海、八仙庆寿、天官赐福、三星高照、牛郎织女、天女散花、和合二仙（序一图4）、嫦娥奔月、刘海戏金蟾等，这些神话依然跃动着原初的魅力。所以，列维·斯特劳斯说："艺

①《列子》第5《汤问》。

② 王孝廉：《中国的神话世界》，北京：作家出版社，1991年版，第6页。

③ ［瑞典］荣格：《心理学与文学》，冯川，苏克译. 生活·读书·新知三联书店，1987年版。

序一图4　和合二仙（忠王府）

术存在于科学知识和神话思想或巫术思想的半途之中。"①

　　史前艺术既是艺术，又是宗教或巫术，同时又有一定的科学成分。春在楼门楼文字额下平台望柱上圆雕着"福、禄、寿"三吉星图像。项脊上塑有"独占鳌头""招财利市"的立体雕塑。上枋横幅圆雕为"八仙庆寿"。两条垂脊塑"天官赐福"一对，道教以"天、地、水"为"三官"，即世人崇奉的"三官大帝"，而上元天官大帝主赐福。两旁莲花垂柱上端刻有"和合二仙"，一人持荷花，一人捧圆盒，为和好谐美的象征。门楼两侧厢楼山墙上端左右两八角窗上方，分别塑圆形的"和合二仙"和"牛郎织女"，寓意夫妻百年好合，终年相望。神话故事中有不少是从日月星辰崇拜衍化而来，如三星、牛郎织女是星辰的人化，嫦娥是月的人化。

　　可以推论，自然崇拜和人们各种心理诉求诸如强烈的生命意识、延寿纳福意愿、镇妖避邪观念和伦理道德信仰等符号经纬线，编织起丰富绚丽的艺术符号网络——一个知觉的、寓意象征的和心象审美的造型系列。某种具有象征意义的符号一旦被公认，便成为民族的集体契约，"它便像遗传基因一样，一代一代传播下去。尽管后代人并不完全理解其中的意义，但人们只需要接受就可以了。这种传承可以说是无意识的无形传承，由此一点一滴就汇成了文化的长河。"②

① ［法］列维·斯特劳斯：《野蛮人的思想》，伦敦1976年，第22页。

② 王娟：《民俗学概论》，北京：北京大学出版社，2002年版，第214-215页。

③ （唐）姚思廉：《陈书》卷25《裴忌传》引高祖语。

一一

　　春秋吴王就凿池为苑，开舟游式苑囿之渐，但越王勾践一把火烧掉了姑苏台，只剩下旧苑荒台供后人凭吊，苏州的皇家园林随着姑苏台一起化为了历史，苏州渐渐远离了政治中心。然"三吴奥壤，旧称饶沃，虽凶荒之余，犹为殷盛"，③随着汉末自给

序一图5　敬字亭（台湾林本源园林）

自足的庄园经济的发展，既有文化又有经济地位的士族崛起，晋代永嘉以后，衣冠避难，多萃江左，文艺儒术，彬彬为盛。吴地人民完成了从尚武到尚文的转型，崇文重教成为吴地的普遍风尚，"家家礼乐，人人诗书"，"垂髫之儿皆知翰墨"，①苏州取得了江南文化中心的地位。充溢着氤氲书卷气的私家园林，一枝独秀，绽放在吴门烟水间。

中国自古有崇文心理，有意模仿苏州留园而筑的台湾林本源园林，榕荫大池边至今依然屹立着引人注目的"敬字亭"（序一图5）。

形、声、义三美兼具的汉字，本是由图像衍化而来的表意符号，具有很强的绘画装饰性。东汉大书法家蔡邕说："凡欲结构字体，皆须像其一物，若鸟之形，若虫食禾，若山若树，纵横有托，运用合度，方可谓书。"在原始人心目中，甲骨上的象形文字有着神秘的力量。后来《河图》《洛书》《易经》八卦和《洪范》九畴等出现，对文字的崇拜起了推波助澜的作用。所以古人也极其重视文字的神圣性和装饰性。甲骨文、商周鼎彝款识，"布白巧妙奇绝，令人玩味不尽，愈深入地去领略，愈觉幽深无际，把握不住，绝不是几何学、数学的理智所能规划出来的"②。早在东周以后就养成了以文字为艺术品之习尚。战国出现了文字瓦当，秦汉更为突出，秦飞鸿延年瓦当就是长乐宫鸿台瓦当（序一图6）。西汉文字纹瓦当渐增，目前所见最多，文字以小篆为主，兼及隶书，有少数鸟虫书体。小篆中还包括屈曲多姿的缪篆。有吉祥语，如"千秋万岁""与天无极""延年"；有纪念性的，如"汉并天下"；有专用性的，如"鼎胡延寿宫""都司空瓦"。瓦当文字除表意外，又构成东方独具的汉字装饰美，可与书法、金石、碑拓相比肩。尤其是

序一图6　秦飞鸿延年瓦当

① （宋）朱长文：《吴郡图经续记·风俗》，南京：江苏古籍出版社1986年版，第11页。

② 宗白华：《中国书法里的美学思想》，见《天光云影》，北京：北京大学出版社，2006年版，第241–242页。

线条的刚柔、方圆、曲直和疏密、倚正的组合，以及留白的变化等，都体现出一种古朴的艺术美。[①]

园林建筑的瓦当、门楼雕刻、铺地上都离不开汉字装饰。如大量的"寿"字瓦当、滴水、铺地、花窗，还有囍字纹花窗、各体书条石、摩崖、砖额等。

中国是诗的国家，诗文、小说、戏剧灿烂辉煌，苏州园林中的雕刻往往与文学直接融为一体，园林梁柱、门窗裙板上大量雕刻着山水诗、山水图，以及小说戏文故事。

诗句往往是整幅雕刻画面思想的精警之笔，画龙点睛，犹如"诗眼"。苏州网师园大厅前有乾隆时期的砖刻门楼，号"江南第一门楼"，中间刻有"藻耀高翔"四字。出自《文心雕龙》，藻，水草之总称，象征美丽的文采，文采飞扬，标志着国家的祥瑞。东山"春在楼"是"香山帮"建筑雕刻的代表作，门楼前曲尺形照墙上嵌有"鸿禧"砖刻，"鸿"通"洪"，即大，"鸿禧"犹言洪福，出自《宋史·乐志十四》卷一三九："鸿禧累福，骈赉翕臻。"诸事如愿完美，好事接踵而至，福气多多。门楼朝外一面砖雕"天锡纯嘏"，取《诗经·鲁颂·閟宫》："天锡公纯嘏，眉寿保鲁"，为颂祷鲁僖公之词，意谓天赐僖公大福，"纯嘏"犹大福。《诗经·小雅·宾之初筵》有"锡尔纯嘏，子孙其湛"之句，意即天赐你大福，延及子孙。门楼朝外的一面砖额为"聿修厥德"，取《诗经·大雅·文王》："无念尔祖，聿修厥德。永言配命，自求多福。"言不可不修德以永配天命，自求多福。退思园九曲回廊上的"清风明月不须一钱买"的九孔花窗组合成的诗窗，直接将景物诗化，更是脍炙人口。

苏州园林雕饰所用的戏文人物，常常以传统的著名剧本为蓝本，经匠师们的提炼、加工刻画而成。取材于《三国演义》《西游记》《红楼梦》《西厢记》《说岳全传》等最常见。如春在楼前楼包头梁三个平面的黄杨木雕，刻有"桃园结义""三顾茅庐""赤壁之战""定军山""走麦城""三国归晋"等三十四出《三国演义》戏文（序一图7），恰似连环图书。同里耕乐堂裙板上刻有《红楼梦》金陵十二钗等，拙政园秫香馆裙板上刻有《西厢记》戏文等。这些传统戏文雕刻图案，补充或扩充了建筑物的艺术意境，渲染了一种文学艺术氛围，雕饰的戏文人物故事会使人产生戏曲艺术的联想，使园林建筑陶融在文学中。

雕刻装饰图案，不仅能够营造浓厚的文学氛围，加强景境主题，并且能激发游人的想象力，获得景外之景、象外之象。如耦园"山水间"落地罩为大型雕刻，刻有"岁寒三友"图案，松、竹、梅交错成文，寓意坚贞的友谊，在此与高山流水知音的主题意境相融合，分外谐美。

铺地使阶庭脱尘俗之气，拙政园"玉壶冰"前庭院铺地用的是冰雪纹，给人以晶莹高洁之感，打造冷艳幽香的境界，并与馆内冰裂格扇花纹以及题额丝丝入扣；网师园"潭西渔隐"庭院铺

① 郭谦夫，丁涛，诸葛铠：《中国纹样辞典》，天津：天津教育出版社，1998年，第293、294页。

序一图7　赵子龙单骑救主（春在楼）

序一图8　海棠铺地（拙政园）

地为渔网纹，与"网师"相恰。海棠春坞的满庭海棠花纹铺地（序一图8），令人如处海棠花丛之中，即使在凛冽的寒冬，也会唤起海棠花开烂漫的春意。在莲花铺地的庭院中，踩着一朵朵莲花，似乎有步步生莲的圣洁之感；满院的芝花，也足可涤俗洗心。

中国是文化大一统之民族，"如言艺术、绘画、音乐，亦莫不有其一共同最高之境界。而此境界，即是一人生境界。艺术人生化，亦即人生艺术化"①。苏州园林集中了士大夫的文化艺术体系，

① 钱穆：《宋代理学三书随劄·附录》，生活·读书·新知三联书店，2002年版，第125页。

文人本着孔子"游于艺"的教诲，由此滥觞，琴、棋、书、画，无不作为一种教育手段而为文人们所必修，在"游于艺"的同时去完成净化心灵的功业，这样，诗、书、画美学精神相融通，非兼能不足以称"文人"，儒、道两家都着力于人的精神提升，一切技艺都可以借以为修习，兼能多艺成为文人传统者在世界上独一无二。"书画琴棋诗酒花"，成为文人园林装饰的风雅题材。如狮子林"四艺"琴棋书画纹花窗（序一图9）及裙板上随处可见的博古清物木雕等。

崇文心理直接导致了对文化名人风雅韵事的追慕，士大夫文人尚人品、尚文品，标榜清雅、清高，于是，张季鹰的"功名未必胜鲈鱼"、谢安的东山丝竹风流、王羲之爱鹅、王子猷爱竹、竹林七贤、陶渊明爱菊、周敦颐爱莲、林和靖梅妻鹤子、苏轼种竹、倪云林好洁洗桐等，自然成为园林装饰图案的重要内容。留园"活泼泼地"的裙板上就有这些内容的木刻图案，十分典雅风流。

中国文化主体儒道禅，儒家以人合天，道家以天合人，禅宗则兼容了儒道。儒家"以人合天"，以"礼"来规范人们回归"天道"，符合天道。儒家文化的三纲六纪，是抽象理想的最高境界，已经成为传统文人的一种心理习惯和思维定势。儒家尚古尊先的社会文化观为士大夫所认同，"景行维贤"，以三纲为宇宙和社会的根本，"三纲五常"、明君贤臣、治国平天下成为士大夫最高的道德理想。于是，尧舜禅让、周文王访贤、姜子牙磻溪垂钓、薛仁贵衣锦回乡，特别是唐代那位"权倾天下而朝不忌，功盖一世而上不疑，侈穷人欲而议者不之贬"[1]的郭子仪，其拜寿戏文

① （宋）宋祁，欧阳修，范镇，吕夏卿，等：《新唐书》卷150唐史臣裴垍评语。

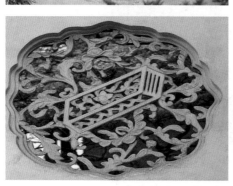
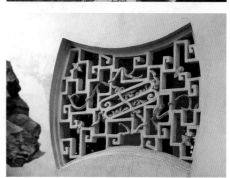

序一图9　琴棋书画（狮子林）

象征着大贤大德、大富贵，亦寿考和后嗣兴旺发达，故成为人臣艳羡不已的对象。清代俞樾在《春在堂随笔》卷七中说："人有喜庆事，以梨园侑觞，往往以'笏圆'终之，盖演郭汾阳生日上寿事也。"

中国古代是以血缘关系为纽带的宗法社会，早在甲骨文中，就有"孝"字，故有人称中国哲学为伦理哲学，中国文化为伦理文化。儒学把某些基本理由、理论建立在日常生活，即与家庭成员的情感心理的根基上，首先强调的是"家庭"中子女对于父母的感情的自觉培育，以此作为"人性"的本根、秩序的来源和社会的基础；把家庭价值置放在人性情感的层次，来作为教育的根本内容。春在楼"凤凰厅"大门檐口六扇长窗的中夹堂板、裙板及十二扇半的裙板上，精心雕刻有"二十四孝"故事（序一图10），表现出浓厚的儒家伦理色彩。

三

符号具有多义性和易变性，任何的装饰符号都在吐故纳新，它犹如一条汩汩流淌着的历史长河，"具有由过去出发，穿过现在并指向未来的变动性，随着社会历史的演变，传统的内涵也在不断地丰富和变化，它的原生文明因素由于吸收

序一图10 二十四孝——负亲逃难（春在楼）

了其他文化的次生文明因素，永无止境地产生着新的组合、渗透和裂变。”[①]

诚然，由于时间的磨洗以及其他原因，装饰符号的象征意义、功利目的渐渐淡化。加上传承又多工匠世家的父子、师徒“秘传”，虽有图纸留存，但大多还是停留在知其然而不知其所以然的阶段，致使某些显著的装饰纹样，虽然也为“有意味的形式”，但原始记忆模糊甚至丧失，成为无指称意义的文化符码，一种康德所说的“纯粹美”的装饰性外壳了。

尽管如此，苏州园林的装饰图案依然具有现实价值：

没有任何的艺术会含有传达罪恶的意念[②]，园林装饰图案是历史的物化、物化的历史，是一本生动形象的真善美文化教材。“艺术同哲学、科学、宗教一样，也启示着宇宙人生最深的真实，但却是借助于幻想的象征力以诉之于人类的直观的心灵与情绪意境。而‘美’是它的附带的‘赠品’。”[③]装饰图案蕴含着的内美是历史的积淀或历史美感的叠加，具有永恒的魅力，因为这种美，不仅是诉之于人感官的美，更重要的是诉之于人精神的美感，包括历史的、道德的、情感的，这些美的符号又是那么丰富深厚而隽永，细细咀嚼玩味，心灵好似沉浸于美的甘露之中，并获得净化了的美的陶冶。且由于这种美寓于日常的起居歌吟之中，使我们在举目仰首之间、周规折矩之中，都无不受其熏陶。这种潜移默化的感染功能较之带有强制性的教育更有效。

装饰图案是表象思维的产物，大多可以凭借直觉通过感受接受文化，一般人对形象的感受能力大大超过了抽象思维能力，图案正是对文化的一种“视觉传承”[④]，图案将中华民族道德信仰等抽象变成可视具象，视觉是感觉加光速的作用，光速是目前最快的速度，所以视觉传承能在最短的时间中，立刻使古老文化的意涵、思维、形象、感知得到和谐的统一，其作用是不容忽视的。

苏州园林装饰图案是中华民族千年积累的文化宝库，是士大夫文化和民俗文化相互渗化的完美体现，也是创造新文化的源头活水。

游览苏州园林，请留意一下触目皆是的装饰图案，你可以认识一下吴人是怎样借助谐音和相应的形象，将虚无杳渺的幻想、祝愿、憧憬，化成了具有确切寄寓和名目的图案的，而这些韵致隽永、雅趣天成的饰物，将会给你带来真善美的精神愉悦和无尽诗意。

本系列所涉图案单一纹样极少，往往为多种纹样交叠，如柿蒂纹中心多海棠花纹，灯笼纹边缘又呈橄榄纹等，如意头纹、如意云纹作为幅面主纹的点缀应用尤广。鉴于此，本系列图片标示一般随标题主纹而定，主纹外的组图纹样则出现在行文解释中。

曹林娣修改于辛丑桐月

---

① 叶朗：《审美文化的当代课题》，《美学》1988年第12期。

② 吴振声：《中国建筑装饰艺术》，台北文史出版社，1980年版，第5页。

③ 宗白华：《略谈艺术的“价值结构”》，见《天光云影》，北京：北京大学出版社，2006年版，第76–77页。

④ 王惕：《中华美术民俗》，北京：中国人民大学出版社，1996年版，第31页。

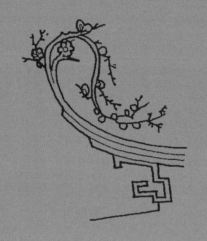

苏州，浸润在两千多年文化之河的锦绣之城，是世界水城的典范，比西方水城威尼斯早九百多年！

苏州园林，是一枝孳育于大吴胜壤的富贵风雅之花、东方园林的代表；三千年岁华可读，它承载着中华文化精英恪守的冰霜松柏之操，累积着中华民族数千年的摄生智慧，沉潜着滋养心灵的营养，展示着人类诗意栖居的"生活最高典型"。

今天的苏州，不仅有假山真水的城中园，而且已经成为真山真水的园中城。苏州园林的魅力使她成为中华文化的"使者"和世界各国永恒的"贵宾"。

一

园林艺术，是人类智慧的结晶。19 世纪前期法国积极浪漫主义大文学家雨果在《巴黎圣母院》中说：人类没有任何一种重要的思想不被建筑艺术写在了石头上。并说：

建筑艺术的最伟大产品不是个人的创造，而是社会的创造，与其说是天才人物的作品，不如说是人民劳动的结晶；它是一个民族留下的积淀，是各个世纪形成的堆积，是人类社会相继升华而产生的结晶，总之，是各种形式的生成层。每一时代洪流都增添沉积土，每一种族都把自己的那一层沉淀在历史文物上面，每一个人都提供一砖一石……

虽然雨果是就巴黎圣母院的建筑艺术而言，但实际上用它来论述园林艺术也分外贴切①。

中国文化主要属于农耕文化一类，所以黑格尔称，中国是最东方的。东西方园林艺术各具不同的文化品格：

古巴比伦和古埃及是西方文明的血亲，美国学者威尔·杜兰说过：今天的西方文明，也可以说是欧美文明。欧美文明，与其说系起源于克里特、希腊、罗马，不如说系起源于近东。因为事实上，"雅利安人"并没有创造什么文明，他们的文明系来自古巴比伦和古埃及。

三面临海的古希腊，通过商业活动，继承了古埃及的几何学。因此，习惯于将审美秩序化，"几何美"成为西亚和西方园林的基本美学特征。

"政教合一"的西亚和欧洲，神权高于或制约着皇权，教堂成为最美丽的建筑，它们以神体为美，将人体美赋予建筑美：建筑柱式完全模仿人体，并量化各部分的比例关系：人头与全身的比应为 1：8……

位于全球陆地面积第三的中国，养育出礼制法规齐备、温文尔雅的农耕文化：

① 西方园林以建筑为中心，着眼点在建筑。中国园林强调的是山、水、植物、建筑融于一体。

秩序化的审美（欧洲园林）

"神体美"成为建筑柱式美的标准（雅典卫城）

　　"农耕可以自给，无事外求，并必继续一地，反复不舍，因此而为静定的，保守的。"① 农耕文明不追求外在刺激，希望过恬淡、安闲、自在的生活，"日出而作，日入而息"，春耕夏耘秋收冬藏，对天地自然界有深厚感情，对家庭亦感情深厚。所以，"长城之内"的农耕区，"在西方学术人士的心目中，整个中国就是一道高墙里面的大花园"②，人们徜徉在日涉成趣的园林中，采菊东篱下，悠然见南山，涵泳、品味人生。

　　在中国国内，以所属关系分，有皇家园林、私家园林和寺观园林之称，实际上，"吾国园林，名义上虽有祠园、墓园、寺园、私园之别，又或属于会馆，或傍于衙署，或附于书院，惟其布局构造，并不因之而异。仅有大小之差，初无体式之殊"③。

　　帝制在中国维系了数千年之久，充分体现了儒家"尊尊、亲亲"的宗法思想。效忠皇帝是帝制社会主要的道德标准。中国没有真正的宗教，皇权始终高于神权，所以，中国园林最美的建筑都是给人住的，中国的寺观也都具有园林化的特色。儒释道文化是中国园林的"DNA"。

　　中国园林满足生理和心理的需要，琳琅满目的楼台亭阁廊轩等单体建筑，以满足读书、会友、吟眺、赏月等各种需求。

　　自然秩序是重农主义整个经济思想体系的基础，园林以亲和力很强、柔软的木质文明为主，构思从"象天"到"法地"，从对大自然的简单模拟到"虽由人作，宛自天开"的最高创作境界。

① 钱穆：《中国文学论丛》，上海：三联书店 2002 年版，第 2 页。

② 纪录片《园林——长城之内是花园》，片名为该片顾问之一何慕文语。

③ 童寯：《江南园林志》第二版，北京：中国建筑工业出版社 1984 年，第 12 页。

英国的李约瑟博士在《中国建筑的精神》中说得精辟：

> 再没有其他地方表现得像中国人那样热心于体现他们伟大的
> 设想——"人不能离开自然"的原则，这个"人"并不是社
> 会上可以分割出来的人。皇宫、庙宇等重大建筑物自然不在
> 话下，城乡中不论集中的，或者散布于田庄中的住宅也都经
> 常地出现一种对"宇宙图案"的感觉，以及作为方向、节令、
> 风向和星宿的象征主义。①

"其布局以不对称为根本原则，故厅堂亭榭能与山池树石融为一体，成为世界上自然风景式园林之巨擘。"② 正如苏格兰建筑师威廉·钱伯斯勋爵所赞美的：中国园林是源于自然、高于自然，成为高雅的、供人娱乐休息的地方，体现了渊博的文化素养和艺术情操。1773 年，德国温泽尔称中国是"一切造园艺术的模范"。德国玛丽安娜·鲍榭蒂宣称，世界上所有风景园林的精神之源在中国。

总之，西方园林反映出对秩序、规则、理性的热爱，更"悦目"；东方园林则更重在"赏心"。美的呈现虽有不同，但相同的是人类致力于营造的都是心目中的天堂！

二

刘敦桢先生序童寯的《江南园林志》云："余惟我国园林，大都出乎文人、画家与匠工之合作。"③ 明代计成《园冶·兴造论》明确指出：

> 世之兴造，专主鸠匠，独不闻"三分匠、七分主人"之谚
> 乎？非主人也，能主之人也……第园筑之主，犹须什九，而
> 用匠什一……④

一般的建筑兴造，设计师（能主之人）的作用要占十分之七；而建造园林，则设计师的作用要占到十分之九。这里所说的"匠"是园艺工作者、匠师，"能主之人"即负责设计的人，包括园主和为之立意构园的文人画家们。"能主之人"的意中创构和胸中文墨，决定了园林思想艺术境界之高下。

出乎文人、画家与匠工之合作的园林，是一般"建筑师"望尘莫及的。所以，明代陈继儒《青莲山房》一书中说："主人无俗态，筑圃见文心。"

① 转自李允和：《结夏意匠：中国古典建筑设计原理分析》，香港广角镜出版社 1982 年，第 42-43 页。

② 童寯：《江南园林志》序，北京：中国建筑工业出版社 1984年，第 1 页。

③ 同上。

④（明）计成：《园冶》，中国建筑工业出版社 1988 年，第 47 页。

中国古代基本上以科举取士作为官僚机构选拔官员的制度，造就了一支知识型文官集团，"中国文化有与并世其他民族其他社会绝对相异之一点，即为中国社会有士之一流品，而其他社会无之"①，"志士仁人"们信守的"道统"与专制政治之"政统"往往会产生激烈的碰撞，于是，贬退下野者有之，急流勇退者有之，"守拙归园田"者有之，他们将平生积攒起来的钱财，为自己构筑起"安乐窝"，所以，有人甚至将中国文人园林称为隐士文化的结晶。

士大夫高雅文化是园林文化的主体，以士人山水园为代表的中国古典园林，具备"画境文心"，并容纳了完备的士大夫文化艺术体系，使生活艺术化、艺术生活化，成为荟萃文学美、哲学美、绘画美、建筑美、山水美、植物美等的综合艺术殿堂；是承载东方格调最集中最优雅的载体，它保存了中华民族特有的"生命印记"，体现着中华文化精英累积起来的生存智慧和生活艺术。

三

"甲天下"的苏州园林正是中国古典园林的代表。童寯先生在抗日战争前遍访江南名园，进行实地考察和测绘摄影，他说："吾国凡有富宦大贾文人之地，殆皆私家园林之所荟萃，而其多半精华，实聚于江南一隅。"②又总结道："江南园林，论质论量，今日无出苏州之右者。"③

杨廷宝、童寯还说："中国古典园林精华萃于江南，重点则在苏州，大小园墅数量之多、艺术造诣之精，乃今天世界上任何地区所少见。"④

张家骥先生在《中国造园艺术史》中评说，苏州园林集中地代表了中国古代灿烂的园林文化成就和造园艺术的高超水平。

苏州园林起始于春秋吴王阖闾时期（前514）、形成于五代，成熟于宋代，兴旺鼎盛于明清，到清末仍有各式园林170多处，现保存完整的有60多处，对外开放的园林有19处，而私人宅第之附有园亭者，则比比皆是。2018年8月7日，苏州园林总数达到108座，苏州由"园林之城"正式成为"百园之城"。

苏州园林除了春秋吴国宫苑以外，其主流多士流园林，涵蕴着士大夫美的情感、理想和品格。它属于诗画艺术载体，以诗文构园是其鲜明特色，讲究生境、意境和画境之美。

苏州园林中的拙政园、留园、网师园和环秀山庄，于1997年根据文化遗产遴选标准列入《世界文化遗产名录》；2000年沧浪亭、狮子林、艺圃、耦园、退思园作为苏州古典园林的扩展项目被批准列入《世界文化遗产名录》，成为全人类的文化瑰宝！

世界遗产委员会这样评价苏州古典园林：没有哪些园林比历史名城苏州的园林更能体现出中国古典园林设计的理想品质，恰

① 钱穆：《宋代理学三书随劄附录》上海：三联书店2002年，第177页。

② 童寯：《江南园林志》原序，北京：中国建筑工业出版社1984年，第3页。

③ 同上，第27页。

④ 杨廷宝、童寯：《苏州古典园林·序》，北京：中国建筑工业出版社2005年。

尺之内再造乾坤。苏州园林被公认是实现这一设计思想的典范。这些建造于11～19世纪的园林，以其精雕细琢的设计，折射出中国文化中取法自然而又超越自然的深邃意境。其艺术、自然与哲理的完美结合，创造出了惊人的美和宁静的和谐；联合国教科文组织派遣来苏州对园林进行评估的专家哈利姆博士说："我一生中到过许多地方，却从来没有见过这样美好的、诗一般的境界。苏州园林是我在世界上所见到的最美丽的园林，我好像在梦中一样""我认识了一个新的世界，苏州古典园林在世界上是无与伦比的。"

苏州园林，是中华民族的文化经典，流淌着中华民族的血液。杨义先生说得好，经典使精神成为精神。有了这些经典，精神才得以升华，才能找到自己的归属感，才能找到自己的精神支柱和心灵的维系，经典就是一个民族的底气。

散文家曹聚仁先生《吴侬软语说苏州》认为苏州是古老东方的典型，东方文化，当于园林求之！苏州园林不仅是苏州文化的名片，而且也是东方文化的名片！

中华传统文化是我们民族的"根"和"魂"，如果抛弃传统、丢掉根本，就等于割断了自己的精神命脉。[1]

习近平总书记指出："不忘本来才能开辟未来，善于继承才能更好创新。"苏州园林留下了古人生命的痕迹，我们采集他们留存的文化基因，"体现在某个物质符号中的精神现象活动"（德文意译）[2]，诸如"天人合一"的宇宙意识、道德观念、审美特征以及与此相关的社会文化心理，分析其体系，感悟其生命力，为的是融汇古今文化智慧，继往开来，创造更加辉煌的明天！

[1]《创造中华文化新的辉煌》，载《光明日报》2014年7月9日第7版。

[2]［德］威廉·狄尔泰：《狄尔泰全集》第五卷《生命哲学导论》，哥廷根，1977年，第318页。

第一章

大吴胜壤

中国古代名园如一座座神仙宫阙，但大多被历史狂飙卷走，成为过眼云烟。唯有苏州，虽然"吴宫花草埋幽径"，但却"野火烧不尽，春风吹又生""茂苑莺声雨后新"，今天数百园林，似明珠，依然闪烁在古城深巷，直令世界拍案惊奇！

法国史学家兼文学评论家伊波利特·阿道尔夫·丹纳（Hippolyte Adolphe Taine）（1828—1893）说：

要了解一件艺术品，一个艺术家，一群艺术家，必须正确地设想他们所属的时代的精神和风俗概况。……自然界有它的气候，气候的变化决定这种那种植物的出现；精神方面也有它的气候，它的变化决定这种那种艺术的出现。……精神文明的产物和动植物界的产物一样，只能用各自的环境来解释。[①]

苏州，披着2500多年的风霜雨露，巍然独存，如今依然魅力四射，山温水软似名姝！物华天宝、人杰地灵，是苏州永葆青春的基因密码。

滥觞于春秋的苏州园林是苏州天时、地利、人巧齐备的大吴胜壤孳育下的风雅富贵之花……

苏州古称吴，创造过灿烂的先吴文明和强吴文化，秦分会稽，汉析吴郡，隋名苏州，唐号雄州，宋元平江，明清江南第一都会！

"夫属邑之名称分，则常熟据海隅之形胜，长洲带茂苑之繁雄，吴江名著乎松陵，昆山秀钟乎玉峰，嘉定处练川之上，崇明居大海之中，惟吴县为最望分，依郡治以为雄。"[②]

[①] ［法］伊波利特·阿道尔夫·丹纳：《艺术哲学》，见《傅雷译文集》，合肥：安徽文艺出版社1994年，第47—49页。

[②] （明）莫旦：《苏州赋》，见道光《苏州府志》卷一百三十一清道光四年（1824）刻本。

第一节

物华天宝

苏州之有园林，首得江山之助：苏州地处美丽富饶的长江金三角，泽国沃野，随处都可得泉引水；茂林秀峰、湖石灵岩；树木蓊郁、百草丰茂，俨然是天然百花园……吴地乃构园天然良库！

一、泽国沃野

苏州湖光潋滟、山色空濛，天开图画，是苏州园林的无上粉本！

西汉司马迁漫游吴下，感叹道："夫吴……东有海盐之饶，章山之铜，三江、五湖之利，亦江东一都会也！"[1]

吴地境内有大小河流 4500 多条，星罗棋布的大小湖泊有 30 多个，与运河、胥江、元和塘、至和塘、吴淞江等交织成"水乡泽国""长与行云共一舟"！

苏州城西北角的虎丘、阳山，北亘虞山，风景秀丽。虎丘，旧名海涌山，"何年海涌来？霹雳破地脉，裂透千仞深，嵌空削苍壁"！

> 若兹山者，高不揽云，深无藏影，卑非培塿，浅异棘林。秀壁数寻，被杜兰与苔藓；椿枝十仞，挂藤葛与悬萝。曲涧潺湲，脩篁荫暎。路若绝而复通，石将颓而更缀。抑巨丽之名山，信大吴之胜壤……风清邃谷，景丽脩峦，兰佩堪纫，胡绳可索。林花翻洒，乍飘飏於兰皋；山禽啧响，时弄声于乔木。[2]

城西南秀峰列峙，穹窿、灵岩、天平、上方、尧峰诸山，一一献奇，乃天目山余脉，逶迤起伏，呈岛状分布在中国五大淡水湖泊之一的太湖之中和沿岸乡镇，真是"凌三万六千顷太湖之琼瑶，览七十二峰之嵯峨"，无画皆画，不诗皆诗！湖光山色，成就了"太湖天下秀"！

城内，"平夷如掌""惟水势至此渐平故曰平江"，京杭大运河绕城而过，由运河跨太湖，溯长江可通内陆各省。唐、宋时东南沿海一带的船可由吴淞江直达苏州城下，也可循娄江出浏河而与日本、琉球、南洋相通。[3]

坐落在水网之中的苏州，"绿浪东西南北水，红栏三百九十桥""晴虹桥影出，秋雁橹声来"，河街相邻，水陆双棋盘，前巷后河，枕河人家，形成"小桥、流水、人家"的独特风貌，"粉墙花影自重重，帘卷残荷水殿风"。

苏州处于山环水抱的中央，阴阳融合，构成了优越的自然生态环境，具有一定坡度、土地平缓的苏州，背山面水的基址，不受旱涝威胁。

水是园林的血脉，无水不成园，苏州恰是随处皆可得泉引水。

[1]（汉）司马迁：《史记·卷一百129·货殖列传第 69》。中华书局 1959 年，第 3267 页。

[2]（南朝·陈）顾野王：《虎丘山序》，见《艺文类聚》卷 8《山部下》，上海古籍出版社 1982 年新一版，1985 年第二次印刷，第 142 页。

[3] 俞绳方：《苏州古城保护及其历史文化价值》，陕西人民教育出版社 2007 年，第 3 页。

二、茂林秀峰

陈扶摇《花镜》中说："有名园而无佳卉，犹金屋之鲜丽人。"

苏州地处北亚热带湿润季风气候区，雨量充沛，季风明显，四季分明，冬季微寒，冬夏季长，春秋季短，无霜期年平均长达 233 天，是亚热带作物生长的理想环境。不仅土产植物丰茂，北方的白皮松，南方的芭蕉，都能生长如常。

苏州，山清水秀，丰草披靡，嘉花蕊芬……

太湖沿岸的山上，生长着各种茂密的树木，穹窿山被称为"东吴国家森林公园"。苏州自然界生长着各类植物，藤本草本，如薜荔、络石、书带草；灌木小乔木，如桃树、李子树、海棠；乔木，如枫香、梧桐、银杏树……

宋代朱长文《吴郡图经续记》记述甚详：果树类有黄柑香硕、橘、梨；草本类，则药品之所录，《离骚》之所咏，布护于皋泽之间，海苔、山蕨、幽兰等；竹类，则大如笒筜，小如箭桂，含露而班，冒霜而紫，修篁丛笋，森萃萧瑟，高可拂云，清能来风。其木，则栝柏松梓，棕楠杉桂，冬岩常青，乔林相望，椒梂栀实，蕃衍足用。其花，则木兰辛夷，著名惟旧；牡丹多品，游人是观，繁丽贵重，盛亚京洛。朱华凌雪，白莲敷沼，文通、乐天，昔尝称咏。重台之菡萏，伤荷之珍藕，见于传记。[①] 其中，榉木、楠木、杉木均为栋梁之材。

明代苏州人文震亨《长物志》列举了园林常用植物 47 种，有牡丹、芍药、海棠、玉兰、蔷薇、木香、玫瑰、紫堇、石榴、芙蓉、茉莉、杜鹃、夜合、玉簪、金钱、萱花等。另外，还有爬山虎、西番莲、杉、枣等。

据学者的粗略统计，有花木类 76 种，花果类 44 种，草花类 74 种，藤蔓类72 种，凡 266 种之多。真可谓"色生香互发，红紫绿平敷"，竹树森蔚，稻畦相错如绣，四季姹紫嫣红，如范成大《四时田园杂兴》所咏：

春天，"桃奇满村春似锦""紫青莼菜卷荷香""湖莲旧荡藕新翻"；夏天，"梅子金黄杏子肥""千顷芙蕖放棹嬉"；秋天，"杞菊垂珠滴露红""碧丛丛里万黄金"；冬天，"忽见小桃红似锦，却疑侬是武陵人"。一年无日不看花！

"日涉成趣"的园林假山，成为士人寄意丘壑、寝馈山林的物质载体。宋人孔传《云林石谱序》云"天地至精之器，结而为石""爱此一拳石，玲珑出自然。溯源应太古，坠世又何年""石令人古"，就具有了"永恒"的文化品格。

太湖石、尧峰石，为园林叠山美石，青石和花岗石，是建筑不可或缺的石材，真是无石不成园。

产于太湖的"太湖石"，又名窟窿石、假山石，是一种石灰岩，有水、旱两种，"太湖石在水中者为贵，岁久为波涛冲击，皆成空石，面面玲珑。在山上者名旱石，枯而不润。"[②] 即使"赝作弹窝，若历年岁久，斧痕已尽，亦为雅观。吴中所尚假山，皆用此石。又有小石沉

① （宋）朱长文：《吴郡图经续记》，
南京：江苏古籍出版社1986年，
第9页。

② （明）文震亨：《长物志》卷3。
南京：江苏科技出版社1984
年，第112页。

湖中，渔人网得之，与灵璧、英石，亦颇相类，第声不清响"[1]。

明代计成《园冶·选石》说：

> 苏州府所属洞庭山，石产水涯，惟消夏湾者为最。性坚而润，有嵌空、穿眼、宛转、崄怪势。一种色白，一种色青而黑，一种微黑青。其质文理纵横，笼络起隐，于石面遍多坳坎，盖因风浪冲激而成，谓之弹子窝，叩之微有声。采人携锤錾入深水中，度奇巧取凿，贯以巨索，浮大舟，架而出之。此石以高大为贵，惟宜植立轩堂前，或点乔松奇卉下，装治假山，罗列园林广榭中，颇多伟观也。

《姑苏采风类记》中说："太湖石出西洞庭，多因波涛激啮而为嵌空，浸濯而为光莹。或缜润如珪瓒，廉刿如剑戟，矗如峯峦，列如屏障。或滑如肪，或黝如漆。或如人、如兽、如禽鸟。好事者取以充苑囿庭除之玩，此所谓太湖石也。"

太湖石约从唐代起，就被引入园林，白居易的《太湖石记》，将之列为石族之甲：

> 有盘拗秀出如灵丘鲜云者，有端俨挺立如真官神人者，有缜润削成如珪瓒者，有廉棱锐刿如剑戟者。又有如虬如凤，若跧若动，将翔将踊，如鬼如兽，若行若骤，将攫将斗者。[2]

产于苏州木渎尧峰山的黄石亦是上等的石作材料和掇山美材，尧峰山的黄石，即明文震亨所称赏的尧峰石："尧峰石，近时始出，苔藓丛生，古朴可爱。以未经采凿，山中甚多，但不玲珑耳。然正以不玲珑，故佳。"[3]

苏州西南丘陵地带多花岗石，因主要采自金山，统被称为金山石。花岗石，为酸性火成岩，常见有灰白、肉红色，它主要由石英、长石和少量黑云母等矿物组成，质地坚硬，不易风化。木渎、藏书、枫桥等地盛产色彩美丽的优质花岗石。早在宋代，苏州的花岗石已大量开采应用。至明代后期起，苏州园林大量采用花岗石构亭台。

盛产于太湖中洞庭西山的石灰石（俗称青石），纹理细腻，色泽灰白，质软，易于雕琢，是台阶、础、柱、碑、桥板的好材料，同时也是生产石灰的原料。

昆山石可做盆景，"出昆山马鞍山下，生于山中，掘之乃得，以白色为贵。有鸡骨片、胡桃块两种，然亦尚俗，非雅物也。间有高七八尺者，置之大石盆中，亦可。此山皆火石，火气暖，故载菖蒲等物于上最茂。惟不可置几案及盆盎中。"[4]

① （明）文震亨：《长物志》卷3。南京：江苏科技出版社，1984年，第112—113页。

② （唐）白居易：《太湖石记》，见《白居易集笺校》外集卷下，上海古籍出版社，1988年，第3936页。

③ （明）文震亨：《长物志》卷3。南京：江苏科技出版社，1984年，第113页。

④ 同上，第114页。

苏州青砖，亦为建筑美材。苏州陆墓一带的黏土黏而不散、细腻坚硬、颗粒细致、不含沙，且含胶体多、富有黏性，澄浆很容易，是制砖的优质黏土。所制青砖最佳。"敲之作金石之声""断之无孔"的"金砖"成为皇家御用的铺地细料方青砖。

更有水磨青砖，在园林中广泛运用于贴墙贴门，或作为檐口，色泽淡雅古朴，又可防潮防火。还可用于铺地小青砖，又称王道砖。

三、民殷物繁

早在先吴时期，吴地先民就已经创造了稻作、纺织、陶器、玉器文化，从采集渔猎向农业文明逐步发展，从而奠定了吴地农耕经济的地位。在人类文明进程中处于领先地位。

勾吴文化是由土著的先吴文化与中原文化逐步融合而生成的一种具有新生命的文化而存在。吴国为兴霸成王，催生了江南城市群并开凿了胥江、胥浦、"邗沟"、古江南河、百尺渎菏水等运河，便捷了交通。

"天下之利，莫大于水田，水田之美，无过于苏州"[1] "经历代脉分镂刻，使通灌溉，遂号上腴"，《越绝书》称引越国大夫文种话"吴甚富而财有余"。

汉时"地广人希，饭稻羹鱼，或火耕而水耨，果隋蠃（luó 螺）蛤，不徒贾而足。地势饶食，无饥馑之患"[2] "及汉中世，人物财赋为东南最盛"[3]。南朝刘宋时"鱼盐杞梓之利，充仞八方；丝绵布帛之饶，复衣天下"[4]。

隋大运河的开通，漕运的发展，使苏州成为东南重要的水路交通码头，商品集散地。唐时苏州，成为江南唯一的雄州。唐末北方战乱，江南一带相对安定，"其民老死不识兵革，四时嬉游，歌妓之声相闻"[5]，大批中原士人南迁，进一步促进了江南经济文化的发展，人口剧增，成为"良畴美柘，畦畎相望，连宇高甍，阡陌如绣"[6]的鱼米之乡。宋诗人范成大在《吴郡志》中写道："谚曰：'天上天堂，地下苏杭。'又曰：'苏湖熟，天下足。'湖固不逮苏，杭为会府，谚犹先苏后杭……"

宋代方回《姑苏驿记》曰："东南郡苏杭第一，杭今设行省，南海百蛮之入贡者，南方数百郡之求仕者，与夫工艺贸易之趋北者，今日杭而明日苏。天使之驰驿而来者，北方中原士大夫之仕于南者，东辽西域幽朔之浮淮越江者，今日苏而明日杭。是故苏为孔道，陆骑水舫，供给良难。"

明清时期，苏州经济稳定发展，成为全国最重要的经济大城，以物阜民丰、风物清嘉闻名天下，被称为"最是红尘中一二等富

① 杨晓东：《灿烂的吴地鱼稻文化》，当代中国出版社 1993年版，第 237 页。

② （汉）司马迁：《史记·卷129·货殖列传第 69》，中华书局 1959 年，第 3270 页。

③ （明）宋濂：《姑苏志序》，见王鏊《姑苏志·原序》，四库全书本第 3 页。

④ （南朝·梁）沈约：《宋书·列传》卷 54 传论。百衲本二十四史四部丛刊史部。

⑤ （宋）苏轼：《表忠观碑》，《苏轼文集》第二册，中华书局 1986 年版，第 499 页。

⑥ （唐）姚思廉：《陈书·宣帝记》，中华书局 1999 年版，第 56 页。

贵风流之地"！时吴阊至枫桥，列市二十里。康熙时的山西人孙嘉淦在《南游记》中说："姑苏控三江跨五湖而通海，阊门内外，居货山积，行人水流，列肆招牌，灿若云锦，语其繁华，都门不逮。"繁华超过北京。北京亦颇盛"南风"，士大夫和市民都爱看苏州昆剧，清时以说苏白为荣，诗曰："索得姑苏钱，便买姑苏女。多少北京人，乱学姑苏语。"

苏州成为"天下粮仓"："田赋所出，吴郡常书上上。说者曰：吴郡之于天下，如家之有府库，人之有胸腹也。"[1]

清初沈寓说："东南财赋，姑苏最重；东南水利，姑苏最要；东南人士，姑苏最盛。"又说苏州，"山海所产之珍奇，外国所通之货贝，四方往来，千万里之商贾，骈肩辐辏"[2]，诚如猎微居士在《韵鹤轩杂著》序中所赞："士之事贤友仁者必于苏，商贾之粜贱贩贵者必于苏，百工杂技之流其售奇鬻异者必于苏。"

苏州自明中后期兴起的营构园林之风，至明末清前期再掀高潮，"江山昔游，敛之邱园之内""得以侲吾老于兹园也"[3]，成为普遍的社会风尚，构园的艺术水平也达到"顾陆所不能画，班扬所不能赋"的巅峰。

清初苏州籍宫廷画家徐扬绘《盛世滋生图》(一称《姑苏繁华图》)上，起自灵岩山，终于虎丘山，连绵数十里，湖光山色、水乡田园、村镇城池、商贾辐辏，百货骈阗，散落其间的茂林修竹、假山亭台，不计其数，著名者有：木渎"云林杏霭，花药参差"的遂初园、苏州布政司衙旁的怡老园(见图1-1)一角，乃至七里山塘的名园佳构……真是"城里半园亭"！

① (清) 顾祖禹:《读史方舆纪要》卷24《南直六·苏州府》。

② (唐) 沈寓:《治苏》,《清经世文编》卷23。

③ 顾大典:《谐赏园记》,见王稼句编注:《苏州园林历代文钞》,上海三联书店2008年版,第205页。

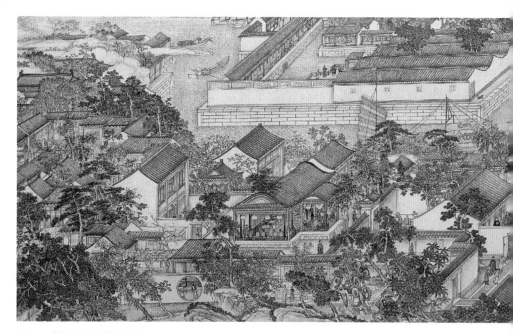

图1-1 《姑苏繁华图》中的园林

文萃江南

苏州，积淀着 5000 多年中华文明，成为苏州园林深厚的人文要素，文萃江南之佳丽：6000 多年前的马家浜文化、5000 多年前的崧泽文化和 4000 多年前的良渚文化、中华现存第一古城的积淀，俨如一座东方文化宝库，烁古炳今，苏州园林正是这座宝库中熠熠闪光的明珠！

一、先吴文明

数万年前，苏州先民就休养生息在这方乐土：太湖三山岛上万件之多的旧石器时代遗存，草鞋山上的新石器时代人类居住的遗迹、墓葬和大量遗物 1100 多件，文化堆积层厚达十层，成为"江南史前文化标尺"。尧峰山上有唐尧时代洪水肆虐的传说，西山林屋洞里藏有大禹治水金简玉书的记载……证明了大约在公元前 3000 年左右，这里已出现多处初具规模的城镇，几与古埃及、美索不达米亚和印度河流域文明同时。

吴地先民在狩猎、采集等劳动过程之中，为了协调劳动节奏，减轻疲劳，表达丰收的喜悦和美好的愿望，依照劳动时的节奏，因袭着劳动的呼喊的样式而产生了原始歌谣。原始乐舞之盛："鱼龙曼延"之舞、防风古乐舞、白鹤舞、弹弓舞等，新石器时代用鸟禽肢骨制作的骨哨[1]、古筝、"攻敔"铜编钟、青铜甬钟等吹管乐器、弹弦乐器、打击乐器，与舞伴奏的"竹制乐器"，其"声如龙鸣"[2]"清柔婉折"，取材于江南茂盛的竹林。

苏州草鞋山发现距今约在 6000 年以上三块炭化的织物残片，数以百计的玉琮和玉璧，其中不少具有兽面纹饰；"良渚黑陶"如陶纹贯耳罐、胎薄质细鳖形壶，皆惟妙惟肖、神韵天然；鸟纹阔把黑皮陶罐、青铜器等具有原始美术装饰，已初步显示出灵巧细腻的苏州文艺个性特色：比例对称、线条挺拔，已肇今人所谓几何造型美之雏形，加上明显的纹饰，初显吴地先民的审美意向。

① 江苏省文物考古工作队：《江苏吴江梅堰新石器时代遗址》，载《考古》1963 年第 6 期。转引自：杭文成、鲁其贵《江苏民族民间器乐曲综述》，《中国民族民间器乐曲集成·江苏卷》，中国 ISBN 中心，2007 年，第 8 页。

② （汉）马融：《长笛赋》，见李善注《文选》卷 18。

二、古城积淀

公元前 514 年，吴国的阖闾接受伍子胥的建议："凡欲安君治民，兴霸成王，从近制远者，必先立城郭、设守备、实仓廪。"遂兴建了吴王城，即今之苏州。

早于苏州而建的商代后期的都城安阳殷墟以及公元前 11 世纪周朝的都城丰和镐，早已废弃或仅剩遗址。而苏州城市的位置、规模，甚至城门的名称，历经 2500 余年而至今无大改变，在全国独一无二，历史学家遂有"苏州城之古为全国第一，尚是春秋物"的说法。"古"成为苏州得天独厚的文化品牌。

中国古代王城的规制是逐步完善的，如果说夏都还仅是有围墙的农村，则至西周周公旦"制礼作乐"以后，王都的营建严格地纳入"礼"的轨道，成为"圣王之制"的建筑标记、礼的典章制度所认定的建筑标本，其建筑形制也成了标示名分等级和表征礼制正统的物态化标志。从礼制上讲，吴为姬姓国，为古公亶父之长子泰伯和次子仲雍所建，泰伯"三让"，有"至德"之誉，一向遵礼重信，《史记》将吴国置于"世家"之首。城邑的建筑仪式，是"礼以体政"的重要方面，所谓"经国家，定社稷，序人民"。成书于战国时代的《周礼·考工记》记载了都城的布局和规模："匠人营国，方九里，旁三门，国中九经九纬。经涂九轨。左祖右社，前朝后市。"《尚书大传》也说："九里之城，三里之宫。"则按《周礼·考工记》规定的王城原则上是"方九里"，即周长三十六里。

据对文献的记载和考证，苏州大城周长三十七里一百六十一步，小城即吴王宫城，周长十二里，符合《周礼》所述"九里之城，三里之宫"。[①]

吴城营建时遵循了周代礼制，王城四面各开辟两座水陆城门：东娄、匠，西阊、胥，南盘、蛇，北平、齐，具有均衡对称等礼文化的审美特征，与环形放射状平面构图的欧洲城市建筑特征异趣，体现了中华城市礼制建筑文化的典型特征。

周武王嘱咐周公旦，"定天保，依天室""天保"就是天的中心北极，最后在伊洛平原发现了"无远天室"[②]，遂营建了洛邑。此后"象天设都"成为设计王城的基本指导思想，秦始皇按"天邑"造秦宫；汉刘邦建都长安，取象南北斗，称"斗"城；隋唐的长安，皇城象征着以北极星为圆心的天象，都蕴藏着天地相应、象天设都的文化含义。

见诸古籍明确记载"象天设都"的是伍子胥设计规划的吴王城。东汉赵晔《吴越春秋·阖闾内传》载："子胥乃使相土尝水，象天法地，造筑大城。"用"其尊卑以天地为法象，其交媾以阴阳相配合"的思想进行实地调查，观察土壤的性状与肥沃程度，考究河泉水源与流域分合，由此选定城址。将城的结构、位置坐向与天象相呼应配合。如《史记·律书》中说："阊阖风居西方。"吴王城西建阊门以象天门，引入阊风以通天上。天帝所居的中垣紫微，有十五星，它们分左、右两垣像左右卫士一样护卫着紫微宫，左垣由少丞、少卫、上卫、少弼、上弼、少宰、上宰、左枢等星组成，右垣由上丞、少卫、上卫、少辅、上辅、少尉、右枢等星组成，而左右两垣之间是天门阊阖。所以，虽然《吴越春

---

① 曹林娣、殷虹刚：《中华王都文化的"化石"——苏州古城的文化价值》，载《苏州大学学报》2005 年第 2 期。

②《逸周书·度邑》。

秋·阖闾内传》中没有明确记载吴王城中紫宫的所在地，但"阊阖门"的设置，就说明王城的营建正是以"天宫"为蓝本的，同书明确记载的会稽小城"拟法于紫宫"，足以互证。

苏州古城布局呈现"龟"形，以现存宋平江图所示，被水道分割的城区板块亦颇似龟纹，如果说城市如龟腹，毋宁说是龟背的平面呈示，象征着"龟负仙岛"的造型。是中华先人"龟"崇拜的稀世物证。

苏州园林是生长在仙岛上的常青树！

三、人类瑰宝

苏州披着2500多年的历史风霜，留下重重叠叠的时代印痕，她像一位历史老人，正向你娓娓道来……

虎丘剑池、都亭桥、临顿路……依然跳动着古吴脉搏；姑苏台、长洲苑、馆娃宫的旧苑荒台，仍能触发深沉的历史浩叹！

卧龙街上的饮马桥、虎丘千人石上的生公台、山塘街的白姆桥……仿佛依然跃动着古贤的身影。一处处均为陈迹、名胜。

小巷深处，曾经玉堂金马、衣香人影、冠盖云集、藏龙卧虎，"旧通衢皆立表揭，为坊名，凡士大夫名德在人者，所居往往以名坊曲"[1]"文衙弄""沈衙弄""王衙弄""申衙弄""包衙前""吴衙前""太师巷""尚书里""状元弄""相王弄""乔司空巷""金太史巷""三元坊""大儒巷"（图1-2）……在这一串串闪光的街巷名字背后，演绎着何其辉煌的往事！

---

[1]（宋）范成大：《吴郡志》卷2。南京：江苏古籍出版社1986年，第13页。

图1-2　大儒巷

据苏州《城市商报》2012 年 01 月 05 日报道，苏州目前拥有 538 处文物保护单位：国家级重点文物保护单位 34 处，占全省 119 处的 28.6%，全国 2351 处的 1.4%；省级 101 处。

2013 年，"第七批全国重点文物保护单位全市新增全国重点文物保护单位 25 处，包括苏州大学旧校址、苏州织造署旧址等，由此，苏州国家级重点文物保护单位总量达 59 处。此外还有一大批市级文物保护单位、控保建筑，不愧是我国的历史文化名城！苏州，成功加入了世界遗产城市联盟。

另外，吴歌、古琴艺术、江南丝竹、苏州玄妙观道教音乐、昆曲、苏剧、苏州评弹（苏州弹词、苏州评话）、桃花坞木版年画、苏绣、宋锦织造技艺、苏州缂丝织造技艺、香山帮传统建筑营造技艺、苏州御窑金砖制作技艺、明式家具制作技艺、制扇技艺、剧装戏具制作技艺、苏州甪直水乡妇女服饰以及民族乐器制作技艺（苏州民族乐器制作技艺）、核雕（光福核雕）、玉雕（苏州玉雕）、灯彩（苏州灯彩）、泥塑（苏州泥塑）、古琴艺术（虞山琴派）等先后列入人类口述和非物质文化遗产代表。

苏州现已拥有联合国教科文组织"人类非物质文化遗产代表作"6 项，位居全国各城市之首。2014 年，苏州被联合国教科文组织批准加入"全球创意城市网络"。2014 年，苏州因创造宜居、富有活力及可持续发展的城市社区做出的卓越成就和贡献，继西班牙毕尔巴鄂市、美国纽约市之后，成为全球第三个获李光耀世界城市奖的城市，又是全国首座古城旅游示范城市。

第三节

俊才云蒸

苏州人杰地灵，俊才云蒸，苏州园林多"士人园"，是"士人"的艺术天性、学养和悠久的民族文化传统结合的艺术明珠，是农业文明"生活最高典型"的模式。这种模式出于林语堂称许的"一群和蔼可亲的天才"之手，他们是：

第 8 世纪的白居易；第 11 世纪的苏东坡；以及 16、17 两世纪那许多独出心裁的人物——浪漫潇洒、富于口才的屠赤水；嬉笑诙谐、独具心得的袁中郎；多口多奇、独特伟大的李卓

他们是生活艺术化、艺术生活化的倡导者和践行者：

中唐白居易是中国园林史上具有伟大影响的构园家，还是日本园

吾；感觉敏锐、通晓世故的张潮；耽于逸乐的李笠翁；乐观风趣的老快乐主义者袁子才；谈笑风生、热情充溢的金圣叹——这些都是脱略形骸不拘小节的人。①

林文化的"导师"。他一生营建过四个园林：渭上南园、庐山草堂、忠州东坡园和洛阳履道坊故里园；宋苏轼自称"只渊明，是前身"，贬谪黄州时，得废圃于东坡之胁，

筑而垣之，作"雪堂"以起居偃仰。因"陶靖节云：'倚南窗以寄傲，审容膝之易安。'故常欲作小亭以名之"②；明博学怪才屠隆，号赤水，著《考槃馀事》涉文房器玩、香、茶、炉、瓶及起居、盆玩、文房等一切器用服饰之类，都为园居生活组成部分，与文震亨的《长物志》同类；清构园理论家、"耻拾唾余"的李笠翁不仅为北京打造半亩园，还自构伊园、芥子园、层园等；"食色风流"的袁子才在南京小仓山下修筑随园；至于创"性灵说"的袁中郎，倡功利价值的思想家李卓吾，激赏地上文章、处世潇洒的张潮，唱经堂里评诗论文、绝意仕进、以读书著述为乐的苏州文人金圣叹，都是富有独创精神的明清才子型思想艺术家。

中国古代本无专职的造园师，明代造园理论家计成在《园冶·兴造论》中明确指出：

> 世之兴造，专主鸠匠，独不闻"三分匠、七分主人"之谚乎？非主人也，能主之人也……第园筑之主，犹须什九，而匠用什一……"

可见，这群"和蔼可亲的天才"中，无一不与中国园林有关，他们也都是计成所说的"能主之人"！

18世纪英国宫廷建筑师钱伯斯（William Chambers）指出：

> 布置中国式园林的艺术是极其困难的，对于智能平平的人来说几乎是完全办不到的。因为虽然这些规则好像很简单，自然地合乎人的天性，但它的实践要求天才思维、鉴赏力和经验，要求很强的想象力和对人类心灵的全面知识。这些方法不遵循任何一种固定的法则，而是随着创造性的作品中每一种不同的布局而有不同的变化。因此，中国的造园家不是花儿匠，而是画家和哲学家。③

① 林语堂：《生活的艺术·自序》（英文原著），越裔汉译，《林语堂全集》第21卷，东北师范大学出版社，1994年，第3-4页。

② （宋）苏轼：《东坡题跋》卷6《名容安亭》。

③ 转引自清华大学建筑工程系建筑历史教研组编：《建筑史论文集》第5辑，清华大学建筑工程系1979年版，第131页。

苏州"千百年来人材辈出，文章事业，震耀前后"①："太康之英"陆机、"江湖散人"陆龟蒙、"石湖居士"范成大、"吴中四杰""北郭十友""文坛怪杰"金圣叹，以及"吴江派""神韵派""格调派"等，吴中山水，都飘溢着诗词的馨香：阊门柳色，飞阁通波，吴趋行，横塘路，梅子黄时雨，一川烟草、满城风絮，吴王废冢，楞伽山木等苏州园林，乃文人所写的"地上之文章"②！

一、有容乃大

苏州山泽多藏育，土风清且嘉，始终敞开着宽阔的胸怀，接纳着各路英豪，苏州园林，集中国古代文人和匠师智慧之大成。

居西北岐山下的古公亶父两个儿子太伯、仲雍奔吴，断发文身，随俗雅化，建"勾吴"小国；楚臣伍子胥亡命吴中，教习水战，开凿胥江，兴吴定霸；齐"兵圣"孙武来吴，教练士卒，写出兵家圣典《孙子兵法》；晋申公巫臣至吴，教民车战……

如晋陆机《吴趋行》所咏，"泰伯导仁风，仲雍扬其波，穆穆延陵子。灼灼光诸华""太伯逊天下，季札辞一国，德之所化远矣"③！汉六朝至宋元，士人南下，不绝如缕：

梁鸿由扶风，东方朔由厌次，梅福由寿春，戴逵由剡适吴，国人主之，爱礼包容，至今四方之人多流寓于此，虽编籍为诸生，亦无攻发之者。亦多亡命逃法之奸，托之医卜群术以求容焉④……

永嘉之后，衣冠避难，多萃江左；靖康之难，"高宗南渡，民从之者如归市"⑤，苏州太湖洞庭东西两山，多为南宋望族名流栖托之地。

苏州，正是在多元文化的交融吸纳中，不断地丰富完善着自我，从重剑轻死嬗变为崇文重教是其最为典型的文化表征。

春秋吴人已经受吴王让国的礼仪熏陶，恪守然诺，季札挂剑徐君之墓、受公子光之托，专诸刺王僚而殒命、要离杀庆忌而自戕，春秋四大刺客，苏州竟独占其半；勾吴神冶，阖闾墓三千"鱼肠"宝剑，"金精上扬为白虎"，从此，"海涌山"成了"虎丘山"！"操吴戈兮披犀甲，车错毂兮短兵接"的惨烈，"男儿何不带吴钩"的刚勇，至今温文尔雅的苏州仍有干将、莫邪的路名，闻之仍凛凛生威……直至西晋吴地犹"士有陷坚之锐，俗有节慨之风"⑥，铸成了吴人刚柔相济、侠骨柔肠的性格。

到了南朝东晋，一变为"多旷达""最风流""文艺儒术，于今为盛"，明刘巘《成化记》点出其原因，乃"盖因颜谢徐庾之风

① （清）许治修编：《元和县志》卷20《科修编目》。

② 曹林娣：《姑苏园林——凝固的诗》，中国建筑工业出版社2012年版，第11页。

③ （宋）朱长文：《吴郡图经续记》，江苏古籍出版社1986年版，第20页。

④ （明）黄省曾：《吴风录》，百陵学山本。

⑤《宋史》卷178《食货志》。

⑥ （晋）左思：《吴都赋》《文选》卷9。

焉"，所指"颜谢徐庾之风"、即文章风流，分别指：以用典繁多著称的颜延之诗、冠绝当时的谢灵运山水诗赋；南北朝时期徐摛、徐陵父子和庾肩吾、庾信父子"流丽"的诗文风格。

东晋到南朝时期，吴地人民完成了从尚武到尚文的转型。尤其到明代中叶，在科举制度的刺激和文化风尚的浸染下，"文字之盛，甲于天下，其人耻为他业，自髫龀以上，皆能诵习举子应主司之试"[①] "家家礼乐，人人诗书" "髫龄童子即能言词赋，村农学究解律咏"[②]。

自此，杏花春雨的苏州，"诗性人文"盖过了至阳至刚的"伦理人文"。

二、书画渊薮

苏州是书画之渊薮。

西晋有《张翰思乡帖》，特别是"天才秀逸"的陆机那"古质""今妍"兼得的《平复帖》，成为历代书家心慕手追的典范之作；东晋"非恨臣无二王法，亦恨二王无臣法"的张融；乾隆养心殿的西暖阁"三希堂"中唯一的"稀世神物"、书圣王羲之的远房侄子王珣的《伯远帖》；唐陆柬之"意古笔老""野鹤盘空"的书法；孙过庭"古不乖时，今不同弊"的《书谱》、"兴来书自圣，醉后语尤颠"的"草圣"张旭；"变格自有超世真趣"的沈传师……均为出类拔萃的匡世大家。

至明代，王世贞《艺苑卮言》曾自豪地宣称："天下法书归吾吴"！"吴人善书，章草称宋克，能品称徐有贞、李应贞、吴宽，而超入于晋者惟祝允明"[③] "祝京兆、文太史、王履吉原始二王，追美文敏"[④]，以祝允明、文徵明、王宠为代表的吴门书派，成为明书坛的中流砥柱，明末清初的赵宧光，独创用笔自由飞翔的"草篆"。

清杨沂孙、翁同龢、吴大澂、王同愈、姚孟起、叶昌炽以及长期寓居苏州的俞樾、杨岘、章太炎、李根源、吴昌硕等一批书家和书法理论家先后崛起，继起者萧退庵、吴湖帆、祝嘉、蒋吟秋、费新我等，一脉延续至今。

苏州，不愧为"中国书法名城"！

画学，曹不兴、顾恺之、陆探微、张僧繇为"六朝四大家"、顾恺之、陆探微、张僧繇、吴道子又称"画家四祖"，其中的陆探微、张僧繇、曹不兴都是吴人或寓居于吴。陆探微"真万代之蓍龟衡鉴也"，画劲利象锥刀，人物造型"秀骨清像"；张僧繇在昆山慧聚寺"画龙点睛"……盛唐画家张璪擅写山水泉石，高低秀丽，咫尺重深。他在所著《绘境》一书中提出的"外师造化，中得心源"的艺术创作理论，也成为园林创作的圭臬。

黄公望、"明四家"、"清四王"，到近代的吴大澂、陆廉夫、

---

① （明）归有光：《送王汝康会试序》《震川先生集》卷9，上海古籍出版社1981年版，第191页。

② （明）黄省曾：《吴风录》，百陵学山本。

③ （清）姚之骃：《元明事类钞》卷22，引黄省曾：《吴风录》，百陵学山本。

④ （明）周天球语，见中田勇次郎、傅申合编：《欧美收藏中国法书名迹集·明清篇》。

吴湖帆……

另外，"塑圣"杨惠之、文彭、吴门篆刻，都成为艺术史上不朽的名字……前映后辉，原因如清初钱谦益论及明书画大家沈周时所分析的：

其产则中吴文物风土清嘉之地，其居则相城，有水有竹、菰芦虾菜之乡；其所事则宗臣元老，周文襄、王端毅之伦；其师友则伟望硕儒，东原、完庵、钦谟、原博、明古之属；其风流弘长则文人名士，伯虎、昌国、徵明之徒。有三吴、两浙、新安佳山水，以供其游览；有图书子史，充栋溢杼，以资其诵读；有金石彝鼎、法书名画，以博其见闻；有春花秋月、名香佳著，以陶写其性情；烟风月露、莺花鱼鸟，揽结吞吐于毫素行墨之间，声而为诗歌，绘而为绘画。①

元末"士诚之据吴也，颇收招知名士，东南士避兵于吴者依焉"②。

"惟苏、松、嘉、湖，（朱元璋）怒其为张士诚守"。对江南富户士人采取"移民""重赋"、杀戮，明初的"吴中四杰""北郭十才子"等几乎都无善终，士人朝不保夕，处处皆危。残酷的现实，使士人惊悚、抑郁、彷徨、苦闷，逐渐泯灭了建功立业的理想，崩溃了政治自信心，却在心灵深处日益确立起以自然、适意、清净、淡泊为特征的人生哲学与生活情趣，以企求内心得到平衡。形成了"'市隐'文化心态"③，自明至清，形成稳定的隐逸文化市场，大多"隐于艺"。

正是"市隐"心态、"崇文"传统这一"才子文化"主体的存在，使苏州成了"中国文化宁谧的后院""这里的曲巷通不过堂皇的官轿，这里的民风不崇拜肃杀的禁令……这里的弹唱有点撩人……这里的茶馆太多，这里的书肆太密"④。

中国古代，"能诗能画能文，而又能园者……乐天之草堂、右丞之辋川、云林之清閟，目营心匠，皆不待假手他人者也"⑤，明清的苏州造园师多文人画家：吴门画派都积极构筑私园，并皆能亲力亲为，不遗余力，亦为他人构画建园。以文徵明及其曾孙为例：

诗书画兼擅的文徵明，长年居住在其父所置停云馆，曾绘《停云馆图册》，自己增筑玉磬山房。还为苏州徐氏布画紫芝园。为好友王献臣的拙政园先后五次绘写园景，今存《拙政园图册》作于嘉靖十二年（1533），为绢本大册，有若墅堂、梦隐楼、倚玉轩、小飞虹、芙蓉隈、小沧浪、志清处、意远台、待霜亭、听松风处、得真亭、湘筠坞、槐雨亭、芭蕉槛、嘉宝亭等三十一景，《莲子居词话》称"设色细谨，笔法纵横变化，极经营惨淡而出之"。每景系以一诗，每诗系以一序。同年，文徵明并作《王氏拙政园记》。

① （清）钱谦益：《牧斋初学集》中册，上海古籍出版社 1985 年版，第 1076–1077 页。

② （清）张廷玉等：《明史》卷 285《文苑一·陶宗仪附顾德辉传》，见杨家骆主编：《新校本明史并附编六种》十，鼎文书局印行，第 7326 页。

③ 严迪昌：《"市隐"心态与吴中明清文化世族》，载《苏州大学学报》1991 年第 1 期。

④ 余秋雨：《白发苏州》，载《收获》1988 年第 3 期。

⑤ 童寯：《江南园林史》，中国建筑工业出版社 1987 年版，第 7 页。

图 1-3　文徵明《拙政园图咏·若墅堂》

　　文徵明曾孙文震亨，"风姿韶秀，诗画咸有家风"，一生雅好林泉，改建香草垞，结构殊绝，题榜纷罗，如"四婵娟堂""绣铗堂""笼鹅阁""斜月廊""众香廊""啸台""玉局斋"诸称尤著。他若乔柯、奇石、方池、曲沼、鹤栖、鹿柴、鱼床、燕幕、纤筜、弱草、盎峰、盆卉等景物，都无不锡以嘉名。明人顾苓《塔影园集》称他"所居香草垞，水木清华，房栊窈窕，阛阓中称名胜地。曾于西郊构碧浪园，南都置水嬉堂，皆位置清洁，人在画图"。并著《长物志》，"夫标榜林壑，品题酒茗，收藏位置图史、杯铛之属，于世为闲事，于身为长物，而品人者，于此观韵焉，才与情焉，何也？挹古今清华美妙之气于耳目之前，供我呼吸；罗天地琐杂碎细之物于几席之上，听我指挥；挟日用寒不可衣、饥不可食之器，尊踰拱璧，享轻千金，以寄我之慷慨不平；非有真韵、真才与真情以胜之，其调弗同也"。[1]

① （明）文震亨：《长物志》沈春泽序，南京：江苏科技大学出版社1984年，第10页。

清代苏州人钮琇在《觚剩续编》卷40《苏州土产》中记载：

> 长洲汪钝翁（汪琬字）在词馆日，玉署之友，各夸乡土所产，南粤象犀，西秦裘罽，齐鲁有缜丝海错，楚豫有精粲良材，侈举备陈，以为欢笑，唯钝翁嘿无一言。众共揶揄之，曰："苏州自号名邦，公是苏人，宁不知苏产乎？"钝翁曰："苏产绝少，唯有二物耳。"众问："二者谓何？"钝翁曰："一为梨园子弟。"众皆抚掌称是，钝翁遂止不语。众复坚问其一，钝翁徐曰："状元也。"众因结舌而散。

自唐至清1300年间，共产生文状元596名，自宋至清近800年间，共产生武状元115名，其中苏州府（只包括相当于现苏州市范围）共出文状元45名，占总数的7.55%，武状元5名，占总数的4.35%。尤其在清代，260年间，全国共出状元114名，苏州一府即出状元26名，占全国状元总数的22.81%。

当代中国科学院和中国工程院院士，是当代中国的科技精英。据统计，2019年中科院院士籍贯城市排名苏州市67人，位居全国榜首。

明代徐有贞在《苏郡儒学兴修记》中写道："吾苏也，郡甲天下之郡，学甲天下之学，人才甲天下之人才，伟哉！"

苏州状元大多钟情园林，如明代几位状元：

吴宽（1435—1504）成化八年进士第一，状元，会试、廷试皆第一，授修撰。侍讲孝宗东宫。孝宗即位，迁左庶子，官至礼部尚书。"好古力学，至老不倦，于权势荣利，则退避如畏热。在翰林时，于所居之东治园亭，杂莳花木。退朝执一卷日哦其中，每良辰佳节为具召客，分题联句为乐，若不知有官者"[1]，与东晋名士风度毫无二致。苏州东庄，是吴宽父吴孟融购地修葺别业，吴宽状元及第后，仍"岁拓时葺，谨其封浚"，李东阳为作《东庄记》，沈周时常客寓东庄，赋诗极多，其中一首曰："东庄水木有清辉，地静人闲与世违。瓜圃熟时供路渴，稻畦收后问邻饥。城头日出啼鸦散，堂上春深乳燕飞。更羡贤郎今玉署，恩封早晚著朝衣。"又画《东庄图册》，共二十一开，今藏南京博物院。

申时行乃嘉靖四十一年（1562）状元，官至礼部尚书兼文渊阁大学士，为相九年，政务宽平，人称"太平宰相"。万历年间在苏州建宅园八处，分别题名为金、石、丝、竹、匏、土、革、木，庭前皆栽种白皮松，阶级皆用青石。又有适适圃（或为八宅园之一），园中有宝纶堂、赐闲堂、鉴曲亭、招隐榭诸胜。他在园中，"常聚故人，修绿野、香山之故事，赋落

① （明）王鏊：《吴宽神道碑》。

花及咏物之诗，丹铅笔墨，与少年词人争强角胜。每当除夕、元旦，与王稺登倡酬赋诗，二十余年不间断"。

文徵明曾孙文震孟是天启二年（1622）状元，"公未第之时"（归庄《跋姜给谏匾额后》），得嘉靖进士袁祖庚所筑醉颖堂，易名药圃，药即白芷，乃是香草的一种，药圃之内，房栊窈窕，林木交映，辽阔旷达，文氏于此，写诗作画，修身养志，"书迹遍天下，一时碑版署额，与待诏埒"。

四、良匠之乡

苏州是高端消费品的生产、交易中心，明王锜记载："（成化间）凡上供锦绮、文具、花果、珍馐奇异之物，岁有所增。若刻丝累漆之属，自浙宋以来，其艺久废，今皆精妙，人性益巧而物产益多。"[1]

苏州亦成为良匠之乡。明末推行纳银代役匠籍制度，"盈握之器，足以当终岁之耕；累寸之华，足以当终岁之织也"[2]。苏州"居民大半工技，金阊一带比户贸易，负郭而牙侩蝟集""今天下财货聚于京师，而半产于东南，故百工技艺之人多出于东南，江右为夥，浙、直次之，闽、粤又次之"[3]。

苏州绝技，引领时尚："吴制服而华，以为非是弗文也；吴制器而美，以为非是弗珍也。四方重吴服，而吴益工于服；四方贵吴器，而吴益工于器……"[4]形成良性互动，于是，"苏州人以为雅者，则四方随而雅之，俗者，则随而俗之"[5]。大抵吴人滥觞，徽人导之，遂风靡全国。时松江（今上海地区）"僻处海滨，四方之舟车不一经其地，谚号为'小苏州'"[6]。

苏州艺匠，薪火相传，高手如云：

刘永晖精造文具、"陆子冈之治玉，鲍天成之治犀，周柱之治嵌镶，赵良璧之治梳，朱碧山之治金银，马勋、荷叶李之治扇，张寄修之治琴，范昆白之治三弦子，俱可上下百年保无敌手"[7]。

陆墓金砖、虎丘泥塑、苏式家具、苏式盆景、苏州丝绸、苏州檀香扇、桃花坞木刻年画，乃至苏绣、苏裱、苏装、苏琢、苏雕、苏灯……

苏州香山帮匠师，与苏州园林相始终。香山帮发祥于苏州太湖之滨香山地区的民间匠人组织，"香山"因吴王曾在此地种香草而得名，据《木渎小志》云："昔吴王夫差种香草于此，潜西施及美人采之故名。"香山所在地，又称"南宫乡"，因吴王在此设立离宫——"南宫"而得名，"主好宫室则工匠巧，主好文采则女工靡"[8]，那里"家家有匠人，户户有绣娘""吴中土木之工，半居南宫乡"[9]"水木匠业，香山帮为最……"[10]

①（明）王锜：《寓圃杂记》卷5"吴中近年之盛"条，天一阁藏本。

②（明）张瀚：《松窗梦语》卷4。

③（明）张瀚：《松窗梦语》卷4。

④（明）张瀚：《松窗梦语》卷4。

⑤（明）王士性：《广志绎》卷3。

⑥（明）陆楫：《蒹葭堂杂著摘抄》一卷丛书集成初编本。

⑦（明）张岱：《陶庵梦忆·吴中绝技》。

⑧《管子》第53《七臣七主》。

⑨（明）张大复：《梅花草堂笔谈》卷9。

⑩苏州历史博物馆、江苏师范学院历史系、南京大学明清史研究室：《明清苏州工商业碑刻集》，江苏人民出版社1981年，第122页。

香山帮是由大木作木匠领衔，集木匠、泥水匠（砖瓦匠）、堆灰匠、漆匠、雕塑匠（木雕、砖雕、石雕）、叠山匠等古典建筑中全部工种于一体的建筑工匠群体，到明代发展到黄金时代。

香山帮杰出代表被皇帝誉为"蒯鲁班"的"匠官"（工部左侍郎）蒯祥，明吴县香山木工。朱启钤《哲匠录》载："初授职营缮，仕至工部左侍郎，能主大营缮。永乐十五年建北京宫殿；正统中重作三殿，及文武诸司；天顺末所作之裕陵；皆其营度。凡殿阁楼榭，以至回廊曲宇，随手图之，无不中上意者。能以两

第一章
大吴胜壤

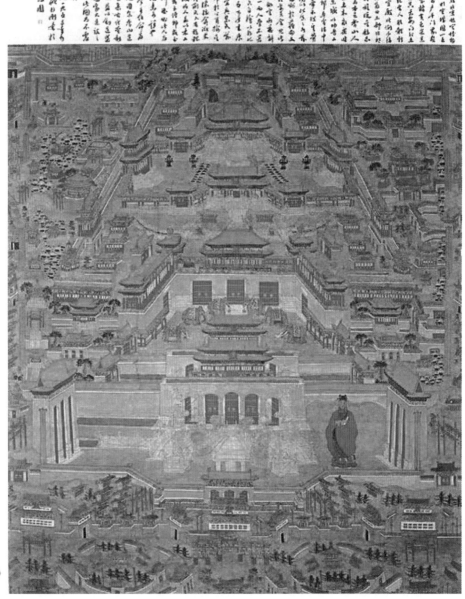

图 1-4
明朝《北京宫城图》
上的蒯祥像

手握笔画双龙，合之如一。每修缮，持尺准度，若不经意；既造成，不失厘毫。宪宗时，年八十余犹执技供奉，上每以'蒯鲁班'呼之。既卒，子孙世其业。"蒯祥技艺高超，除建造宫殿外，还建造了北京西苑（今北海、中南海）等处的园林建筑。

明朝的《北京宫城图》上画有身穿官服的蒯祥像。"香山帮"古建成为与皇家派和岭南派并行的我国三大古典建筑流派的核心。

而专事花木栽培的花农，早在宋元时代已经出现在苏州地区，清人顾禄《桐桥倚棹录》载："宋朱勔以花石纲误国，子孙屏斥，不列四民，因业种花，今遗其风。"

作为"鱼米之乡"的苏州，园林构筑活动频繁，形成"吴人尚饰"的风尚，文人与匠人关系密切，统领工程全局的"把作师傅"，相当于现在的建筑总设计师，由大木作匠人领衔，他们都有一定的书画功底，有的本来就是书画家。如擅叠山的专业构园家，有计成、周秉忠、张南垣、戈裕良，他们皆精画艺、通画理、擅叠山，并善于把文人画追求意境的情趣作为园林的追求目标。

明末清初著名的叠山大师张南垣，所叠山水，"皆有仿效，若荆（浩）、关（仝）、董（源）、巨（然）、黄（公望）、王（蒙）、倪（云林）、吴（镇）、一一逼肖"[①]。清叠山大师戈裕良，承大画家石涛笔意所叠的环秀山庄主景假山，有"独步江南"之誉。

周秉忠，万历时苏州人，字时臣，号丹泉。天资聪颖，精通绘画，笔墨苍秀。他擅长造园，疏泉叠石，尤能匠心独运。徐泰时营造东园（今留园），即邀他堆叠"高三丈，阔可二十丈，玲珑峭削，如一幅山水横披画"[②]的大型假山，江盈科也说，东园假山"叠怪石作普陀天台诸峰峦状"[③]。苏州另一处假山精品洽隐园（即惠荫园）内小林屋洞也是周秉忠的作品，韩是升《小林屋记》称其"台榭池石皆周丹泉布画"。

有的匠师，如为文震亨香草垞中秀野堂前叠造假山的陆俊卿，技艺高超，得到设计者文震亨的高度赞美，写《陆俊卿为余移秀野堂前小山》诗曰："君向迩时真绝技，分明画本对荆关。"能按荆浩、关仝的画意叠山，必非一般石工。

戈裕良，嘉道年间常州人。他擅长用大小石块钩带联络如造环桥法来堆叠假山，可以千年不坏。他的叠山原则是"要如真山洞壑一般，然后方称能事"，他的作品有仪征朴园、江宁五松园、虎丘一榭园、环秀山庄以及常熟蒋氏燕谷园，环秀山庄和燕谷园的假山至今尚存，可见其风格。

香山帮能工巧匠不仅有丰富的建筑经验，而且还善于总结，将其上升为理论，代表为晚明吴江"儒林匠师"计成所著《园冶》和被誉为"江南耆匠"民国姚承祖所著《营造法原》（详后）。

① （清）张庚：《国史丛书·国朝画微录》卷（上）。

② （明）袁宏道：《园亭纪略》，见《苏州园林历代文钞》，上海三联书店 2008 年版，第 281 页。

③ （明）江盈科：《后乐堂记》，见《苏州园林历代文钞》，上海三联书店 2008 年版，第 50 页。

香山帮影响巨大。它不仅影响了整个江苏城市的建筑格调，带动民间建筑的设计、构思、布局、审美以及施工技术，而且，在中国古建史上，是唯一从民间走向宫廷、走向全国、走向世界的建筑流派。

香山帮薪火相传，能工巧匠辈出。今天肩负着继往开来重任的苏派传人，成为现当代古建保护和修缮的主力，并将享誉全球的苏派技艺，发扬光大。

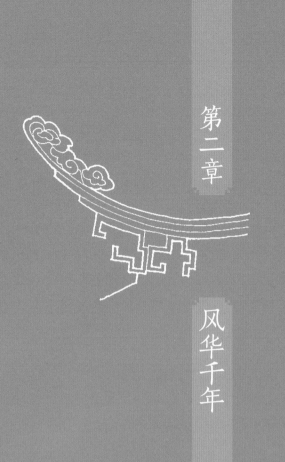

第二章

风华千年

苏州园林依赖得天独厚的地理人文优势，春秋勾吴宫台惊艳亮相，即为诸侯翘楚，尽管随着夫差霸业的消沉，"姑苏台下草，麋鹿暗生麂"，但汉代又出现了"富于天子"的吴王刘濞，在苏州的"长洲之苑"竟又超过了汉景帝的"上林苑"。当孙吴的"吴宫花草埋幽径"后，滥觞于汉代的私家园林在南朝的精神气候下，完成了以"有若自然"的士人园的美丽转身：玉壶买春、茅屋赏雨；坐中佳士、左右修竹；白云初起、幽鸟相逐；眠琴绿荫、上有飞瀑；落花无言、人淡如菊！南朝"清谈名士"即"佳士"的"典雅"风范，成为苏州私家园林主人心慕神追的榜样。

自此，历唐五代两宋，苏州园林艺术体系逐渐完备；至元明清前期，量质齐高，臻至巅峰；近代虽屡遭兵燹之灾，传统园林式微且风格亦有嬗变，但经同光"中兴"，清末时苏州城内外犹有园林 171 处，直到民国，发展势头不减；20 世纪 50 年代，苏州城内尚存和半废园林有 172 处之多[①]，可以说，以"典雅"为主的苏州园林风华千年，一脉至今！

苏州园林记录着中华文人的心路历程，既映射出文酒高会的风雅，也潜藏着铁蹄蹂躏的悲凄和无奈，承载着千年历史的酸甜苦辣，与中华文明一脉相承。"书之岁华，其曰可读"！

① 1956—1959 年普查的总数为 188 处，尚存及半废园林庭园共 172 处。

第一节

从吴王囿台到私家园林——吴至六朝

春秋时的吴国，经寿梦苦心谋制、阖闾精心磨砺，直至夫差悉心征战，国力达到了空前强盛。在大盛游猎之风的同时，把自然景色优美的地方圈起来，放养禽兽，在其中夯土筑台、掘沼养鱼，供国君游猎、取乐，于是，出现了崇台峻基的吴宫苑囿。

吴王囿台，具备的山水、建筑、植物等园林要素和开创的艺术手段，成为苏州园林的美丽铺垫，萌芽于汉代的王侯贵族私园六朝后则独领风骚数千年！

一、吴王囿台

史载春秋吴国囿台别馆多达 30 多处：夏驾湖、消夏湾、长洲、姑苏台、馆娃宫……经历了从实用到娱乐的过程。

"夏驾湖，寿梦盛夏乘驾纳凉之处。凿湖池，置苑囿，故今有苑桥之名。"[①]苑，古代养禽兽植林木的地方，甲骨文、金文都没有"苑"字，"苑"字最古的是小篆，秦代始称帝王花园为"苑"。夏驾湖主要为纳凉休闲，那是一片盛产菱藕芡茨的湖荡，宋时还是"湖面波光鉴影开，绿荷红芰绕楼台"。

消夏湾位于洞庭西山之趾山，三面峰环，"僻境真天造，非徒白浪浮。一湾湖作沼，六月暑如秋""蓼矶枫渚故离宫，一曲清涟九里风。纵有暑光无着处，青山环水水浮宫。"（范成大《消夏湾》）是避暑胜地。隐于湖山深处的明月湾，"水抱青山山抱花，花光深处有人家""明月处处有，此处月偏好！"（明代高启语）自然是赏月佳处。"流杯亭在女坟湖西二百步，阖闾三月三日泛舟游赏之处。"

至于麋湖城、鹿城、鱼城、鸭城、鸡陂，都是豢养牲畜家禽、蓄养珍禽异兽处，带有较鲜明的生产功能。

囿，园林界认为"囿"乃是中国园林之根，汉代许慎《说文解字》："囿，苑有垣也。"甲骨文写作▦，一个方框中添四株草或木，是种植花草蔬菜的园子，有围墙。金文写作▧，围墙中▦捕获猎物，表示可供游猎的大林园。台本是用土石筑成的方形平顶的瞭望高耸建筑。传远古有帝尧台、帝舜台，夏启有钧台，台之初，有望风观气、祭天礼地的

① （唐）陆广微：《吴地记》，江苏古籍出版社 1986 年版，第41 页。

图 2-1　消夏湾

功能。囿中有三台："灵台"用以观天象、"时台"以观四时、"囿台"以观走兽鱼鳖，各有其不同功能。

阖闾"立射台於安里，华池在平昌，南城宫在长乐。阖闾出入游卧，秋冬治於城中，春夏治於城外姑苏之台。且食鲲山，昼游苏台，射於鸥陂，驰乐石城，走犬长洲"（《吴越春秋》）。长洲苑"在姑苏南，太湖北岸，阖闾所游猎处也"[1]，则带有鲜明的军事演习性质。

春秋末战国时期，"台"的功能多元化、复杂化了，既有战略意义，又逐渐演化为夸示军事经济实力、兼诸多娱乐功能的作用。所以，各地诸侯都广筑高台，齐有桓公台，赵有丛台，卫有新台，等等。

吴国的宫台，"临四远而特建，带朝夕之浚池，佩长洲之茂苑"，都因山为台，视点高远，兼有瞭望台、烽火台、天文台等实用功能：

姑苏台"阖闾十年筑，经五年始成""其台高三百丈，望见三百里外，作九曲路以登之"[2]，因山为台，联台为宫，主台"广八十四丈"。俯瞰太湖，七十二峰出没于晴云浩淼之中，周围诸山，一一献奇于台之左右。馆娃宫在灵岩山顶绝胜处，同样可以"俯具区，瞰洞庭，烟涛浩渺，一目千里，而碧岩翠坞，点缀于沧波之间，诚绝景也"[3]；随时可以观察到越国方的敌情。

夫差将姑苏台"复高而饰之"[4]"周环诘屈，横亘五里，崇饰土木"，固然亦有耀武和军事监视功能，但"又别立春宵馆，为长夜饮，造千石酒钟。又作大池，池中造青龙舟，陈伎乐，日与西施为水嬉。又于宫中作海灵馆、馆娃阁，铜钩玉槛，宫之栏楯，皆珠玉饰之"[5]。

夫差在蓊郁幽邃的灵岩山上建馆娃宫：

山顶有三池，一曰月池、曰砚池、曰玩花池，虽旱不竭，其中有水葵（莼菜）甚美，盖吴时所凿也。山上旧传有琴台，又有响屧廊，或曰鸣屧廊……[6]

虽然因夫差亡国，有"居下流"、众恶所归、将之妖魔化之嫌，但与阖闾时期相比，娱乐享受色彩明显增加。

综上，吴王宫台呈现如下基本特点：

第一，远近都能观赏优美的湖光山色。

第二，有人工开凿的水池，池中有青龙舟可泛舟而游；赏玩池中莲花、水葵，海灵馆可欣赏各类游鱼，说明动植物已成欣赏主角之一。

第三，馆娃宫里有训练有素、技艺精湛、姿容芬芳的女子歌舞乐队，观赏"荆艳楚舞，吴歈越吟"，宫中筑"响屧廊"，先凿空廊下岩石，放下一排大小不一的缸瓮，然后在地面铺盖一层有

①（唐）陆广微：《吴地记》，江苏古籍出版社1986年版，第171页。

②（唐）陆广微：《吴地记》，（宋）范成大《吴郡志》引，江苏古籍出版社1986年版，第99页。

③（宋）朱长文：《吴郡图经续记·砚石山》，江苏古籍出版社1986年版，第43页。

④《艺文类聚》引《吴地记》，第38页，见《吴地记》"姑苏台"注释1，江苏古籍出版社1986年版。

⑤《太平广记》卷二百三十六引《述异记》，见《吴地记》"姑苏台"注释1，江苏古籍出版社1986年版。

⑥（宋）朱长文：《吴郡图经续记》，江苏古籍出版社1986年版，第43页。

图 2-2 玩花池（灵岩山）

弹性的梗梓木板，舞女们穿着木屐在廊上跳舞，"响屧廊中金玉步，采苹山上绮罗身"[1]……夫差在水边建造台阁，还作泛舟水嬉之游，吴王带宫女们锦帆以游而得名的锦帆径，就是吴王当日所载楼船箫鼓，与其美人西施行乐歌舞之地，两岸栽植花柳，开后世"舟游式园林"之法门。

第四，建筑装饰华美，技艺特别是木雕技艺精湛。吴宫苑建筑以木构架为主，"铜钩玉槛，宫之楹槛，皆珠玉饰之"，姑苏台所用木材"受邻越之贡"，都"巧工施校，制以规绳。雕治圆转，刻削磨砻。分以丹青，错画文章。婴以白璧，缕以黄金。状类龙蛇，文彩生光""神材异木，饰巧穷奇，黄金之楹，白璧之楣。龙蛇刻画，灿灿生辉"[2]，虽有小说家夸饰之嫌，但也在一定程度上反映出历史的真实。

可以说，吴王园林在一定程度上摆脱了生息的物欲需求，重视精神上的享受和文化上的陶冶，初现从实用向精神审美演化之迹。

二、秦汉宫苑

战国至秦汉间，政治风云变幻，公元前 248 年，楚国春申君黄歇受封于吴，并以苏州（吴墟）为自己的政治、经济中心的首邑。"实楚王"的黄歇，在吴地兴修水利的同时，大兴土木，将吴

---

① （唐）皮日休：《馆娃宫怀古》，见《全唐诗》卷 613，第 72 页。

② （宋）崔豹：《馆娃宫赋》，（宋）范成大《吴郡志》注引，第 101 页。

子城"因加巧饰"为桃夏宫，时宫室极盛，太史公司马迁说："吾适楚，观春申君故城，宫室盛矣哉！"[1]

秦汉于吴越之地置会稽郡，吴子城为郡治，内建"太子舍"。汉初为刘濞封地，"吴有诸侯之位，而实富于天子；有隐匿之名，而居过于中国。……修治上林，杂以离宫，积聚玩好，圈守禽兽，不如长洲之苑。"[2]

苏州"长洲之苑"在"离宫""玩好"及圈养的"禽兽"方面，都超过了汉景帝时代的上林苑。

唐人孙逖《长洲苑·吴苑校猎》：

> 吴王初鼎峙，羽猎骋雄才。辇道阊门出，军容茂苑来。山从列嶂转，江自绕林回。剑骑缘汀入，旌门隔屿开。合离纷若电，驰逐隐成雷。胜地虞人守，归舟汉女陪。可怜夷漫处，犹在洞庭隈。山静吟猿父，城空应雉媒。戎行委乔木，马迹尽黄埃。揽涕问遗老，繁华安在哉？[3]

虽为唐人怀古伤怀诗，但遥想吴王刘濞时狩猎的赫赫声威，当不全属于夸饰。

西汉时郡治衙署中就有花园：《汉书·朱买臣传》载朱买臣拜会稽太守，"入吴界，见其故妻、妻夫治道。买臣驻车，呼令后车载其夫妻，到太守舍，置园中，给食之。"《越绝外传记·吴地传》第三：

> 太守府大殿者，秦始皇刻石所起也。到更始元年（23），太守许时烧。六年（王莽天凤六年）十二月乙卯凿官池，东西十五丈七尺，南北三十丈。

"太守舍园"为衙署园林之滥觞。

据传，公元前 789 年（宣王三十九年），周宣王对东南淮夷用兵，当时驻守吴的是吴王室贵族吴武真，第宅内凿池，池沼名"凤池"，虽然还谈不上经过构划的私家园林，只能算在满足私人起居生活的前提下，增加点自然之趣，但此时苏州城还没有修筑，记载又多见于后世文献，未可遽信。

同治《苏州府志》云："笮家园在保吉利桥南，古名笮里，吴大夫笮融所居。"笮融是汉献帝时的大夫，笮融宅第规模如何，能否称园，史无记载，清代府志称其为"园"不可遽信，但其所建浮屠祠，见于《三国志·笮融传》：

> 笮融者，丹杨人。初聚众数百，往依徐州牧陶谦。谦使督广

[1] （汉）司马迁：《史记·卷78·春申君列传第十八》。

[2] （汉）班固：《汉书》卷51《贾邹枚路传》。

[3] （唐）孙逖：《长洲苑吴苑校猎》，范成大《吴郡志》卷8引，江苏古籍出版社1986年版，第106页。

陵、彭城运漕，遂放纵擅杀，坐断三郡委输以自入。乃大起浮图祠，以铜为人，黄金涂身，衣以锦采，垂铜槃九重，下为重楼阁道，可容三千余人。悉课读佛经，令界内及旁郡人有好佛者听受道，复其他役以招致之，由此远近前后至者五千余人户。每浴佛，多设酒饭，布席于路，经数十里，民人来观及就食且万人，费以巨亿计。

据此，他的宅第当亦奢华，可惜记载过于疏略，无法窥见其貌。

陆绩宅，位于临顿里，门有郁林石，即后人称为廉石者。史书记载，三国时期，郁林太守陆绩为官刚直不阿，肃贪拒贿，两袖清风。任满罢归，空舟而返苏州故里，船轻不胜浪，无奈只得载巨石压船，以助航行。陆绩宅内不可能有花园，美在宅前的"郁林石"，石本身美丑不论，因为乃为官清廉的象征，成为人民寄寓情感的载体，开以石"比德"的先声。

汉时还将古吴国圈养禽畜带有自然经济功能的"囿"，改成了以游赏为主的园，东汉吴平高《越绝书》载："桑里东，今舍西者，故吴所蓄牛、羊、豕、鸡也，名为牛宫，今以为园。"这个"园"应该属于东汉官府，在有一定的园林基础的旧址上构园，也成为后世苏州园林的惯例。

首先，汉代王侯私园工程浩大，甚至超过帝王宫苑，应该有了基本的规划。主体景致以人工池塘、馆阁楼台为主，路径环曲，引水注池等山池之景的创作，开创了我国人工堆山的技术。取代了纯粹的自然山泽水泉，也不同于中原规整板滞的灵台、灵沼。园林完成了由自然生态到人工摹拟的转变，从原始的生活文化形态走向自然模仿的文化形态。

其次，汉代木结构建筑奠定了中国至今梁架结构的法式，屋顶式样诸如硬山、悬山、歇山、四角攒尖、卷棚等已经出现，屋顶上有各种装饰，用斗栱组成框架，以及柱形、柱础、门窗、拱券、栏干、台基等变化很多，砖瓦也得到发展，有一定规格，形式多样，有筒板瓦、长砖、方砖、扇形砖、楔形砖、空心砖。

两汉的园林类型逐渐丰富，既有超过皇家宫苑的吴王刘濞的长洲苑，反映了汉初诸侯王割据时代奇特的政治现象，也出现了衙署园林，另外私人性质的私家宅第园林也有了萌芽。

三、六朝寺观与私园

苏州园林发展至六朝，在时代精神的浸染下产生了士人和寺观两类新型的园林形式。

自西汉开始，朝廷大臣宅邸内往往辟有园林，六朝亦然，但史书阙如。如孙吴时，吴皇室及周瑜、陆逊、陆绩、顾雍等开拓东吴基业的世家大族，在苏州都建有宅邸，其中有些宅邸在六朝舍宅为寺的风潮中变成寺庙。如号为"吴中第一古刹"的报恩寺（俗称北寺），据传是赤乌年间（238—251）孙权为报答母亲吴太夫人的恩情舍宅而建，时称通玄寺，寺中有园，至唐代韦应物往游，见到的寺景是："果园新雨后，香台照日初。绿阴生昼寂，孤花表春馀。"寺中有花木果园，至今犹存；东吴丞相阚泽府第在西山横山岛，后舍为盘龙寺，顾野王舍宅为光福寺，应该也带有花园。

六朝士人园最著名的是顾辟疆园和戴颙宅园。

"顾辟疆园"当时号称"吴中第一私园"，属于吴地士族庄园。据《抱朴子》记载，苏州顾、陆、朱、张四大豪族皆有庄园，"僮仆成军，闭门为市，牛羊掩原隰，田池布千里""金玉满堂，伎妾溢房，商贩千艘，腐谷万庾"。其中，顾氏所造私园，最早见诸《世说新语》，以美竹、怪石闻名于时，引得时为中书令、高迈不拘、风流为一时之冠的王献之兴趣，"自会稽经吴，闻顾辟疆有名园，先不识主人，径往其家，值顾方集宾友酣燕，而王游历既毕，指麾好恶，傍若无人。顾勃然不堪曰：'傲主人，非礼也！以贵骄人，非道也！失此二者，不足齿之，伧耳！'便驱其左右出门。王独在舆上，回转顾望，左右移时不至，然后令送箸门外，怡然不屑。"

《晋书·王徽之传》则载有类似的内容：

> 吴中一士大夫家，有好竹，欲观之，便造竹下，讽啸良久，主人洒扫请坐，徽之不顾，将出，主人乃闭门。徽之便以此赏之，尽欢而去。

与顾氏园齐名的是戴颙宅园。刘宋时名士戴颙，《晋书》将其列为"隐逸者"。为著名画家、雕塑家戴逵之子，戴颙"巧思通神"，早年随父亲客居浙江剡县，复游桐庐。桐庐僻远，难以养疾，乃出居苏州齐门内，"士人共为筑室，聚石引水，植林开涧，少时繁密，有若自然。三吴将守及郡内衣冠，要其同游野泽，堪行便去，不为矫介，众论以此多之"[①]。

艺术家在苏州构园，戴颙首创，而以"有若自然"品评，在苏州园林亦为首例。[②] 戴颙宅园简朴素雅，以回归自然、陶冶情操为主要功能，标志着苏州园林由粗放型到精约型的转变，构园升华到艺术创作的境界，以相对的小空间表现无限的涵蕴，奠定了苏州山水园的艺术风格和历史发展方向。

① （宋）朱长文：《吴郡图经续记》，江苏古籍出版社1986年版，第62页。

② 在中国园林史上，"有若自然"品评，首先出现于东汉桓帝时外戚梁冀之妻孙寿在洛阳城门内所造私园，是"采土筑山，十里九阪，以象二崤；深林绝涧，有若自然"，见《汉书》卷25下《郊祀志》第五下"井干楼，高五十丈，辇道相属焉"，颜师古注。

吴郡亦为六朝佛寺另一中心，"吴赤乌中已立寺于吴矣"①，卢熊《苏州府志》也曾有"东南寺观之冠，莫盛于吴郡。栋宇森严，绘画藻丽，是以壮观城邑"之说。

梁武帝事佛，吴中名山胜境，多立精舍，因于陈隋，浸盛于唐。……民莫不喜蠲财以施僧，华屋邃庑，斋馔丰洁，四方莫能及也。寺院凡百三十九……②

《吴郡图经续记》云："支遁、道生、慧向之侪，唱法于群山，而人尚佛。"吴地洞庭东、西两山、穹窿山、灵岩山、花山、天池山、阳山、虎丘山都为"深山藏古寺"的佳处：东山有佛寺五十余所（座），西山有三庵十八寺等。

另有东西虎丘寺、承天寺、瑞光禅院、永定寺、云岩寺、天峰院、秀峰寺、甪直保圣寺、常熟的兴福寺、昆山的慧聚寺等。

游心禅苑、放情山水的佛教徒在深山建立清静梵刹。

创立于东汉末年的道教，经过六朝葛洪、寇谦之、陆静修、陶弘景等人的努力，完成了从民间宗教迈入正规官方道教的殿堂。道教以为神仙在地下的栖息处是与天最接近的崇高山岭，《玉篇》曰："仙，轻举貌，人在山上也。"名山胜景成为道教的"仙境"，即三十六洞天、七十二福地。徒步千里，穷搜名山采药炼丹的道教徒们也要在深山修行。

苏州西山（今金庭）的上真观，是南朝梁大同四年隐士叶道昌舍宅而建："径盘在山肋，缭绕穷云端；……两廊洁寂历，中殿高嵯峨；静架九色节，闲悬十绝幡③；西山号"天下第九洞天"的林屋洞旁有"宫殿百间环绕三殿"的"神景宫"，又称"灵佑观"；还有常熟虞山下的乾元观等。

苏州城市道观是创建于西晋咸宁二年（276年）的"真庆道院"（今称玄妙观），位于苏州市主要商业街观前街。现有山门、主殿（三清殿）、副殿（弥罗宝阁）及21座配殿，为苏州香火最盛之地。桃花是道教教花，桃入仙籍。中国神话中说桃树是追日的夸父的手杖化成的。《太平御览》引《典术》上说："桃者，五木之精也，故厌伏邪气者也。桃之精生在鬼门，制百鬼，故今作桃梗著门，以厌邪气。"所以，真庆观里"桃千树"，桃花盛开，飘落一地，像零碎的云锦一样美丽，观前街因名"碎锦街"。

基于舍宅佞佛道的风尚和宗教教义、修道养性的需要，决定了寺观园林化的发展趋势。

① （宋）朱长文：《吴郡图经续记》，江苏古籍出版社1986年版，第30页。
② （宋）朱长文：《吴郡图经续记》，江苏古籍出版社1986年版，第30页。
③ （唐）皮日休：《太湖诗·上真观》见《全唐诗》卷610，第14页。

图 2-3　真庆道院（今玄妙观）

第二节

艺术体系完备期——唐、宋、元

　　隋唐五代，苏州远离了政治中心，大运河带来的交通便利，隋唐时期完善的科举制度，使苏州的经济、文风进一步得到发展，至两宋奠定了"人间天堂"的地位。从中唐开始，主题园及景境的诗文品题已经十分普遍。宋元时期，苏州园林文人艺术体系已经完备，园林不仅成为居住、宴乐、雅集的场域，而且成为抒写心灵的载体，苏州园林的文学化业已奠定基础。

一、唐五代园林——园林诗化的滥觞

　　隋朝除了大运河外没有给苏州留下见诸文字记载的园林。苏州园林在唐五代得到长足发展。唐人将晋人在艺术实践中的"以形写形，以色貌色"的"形似"发展为"畅神"指导下的"神似"，将仿写自然美，到对自然美的提炼、典型化。盛唐吴门画家张璪的《绘境》中提出的"外师造化，中得心源"遂成为中国艺术包括构园艺术创作所遵循的原则。张彦远的"意存笔先，画尽意在"的命题、司空图的韵味说和思与境偕等美学理论全面影响着园林创作。

"姑苏自刘、白、韦为太守时，风物雄丽，为东南之冠。"① "当今国用，多出江南，江南诸州，苏最为大，兵数不少，税额至多。"② 苏州"朱户千家室，丹楹百处楼"③，"处处楼前飘管吹，家家门外泊舟航"④ "夜市卖菱藕，春船载绮罗"⑤。

苏州文人士大夫出于心理和精神的需要对园林一往情深，使私家园林所具有的清雅格调，得以提高、升华。

郁林太守陆绩的后裔陆龟蒙临顿里宅园"不出郛郭，旷若郊墅"，为明代拙政园的前身，与皮日休多有酬唱；甫里（今角直）又建有"天随别业"，当时园中有"清亭""桂子轩""光明阁""双竹堤""斗鸭池""杞菊畦""垂虹桥""斗鸭栏"等小八景。

任晦园池建于晋顾辟疆园旧址，皮日休云："有深林曲沼，危亭幽〔砌〕物。"⑥ 修篁嘉木，怪石纷向。陆龟蒙《白欧诗序》曰：

> 乐安任君，尝为泾尉，居吴城中，地才数亩，而不佩俗物。有池，池中有岛屿，池之南、西、北边合三亭，修篁嘉木，掩隐隈陜，处其一，不见其二也。君好奇乐异，喜文学名理之士，所得皆清散凝莹。袭美知而偕诣，既坐，有白鸥翩然，驯于砌下，因请浮而玩之。主人曰："池中之族老矣，每以豪健据有，鸥之始浮，辄逐而害之，今畏不敢入。"吁，昔人之心蓄机事，犹或舞而不下，况害之哉！且羽族丽于水者多矣，独鸥为闲暇，其致不高耶？一旦水有鲸鲵之患，陆有狐狸之忧，侪侣不得命啸，尘埃不得澡刷，虽蒙人之流赏，亦天地之穷鸟也。感而为诗，邀袭美同作。⑦

园内修竹怪石、水木气岑寂，曲岸危梁，幽邃曲折，池容淡而古，树意苍然僻。池岛屿隐，恍若潇湘隔。任君视官绶，"遗之如弃靸，归来乡党内，却与亲朋洽"⑧，在园林"终身远嚣杂"，逍遥自适，"秋笼支遁鹤，夜榻戴颙客。说史足为师，谭惮差作伯。君多鹿门思，列此情便适""即此自怡神，何劳谢公展"⑨！

"褚家林亭"是唐代苏州名园，《松陵集倡和》云，在震泽之西。皮日休咏道："广亭遥对旧娃宫，竹岛萝溪委曲通。茂苑楼台低槛外，太湖鱼鸟彻池中。萧疏桂影移茶具，狼藉蘋花上钓筒。争得共君来此住，便披鹤氅对清风。"⑩ 位于松江之傍。⑪

桃花坞西侧有孙园，园子在当时应该很有名，在越州当刺史的元稹给好友白居易的《戏赠乐天、复言》诗中说："孙园虎寺随

① （宋）龚明之：《中吴纪闻》卷六《苏民三百年不识兵》，上海古籍出版社 1986 年，第 143 页。

② （唐）白居易：《苏州刺史谢上表》，《白居易集》卷 68，上海古籍出版社 1988 年，第 3672 页。

③ （唐）李绅：《过吴门二十四韵》，《全唐诗》第 481 卷，第 017 首。

④ （唐）白居易：《登阊门闲望》，《白居易集》卷 24，上海古籍出版社 1988 年，第 1628 页。

⑤ （唐）杜荀鹤：《送人游吴》，《全唐诗》卷 691。

⑥ （唐）皮日休：《初夏即事寄陆鲁望》，见黄钧、龙华、张铁燕等校《全唐诗》，第 751 页。

⑦ （唐）陆龟蒙：《白欧诗序》，《全唐诗》卷 625。

⑧ （唐）皮日休：《二游诗·任诗》《全唐诗》卷 609《皮日休诗集》卷 2。

⑨ （唐）陆龟蒙：《奉和袭美二游诗·任诗》《全唐诗》卷 617《陆龟蒙诗集》卷一。

⑩ （唐）皮日休：《褚家林亭》《全唐诗》卷 614 第 52，扬州诗局本。

⑪ （宋）范成大：《吴郡志》卷 14《园亭》。

宜看，不必遥遥羡镜湖。"

陆山人园亭，唐咸通三年（862），原戴颙宅之半为唐司勋郎中陆诩居，筑花桥水阁，后舍宅为北禅院。

临顿路也有花桥水阁，当年才情横溢且深怀园林情结的白居易住在扬州驿站怀念好友，写《梦苏州水阁寄冯侍御》诗曰："扬州驿里梦苏州，梦到花桥水阁头。觉后不知冯侍御，此中昨夜共谁游。"能令白居易梦中萦绕的"花桥水阁"肯定不同凡响。

还有胥门诗人张籍宅、虎丘的韩绅卿田园、横塘"万树香飘水榭风"的阖闾园和"一夜韶姿著水光，谢家春草满池塘"的颜家林园，唐孟郊《题韦承总吴王故城下幽居》有"郢唱一声发，吴花千片春"的美景。

中唐大诗人刘禹锡、白居易、韦应物相继成为苏州的风流"诗太守"，苏州子城内的郡治园林，厅斋堂宇，亭榭楼馆，密迩相望，蒙上浓浓的诗意：

有齐云楼、初阳楼、东楼、西楼、木兰堂、东亭、西亭、东斋等构筑，轩有听雨、爱莲、生云、冰壶，堂有木兰、光风霁月、思贤、绣春、凝香，亭名更异彩纷呈，池上之亭名积玉、苍霭、烟岫、晴漪，形容太湖石、茂树、水光、云烟，等等。

园中景点多富有深意的诗性文学品题，如"齐云楼"，盖取"西北有高楼，上与浮云齐"之义，"飞楼缥缈瞰吴邦"，给亭榭楼台抹上浓浓的诗意。韦应物《郡斋雨中与诸文士燕集》曰："兵卫森画戟，宴寝凝清香。海上风雨至，逍遥池阁凉。"

白居易看到的西亭景色："池鸟澹容与，桥柳高扶疏。烟蔓袅青薜，水花披白蕑""修竹夹左右，清风来徐徐"；西亭及周边建筑是："何人造兹亭，华敞绰有馀。四檐轩鸟翅，复屋罗蜘蛛。直廊抵曲房，窈窕深且虚。"[①]

赏景之亭名四照，在郡圃东北，各植花石，随岁时之宜，春有海棠，夏有湖石，秋有芙蓉，冬有梅花。后世园林都有四季之景，盖肇始于此。

寺庙园林声名最著的是寒山寺，原名"妙利普明塔院"，因传说唐代贞观年间诗僧寒山和拾得曾由天台山来此住持，声名大震，又因唐诗人张继一首《枫桥夜泊》，其中有"姑苏城外寒山寺，夜半钟声到客船"而蜚声中外，寒山寺成为我国十大名寺之一。

唐末吴越国的创建者钱镠，人称其乱世护乐土，采取"国以民为本，民以食为天，保境安民"的国策，钱镠子孙秉承其旨，使吴越国虽处五代十国的乱世，却自成一方天堂。辖内社会安定、经济发展、富甲天下，盛世达80多年。公元978年，钱镠之孙钱弘俶审时度势、纳土归宋，实现华夏版图的和平统一，得宋王朝的礼遇。

钱氏在苏州营构"宫馆苑囿，极一时之盛"：南园有三阁、八亭、二台、龟首、旋螺，高木清流，钱氏"车马春风日日来，杨花吹满城南路"；东圃"奇卉异木，名品千万""崇岗清池，茂林珍木"，主人常常跨白骡、披鹤氅，缓步花径；或泛舟池中，容与往来，诗酒流连。

二、文人主题园的成熟——两宋园林的文学化

"两宋时期的物质文明和精神文明所达到的高度，在中国整个封建社会时期之内，可以说是空前绝后的。"[1]

有宋一代，士大夫生活待遇优渥舒适，生活考究，尚风雅、黜粗俗，全才型的文人在艺术领域，追求平淡天然的美，欣赏红牙檀板浅酌低唱和小院香径。在世俗生活中寻求诗化的超越情韵，使个人审美的情趣和要求获得了较为自由的发展。

写意式山水园林是他们寄寓坚定的理性人格意识及优雅自在的生命情韵最合适的载体。

苏州，三江雪浪，烟波如画，一篷风月，随处留连，又为太湖石、黄石产地。北宋徽宗在东京兴建御苑艮岳，曾设"应奉局"于虎丘，专事搜求民间奇花异石。宋高宗南渡，苏州为平江府治所在，高宗一度"驻跸"于此，营平江府治，北部凿池构亭，即使官衙也都附以园林。

今人丁应执统计宋代苏州园林共计118所[2]，北宋时已经十分兴盛，主要分布在古城内、石湖、尧峰山、洞庭东山和洞庭西山一带。

脱屣红尘，移家碧山，娑罗树边，依梅傍竹，文人以诗画入园；园林主题的深刻和园林景点的诗化即"景境"营造，标志着苏州文人园的成熟。

园林主题以隐逸为主旋律。如苏舜钦的沧浪亭、蒋堂的隐圃、叶清臣的小隐堂、程致道的蜗庐、胡元质的招隐堂、史正志的渔隐小圃……

也有尚友古圣先贤的，如朱长文（1041—1098）的乐圃，在园主自撰的《乐圃记》中，阐明了该园立意：

五柳堂、如村，为胡稷言及其子胡峄所居。在临顿里，陆龟蒙之旧址也，即今拙政园所在处。"五柳堂"，慕陶渊明这位"五柳先生"风范，不戚戚于贫贱，不汲汲于富贵，安贫乐道，不慕荣利，闲静少言，忘怀得失，常著文章自娱，衔觞赋诗以乐其志。谓具有情致高雅脱俗的隐士居处环境；胡峄取老杜"宅舍如荒村"之句，名其居曰如村，则突出环境野趣。

大丈夫用于世，则尧吾君，虞吾民，其膏泽流乎天下。及乎后裔，与夔、契并其名，与周、召偶其功。苟不用于世，则或渔、或筑、或农、或圃。劳乃形，逸乃心，友沮、溺，肩绮、季，追严、郑，蹑陶、白。穷通虽殊，其乐一也。故不以轩冕肆其欲，不以

① 邓广铭：《谈谈有关宋史研究的几个问题》，载《社会科学战线》第2期。

② 丁应执：《苏州城市演变研究》，第42页。

山林丧其节。孔子曰：乐天知命故不忧。又称：颜子在陋巷，不改其乐，可谓至德也已。余尝以乐名圃，其谓是乎……①

北宋"五亩园"的命意，缘于儒家民本和仁政理想：《孟子·梁惠王上》："五亩之宅，树之以桑，五十者可以衣帛矣。"

梅宣义的儿子梅子明在杭州任通判时，文学家苏东坡任杭州太守，与梅子明为同僚，两人十分友好，常相往来。苏东坡知道梅氏筑有园林，且爱好玩石，就将自己收藏的玩石赠给梅氏，并寄诗《寄题梅宣义园亭》：

> 仙人子真后，还隐吴市门。不惜十年力，治此五亩园。
> 初期橘为奴，渐见桐有孙。清池压丘虎，异石来湖鼋。
> 敲门无贵贱，遂性各琴樽。我本放浪人，家寄西南坤。
> 敝庐虽尚在，小圃谁当樊。羡君欲归去，奈此未报恩。
> 爱子幸僚友，久要疑弟昆。明年过君西，饮我空瓶盆。

梅氏为梅福（字子真）的后裔，隐居在苏州市内。梅氏构园用力十年之久，初期以种橘树为主，是苏州本地树种，带自然经济色彩，渐渐大小桐树多起来。园内有山丘和清池，陈列着从太湖鼋头渚等地收集来的异石，有灵芝石，高七尺，纵横八九尺，四旁像无数灵芝，故名。又有丈人峰、三老峰、观音峰、庆云峰和擎天柱等五峰。五亩园树木葱茏、土假山、秀峰、清池，楼阁亭台，可以任人携琴樽游赏。

也有以人名命，如殿中丞吴感在小市桥的红梅阁，以吴感姬曰红梅，因以名阁；以孝义名。枫桥姚氏园亭，颇足雅致，为家世业儒的孝子姚淳所居，姚淳以孝闻于里，先墓上有甘露、灵芝、麦双穗之异，故名堂曰三瑞。苏轼尝为赋《三瑞堂》诗，称其"隐居行义孝且慈"②。

园林景点也都诗意盈盈，如处士章宪的复轩，以慕古尚贤为意，章宪自记曰："谓葺先人之轩，治东庑之轩，以贮经史百氏之书，名之曰复，以警其学。其后圃，又有清旷堂，咏归、清閟、遐观三亭"，章宪对亭轩的命名各以一诗以咏，阐发了景的意境：《清旷堂》："吾慕仲公理（汉仲长统），卜居乐清旷。"《咏归亭》："吾慕曾夫子（参），舍瑟言所志。"《清閟（亭）》："吾慕韩昌黎，文章妙百世。"《遐观亭》："吾慕陶靖节，处约而平宽。"③

宋代平江园林的品类也很丰富，除了城市宅园以外，还有滨湖园、山麓园、书斋花园、乡村园等。

如范成大的石湖别墅，是湖滨的山麓园。石湖是太湖的一个内湾，石湖之滨，群山叠翠，范成大《御书石碑记》称，"石湖者，

---

① （宋）朱长文：《乐圃余稿》卷6。

② （宋）龚明之：《中吴纪闻》，上海古籍出版社1986年版，第28页。

③ （宋）范成大：《吴郡志》，江苏古籍出版社1985年，第197页。

具区东汇，自为一壑，号称佳山水。臣少长约游其间，结芳积木，久已成趣。"从乾道三年起，在苏州城西上方山麓的石湖之滨，因越来溪故城之基，开始营造石湖别墅。宋孝宗还亲笔题赐"石湖"二字以示荣宠，范成大改号为"石湖居士"。别墅背山临湖，随地势之高低，构筑了堂馆、亭、轩，有天镜阁、北山堂、梦鱼轩、千岩观等胜景。

园以园主人品相高，如不少书斋花园史载甚简，园景不著，但园主高雅不俗的人品为人所称道：如昆山的逸野堂，是老儒王僖的书斋花园。僖累试不利，以读书自娱，教其侄孙葆为名儒。松江李无晦仅以名号"醉眠"名亭，高尚不仕，以诗酒自娱。治园亭，号醉眠。村居者亦有，如漫庄，在毗村，处士顾禧所居。禧弃官高隐，读书以老，乡人贵重之，后其居有名。乐庵，在昆山县东六里圆明村，侍御史李衡彦平归老所居。衡本江都人，避地居昆山。志气卓荦不群，学问通性理。登第后，治县有声。召对，累迁枢密院检详诸房文字，出典大藩。俄引年而归，作此庵，以经史图画自娱。岁余落致仕，以侍御史同知贡举，复告老。年几八十，起居不衰。时过诸腾邑中，已复还庵。清修绝俗，给事惟一苍头。俄，旬余不食，谢去医药，手书敷十纸，遍别亲旧，敕其子不得随俗作佛事。书讫，掩户萧然而化。其家刻其遗书，总一大轴，士大夫宗敬之。

反之，园大景美，人品不美，所传不远。如盘门内孙老桥东南的朱勔别墅"同乐园"，面积极广，珍木异石，崇台峣榭。植数千株牡丹，有水阁，作九曲路以入。为表示"与民同乐"，春时纵士女游赏。但朱勔因采办花石纲而遗臭万年，虽然"谷雨名花万树香，楼台九曲水中央。彩棚红映金牌字，御笔黄封花石纲。酒食春邀迷路女，诰书荣到盖园郎"，随着朱勔被杀，园子"一朝事去成荒囿，种菜人来话夕阳"。

宋绍兴初在城内乘鲤坊（今旧学前）重建长洲县治，厅事东建茂苑堂，"堂之南，荣植以嘉木修竹，奇芳蕙草，郁葱吐秀，而森然敷阴，如在丘壑。邃深处与堂相直，曰百花亭；即堂之西为建屋，曰尊美堂；其北龟首，为维摩丈室；北向聚群石如岩谷，曰绿野轩；又南开竹径，曰绿筠庵。皆增广而揭以是名。"[1]

三、沉寂与复兴——元文人主题园的深化

元代统治者长期打压南人，但"元平江南，政令疏阔，赋税宽简，其民止输地税，他无征发"[2]，还一反传统的"重农抑商"政策，而"以功诱天下"，大大提高了商人地位。元成宗于1294年下令弛商禁，允许泛海经商，海运、漕运的沟通，刺激了商业的发展，特别是"通番贸易"（外贸）的增长，给苏州地区带来了大宗财

①（宋）米元仁：《茂苑堂记》，《吴都文粹》卷9。

②（明）于慎行：《谷山笔麈》卷12。

富，非农业人口激增。元人王晃《稗史集传·陆友》说："姑苏为东南都会，富庶甲天下。其列肆大贾，皆靡衣甘食。"《马可波罗行记》也说"苏州城漂亮得惊人"！①

元初仅见常熟白茆的"补溪草堂"，为浙江上虞崧厦人顾细二所建，宋亡后，基于节操理念，坚辞不就元主及好友赵孟頫出仕之请，弃家远行，访得虞山之峰之秀、补溪之水之灵（补溪，现名古漖浜），便效仿五柳先生、杜工部大人古事，于虞山之左、补溪侧畔过起了高士生活，筑室于溪边"风水绝佳"四面环水之野地，取名"补溪草堂"，晨耕晚读，侍竹弄柳。

元末苏州私家园林复兴，据明王鏊《姑苏志》记载四十余处，城内有五亩园、松石轩、小丹丘、束季博园池、乐圃林馆、绿水园等十余个园子；城外及郊县有藏春园、石涧书隐、松江瞿氏园（今浦东航头镇），常熟梧桐园，华亭曹知白的"常清净"，嘉兴"陈爱山园"以及"称甲于江南"的昆山玉山草堂佳处等三十余处。

建于元至正（1341—1368）年间的光福徐达佐的"耕渔轩"、昆山顾德辉的玉山佳处，与无锡倪云林的清閟阁相鼎峙，并称元"江南三大园林"。

达佐是文学家、藏书家，字良夫，亦作良甫，号耕渔子、松云道人。元末避乱，回到家乡，遁迹邓尉山，构园娱乐；达佐介乎醇儒与隐士之间的人格，岁祭宴享，会族众于家，讲论诗书礼乐、升降揖让之礼。

昆山正仪镇的顾德辉别墅，取杜甫《崔氏东山草堂》诗中"爱汝玉山草堂静，高秋爽气相鲜新"句，名"玉山草堂"。顾德辉"尝自题其像曰：儒衣僧帽道人鞋，天下青山骨可埋。遥想少年豪侠处，五陵鞍马洛阳街"②，是位三教兼修的人物。郑元祐（1292—1364）《玉山草堂记》记载："其幽闲佳胜，撩檐四周尽植梅与竹，珍奇之山石、瑰异之花卉，亦旁罗而列。堂之上，壶浆以为娱，觞咏以为乐，盖无虚日焉。"③前有轩，名"桃源"；中为堂，曰"芝云"。东建"可诗斋"，西设"读书舍"。其后是"碧梧翠竹馆""种玉亭"。又有"浣花馆""钩月亭""春草池""雪巢""小蓬莱""绿波亭""绛雪亭""听雪斋""百花坊""拜石坛"等凡24处。

"良辰美景，士友群集，四方之士与朝士之能为文辞者，凡过苏必至焉。至则欢意浓浃，随兴所至，罗尊俎陈砚席，列坐而赋……仙翁释子，亦往往而在，歌行比兴，长短杂体，靡所不有"④。

张大纯《姑苏采风类记》称其"园池亭榭，宾朋声伎之盛，甲于天下"。又说"园亭诗酒称美于世者，仅山阴之兰亭、洛阳之西园。而兰亭清而隘；西园华而靡。清而不隘，华而不靡者，惟玉山草堂之雅集"。

元末运盐为业的张士诚（1321—1367）兄弟攻占平江（今苏

① [意] 马可波罗：《马可波罗行纪》，丁伯泰编译，

②（清）顾嗣立编：《元诗选》（初集）卷 64。

③（元）郑元祐：《玉山草堂记》，《侨吴集》卷 10。

④（元）冯子振：《草堂名胜集序》，《云阳集》卷 6。

州）后在此建都称吴，也营造过奢华的园池，成书于清道光年间的清张紫琳的《红兰逸乘》引录《农田余话》中说：

> 张氏割据时……大起宅第，饰园池，蓄声伎，购图画，惟酒色耽乐是从，民间奇石名木，必见豪夺。如国弟张士信，后房百余人，习天魔舞队，珠玉金翠，极其丽饰。园中采莲舟楫，以沉檀为之。诸公宴集，辄费米千石。皆起于微寒，一时得志，纵欲至此。

与士人园大异其趣。

"狮子林"是元时苏州城中最负盛名的一座园林，园址原为宋代章琼别墅，"林木翳密，盛夏如秋，虽处繁会，不异林壑"，应属文人园林。

公元 1341 年，高僧天如禅师来到苏州讲经，见此地"古树丛篁如山中，幽辟可爱"，弟子们"相率出资，买地结屋，以居其师"，名"师子林"。元代欧阳玄曾作这样的解释："林有竹万千，竹下多怪石，有状如狻猊者，故名狮子林。且师得法于普应国师中峰本公，中峰倡道天目山之狮子岩，又以识其授受之源也。"

维则借形似狮子的假山石峰，表达了面对"世道纷嚣"其禅意可以"破诸妄，平淡可以消诸欲"；以"无声无形"托诸"狻猊"以警世人。这就是维则建造狮子林的真实意图。

"林"为"丛林"之约称，唐代僧怀海（720—814）始称"寺院"为"丛林"。"丛林"之意，据《禅林宝训音义》说是取喻草木之不乱生乱长，表示其中有规矩法度云；《大智度论》认为众僧共住"如大树丛聚，是名为林""狮子林"就是禅宗寺院之意。

天如禅师是禅宗临济宗虎丘派门徒，修临济山林宗，因此狮子林表现的是禅宗临济山林宗的境界、禅门清规。据元代危素的《师子林记》载，元代狮子林的建筑主要有：

> 燕居之室曰"卧云"，传法之堂曰"立雪"……今有"指柏"之轩、"问梅"之阁，盖取马祖、赵州机缘以示其采学。曰"冰壶"之井、"玉鉴"之池，则以水喻其法云。师子峰后结茅为方丈，扁其楣曰"禅窝"，下设禅座，上安七佛像，间列八镜，镜像互摄，以显凡圣交参，使观者有所警悟也。

禅僧以参禅、斗机锋为得道法门，"心外无佛"，不设佛殿，无偶像膜拜。甚至呵佛骂祖。所以狮子林不设佛殿，唯树法堂。禅寺内有些轩、阁、堂、室名沿用至今，寓以禅宗特色，发人深省。

狮子林以土丘竹林、石峰林立为主要特色，并无山洞，建筑物也很少，"室不满二十楹，而挺然修竹则几数万个"，维则好聚奇石，有含晖、吐月、立玉、昂霄诸峰，最高者状如狮子。内有立雪堂、指柏轩、问梅阁、玉鉴池等。维则有句云："人道我居城市里，我疑身在万山中。"

至正十二年（1352），改菩提正宗寺。据洪武五年秋高启《狮子林十二咏·序》，言狮子林"其规制特小，而号为幽胜，清池流其前，崇丘峙其后，怪石膏幸而罗立，美竹阴森而交翳，闲轩净室，可息可游，至者皆栖迟忘归，如在岩谷，不知去尘境之密迩也……清泉白石，悉解谈禅，细语粗言，皆堪人悟。"所咏景有师子峰、含晖峰、吐月峰、小飞虹、禅窝、竹谷旧名栖风亭、立雪堂、卧云室、指柏轩、问梅阁、冰壶井等。

"元四家"之一的大画家倪瓒（1301—1374），擅长山水画，多以水墨为之，自谓所画者"不过逸笔草草，不求形似，聊以自娱耳"，绘画艺术在审美上被誉为逸格的顶峰，其傲骨风姿为元代士大夫文人的代表，应狮子林如海方丈之请为狮子林作图，并作五言诗：

> 密竹鸟啼邃，清池云影闲。
>
> 茗雪炉烟袅，松雨石苔斑。
>
> 心情境恒寂，何必居在山。
>
> 穷途有行旅，日暮不知还。

倪在自题狮子林跋文中说："余与赵君善长，以意商榷作师子林图，真得荆、关遗意，非师蒙辈所能梦见也。"据钱培兴《狮子林图卷》称，园景概括，笔简气壮，景少而意长。翠竹、秋山、寒林、寺居，气势雄伟苍凉，

① 明初洪武六年（1373），倪瓒受天如禅师之徒弟如海禅师之请，绘制《狮子林图》。今画作采取的是坐西朝东的角度，随着画幅自右向左打开，确能见出画作对园中景致如玉鉴池、腾蛟柏、卧龙梅、问梅阁、冰壶井、禅窝等园林实景的描绘表现。但此画真伪亦因图中有人物、落款时间等问题有争议，可能为摹本。

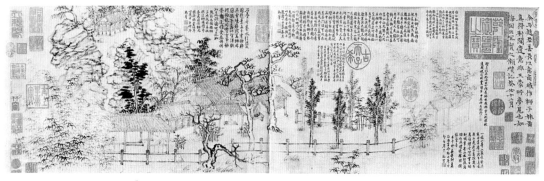

图2-4　今传倪云林款狮子林图 ①

显示了独特风貌。时狮子林淡静幽旷，与倪云林枯寒清远的画风相似。

寺院因倪云林绘画品题而名声大噪，成为文人雅集、觞咏之地。

第三节

成熟巅峰期——明盛清

宋元盛极一时的苏州园林，遭元末兵燹之灾，都已经"水涸桥仍搆，畦荒路渐连"[1]"废园门锁鸟声中"[2]"惟余数株柳，衰飒尚多情"[3]了！明初朱元璋又因元末"士诚之据吴也，颇收招知名士，东南士避兵于吴者依焉"[4]"怒其为张士诚守"，政尚严酷，动辄对士人实行"廷杖"，褫夺士大夫的尊严，并肆意诛戮，并于洪武二十六年（1393）定制，严令：

> 官员营造房屋不许歇山、转角、重檐、重栱及绘藻井，惟楼居重檐不禁……房舍、门窗、户牖，不得用丹漆；功臣宅舍之后留空地十丈，左右皆五丈，不许挪移军民居止；更不许于宅前后左右多占地，构亭馆、开池塘以资游眺。[5]

在风刀霜剑严相逼的政治生态下，明初的苏州园林一度萧条，士人仅在乡村、湖畔的宅园近旁，建一轩、一亭、一榭、一斋，在"斗室""蜕窝"卧游；或植松竹菊适意，或艺稼穑、事渔猎为本，或以"瓜田"为号，借古寓意，聊寄情怀，并非真正意义上的"园林"。

一、明中叶雅素之园

成化、弘治、正德年间，随着禁海令的松弛，苏州凭借大运河的便利，商业逐渐繁荣，唐寅《姑苏杂咏》有"小巷十家三酒店，豪门五日一尝新。市河到处堪摇橹，街巷通宵不绝人"的歌咏。号为"天下第一都会"。掀起了明代苏州第一波构园高潮。

成化开始，吴文人就热衷于构园、画园，从吴门画派开山祖师沈周的业师杜琼、刘珏及杜琼之师陶宗仪、祝允明外祖徐有贞和韩雍等拥有的园林看，该时期苏州园林的艺术风格，与他们的

---

① （元）徐贲：《题关氏废园》，《北郭集》卷4。

② （明）高启：《江上晚过邻坞看花因忆南园旧游》，《高太史大全集》卷8。

③ （明）杨基：《过束氏废园有感》，《眉庵集》卷6。

④ 《明史》卷285《文苑一·陶宗仪附顾德辉传》。

⑤ 《明史·舆服志》卷68。

画风十分相似：

第一，园名题咏和园内景点皆富深意。

如杜琼以"如意"名其宅园，意在奉母尽孝：

庭有嘉草生焉，其花迎夏至而开，及冬至而敛，其茎叶青青，贯四时而不凋也。杜子之母每爱而玩焉，曰："之草也，幽芳而含贞，殆如吾意也。"

"如意"园内，"结草为亭，曰延绿。又有木瓜林、芍药阶、梨花埭、红槿篱、马兰坡、桃李蹊、八仙架、三友轩、古藤阁、芹涧桥，凡十景，一时名流俱有诗"。

刘珏的"小洞庭"有十景：隔凡洞、题名石、捻髭亭、卧竹轩、蕉雪坡、鹅群沼、春香窟、岁寒窝、橘子林、藕花洲。韩雍有诗，前有小序，说明景名所自，如"卧竹轩"：

"莫笑田家老瓦盆，自从盛酒长儿孙。倾银注玉惊人眼，共醉终同卧竹根。"杜少陵诗也，小山东构轩于丛竹中，号以卧竹，酒阑宾散，时醉卧林下，则知少陵之诗不我欺也。

取杜甫《少年行》二首之一诗意，瓦盆盛酒与银壶玉杯盛酒同一醉，贫贱富贵可以一视也。"蕉雪坡"：

唐王摩诘尝书袁安卧雪图，有雪中芭蕉，盖其人物潇洒，意到便成，不拘小节也，珏亦尝有志绘事，故名其坡。

第二，园小巧而自然雅朴。

杜琼"如意"小圃"不满一亩，上筑瞻（延）绿亭，时亦以寓意。笔耕求食，仅给而已"。

明代园林大多以水池为中心，四周点缀山石花木，有的以假山为中心，周旁浚池和种植花木。园中以山水为主景，建筑仅为点缀，往往茅草覆顶，具有茅茨土阶的简朴风味。

居节《万松小筑图轴》，远山一抹，右侧山坡下，松树丛中有小楼一栋，一年长文士在楼上远眺等候，几案上置有图籍、插花，松丛前部有石基房舍一座，有童子立于堂内侍客。图左侧画一石桥卧水，一文士正过桥前来。作者自题诗曰："万松围合小楼深，长日清风动素琴。落尽粉花人不扫，石桥流水带山阴。"石韵松风，谈笑有鸿儒，人境相须，乃文人的理想生活场景。

刘珏的《清白轩图》、杜琼的《南湖草堂图》、沈周从伯父沈贞的《竹炉山房图》，都以耸立高峻的悬崖峭壁和山峰为背景。草堂和有净化功用的水，就有了洗去俗尘的意味。

"如意"园以花卉植物为主景，"桃花来林馆，宛似武陵溪""水光花墅外，山色小桥西""竹影云连榻，杨花雪点巾。开池养鹅鸭，不使恼比邻"。

沈周之祖孟渊西庄："其地襟带五湖，控接原隰，有亭馆花竹之胜，水云烟月之娱。"

文徵明有先业，在"长洲县其父林所构，其父文林构停云馆，在苏州德爱桥，即停云馆，"斋前小山秽翳久矣，家兄召工治之，剪薙一新，殊觉秀爽"。文徵明有咏园诗十首，可以窥见之风貌：

停云馆小庭园中植物丰茂，"阶前一弓地，疏翠阴藁藁"，寒烟依树，乔松修梧，"檐鸟窥人闲，人起鸟下食"，鸟语花香。"埋盆作小池，便有江湖适。微风一以摇，波光乱寒碧"，写意的水，小小景石，"怪石吁可拜"，也有"不及寻"的叠石，但"空棱势无极"。"小山蔓苍萝，经时失崎崒。秋风忽披屏，姿态还秀出"，亦有层峰崇垣，所以可以"窗中见苍岛"。

小小园林完全可以当作一幅写意的山水画，"客至两忘言，相对浪秀色"。文徵明曾言："吾斋、馆、楼、阁无力营构，皆从图书上起造耳。"文徵明《停云馆言别图》，图中柏槐三株，枝杈虹结，皮老苍藓，右后为古松一株，高耸入云。树枝的伸展与相互穿插，树节的夸大明晰，为文氏晚年画法的一大特色。二高士踞坐左侧石岩上，一人端穆，另一人则旷达萧散，即徵明与王宠的写照。二童捧物，隐立于树后。设色不多，以浅锋为主，树皮、人面、土坡悉用赭石染，赭墨分，仅一人衣略作朱色。诗云："春来日日雨兼风，雨过春归绿更秾，白首已无朝市梦，苍苔时有故人踪。意中乐事樽前鸟，天际修眉郭外峰，可是别离能作态，尚堪老眼送飞鸿。"

沈周之祖孟渊居相城之西庄：

孟渊攻书饬行，郡之庞生硕儒多与之相接，凡佳景良辰，则相邀于其地，觞酒赋诗，嘲风咏月，以适其适。[1]

王世贞弇山园"宜花、宜月、宜雪、宜雨、宜风、宜暑"的"六宜"之胜，亦都因天然之宜。

嘉靖时的御史王献臣所构拙政园，也都富有野趣，"天青云自媚，沙白鸟相鲜"[2]。"客子未归天一涯，沧江亭上听新蛙。春风莫漫随人老，吹落来禽千树花。"[3] 大多为植物造景（见图2-5）。

第三，带有浓厚的庄园经济色彩。

吴宽之父的东庄在葑门，"菱濠汇其东，西溪带其西，两港旁

① （明）钱榖编：《吴都文粹续集》卷2杜琼《西庄雅图记》。

② （明）王宠：《雅宜山人集·王侍御敬止园林四首》，第178页。

③ （明）沈德符：《万历野获编》卷26《好事家》，第654页。

图 2-5　明拙政园复原图（孟琳绘制）

达，皆可舟而至也"，其中不仅多异卉珍木，有菜地、瓜田、果林、桑园，还有大片的稻田、麦地！俨然一个城内的大型农庄。

> 由凳桥而入，则为稻畦；折而南，为果林；又南，西为菜圃……由艇之滨而入，则为麦丘；由竹田而入，则为折桂桥。区分络贯，其广六十亩，而作堂其中曰"续古之堂"，庵曰"拙修之庵"，轩曰"耕息之轩"，又作亭于桃花池曰"知乐之亭"，亭成而庄之事始备，总名之曰东庄，自号东庄翁。

东庄当年的风貌，沈周《东庄图册》图后有董其昌等人的杂咏，是沈周"为君十日画一山，为君五日画一水"，赠给好友吴宽的。

现存有东城、菱濠、西溪、南港、北港、稻畦、果林、振衣冈、鹤洞、艇子浜、麦山、竹田、折桂桥、续古堂、拙修庵、耕息轩、曲池、朱樱径、桑州、全真馆、知乐亭等二十一帧，所画"一水一石皆从耳目之所睹"，可以从中看出"溪山窈窕，水木清华"的自然景色。

吴门画派的园林也大多继承先祖之业，自己修筑的风格不变。

如沈周父辈所筑园林"有竹居"，沈周号"有竹居主人""有竹居""辟水南隙地，因于其中，将以千本环植之"，沈周有诗"比屋千竿见高竹，当门一曲抱清川""一区绿草半区豆，屋上青山屋下泉。如此风光贫亦乐，不嫌幽僻少人烟"，是座地处幽僻、竹木森森的生态优雅之园。

二、晚明奢华之园

　　嘉靖后期特别是万历以后，虽然是政治最黑暗的时期，但也是文禁松弛、资本主义萌芽、经济繁荣、士人最富有文化创意的时期，在提倡真性情、颂扬浪漫和人文双重思潮的影响下，好货、好色、好珪璋彝尊、好花竹泉石都成为无可非议的人性之自然，掀起第二波更大的构园高潮。彼时的苏州，士人为追求风雅生活，不遗余力，竞修园林及歌台馆所，兼及收藏，如痴似癖。

　　《吴风录》记载：

　　至今吴中富豪，竞以湖石筑峙奇峰阴洞，至诸贵占据名岛以凿，凿而峭嵌空妙绝，珍花异木，错映阑圃。虽闾阎下户，亦饰小小盆岛为玩。以此务为饕贪，积金以充众欲。

　　宴饮还添加丝竹之乐，由元代南戏发展而来的昆曲，独霸梨园。园池亭榭，宾朋声伎之盛，甲于天下。明代吴中巨富许自昌（字玄佑），是刻书家、藏书家、戏曲家、擅作曲，家中有乐班，所交多名士，常集宾友诗酒觞咏于园林"梅花墅"，园中有广池曲廊，亭台阁道，美石占十分之一，花竹占十分之二，水面占十分之七，在园内锦瑟弹鸣，又撰乐府新声，招待来客，乃至通宵达旦。

　　东园（留园前身），太仆寺卿徐泰时（冏卿）建于明代万历年间，徐氏广搜奇石，从湖州其岳父董份家运来宋代花石纲遗物瑞云峰等五峰置于园内，时称"大江南北花石纲遗石"，以此"为祖"。

　　瑞云峰高 5.12 米，连盘座高 6.23 米，宽 3.25 米，厚 1.3 米，有"妍巧甲于江南"之誉。明公安派文学家袁宏道激赏周时臣所堆石屏，"高三丈，阔可二十丈，玲珑峭削，如一幅山水横披画，了无断续痕迹，真妙手也"[①]。

　　今中西部山池仍保存着明代东园的布局形式，山水相依，特别是大型假山连绵逶迤，山上银杏、枫杨、榆、柏、青枫等十余株百年古树，营造出浓郁的山林野趣。西部以山林风光为主，土石假山上枫树成林，至乐亭、舒啸亭隐现于林木之中。山左云墙如游龙起伏。山前"之"字形曲溪宛转，"缘溪行"，有身临桃花源之感。今北部"又一村"广植竹、李、桃、杏，建有葡萄、紫藤架，辟有盆景园，犹存田园之趣。

　　艺圃，位于苏州阊门商业闹区的文衙弄，三百年前的艺圃，清初汪琬《艺圃后记》中记载甚详：

　　甫入门，而径有桐数十本，桐尽，得重屋三楹间，曰"延光阁"。稍进，则曰"东莱草堂"，圃之主人延见宾客之所也。主人世居于莱，虽侨吴中，而犹存其颜，示不忘也。逾堂而右，曰"铺饤斋"。折而左，方池二亩许，莲荷蒲柳之属

① （明）袁宏道：《园亭记略》，见钱伯诚笺校《袁宏道集笺校》卷4，上海古籍出版社1981年版，第180页。

甚茂。面池为屋五楹间，曰"念祖堂"，主人岁时伏腊、祭祀燕享之所也。堂之前，为广庭。左穴垣而入，曰"旸谷书堂"，曰"爱莲窝"，主人伯子讲学之所也。堂之后，曰"四时读书乐楼"，曰"香草居"，则仲子之故塾也。由堂庑迤而右，曰"敬亭山房"，主人盖尝以谏官言事，谪戍宣城，虽未行，及其老而追念君恩，故取宣之山以志也。馆曰"红鹅"，轩曰"六松"，又皆仲子读书行我之所也。轩曰"改过"，阁曰"绣佛"，则在山房之北。廊曰"响月"，则又在其西。横三折板于池上，为略彴以行，曰"度香桥"。桥之南，则南村，"鹤柴"皆聚焉。中间垒土为山，登其巅，稍夷，曰"朝爽台"。山麓水涯，群峰十数，最高与"念祖堂"相向者，曰"垂云峰"。有亭直"爱莲窝"者，曰"乳鱼亭"。山之西南，主人尝植枣数株，翼之以轩，曰"思嗜"，伯子构之，以思其亲者也。今伯子与其弟，又将除"改过轩"之侧，筑重屋以藏弃主人遗集，曰"谏草楼"，方鸠工而未落也。

在《艺圃记》中汪琬对建筑有总介绍：

"为堂、为轩者各三，为楼、为阁者各二，为斋、为窝、为居、为廊、为山房、为池馆、村砦、亭台、略彴之属者各居其一。"水池方广弥漫，村寨迤逦深蔚，朝爽台高明敞达，香草居、红鹅馆、六松轩曲折工丽。

"至于奇花珍卉，幽泉怪石，相与晻霭乎几席之下；百岁之藤，千章之木，干霄架壑；林栖之鸟，水宿之禽，朝吟夕弄，相与错杂乎室庐之旁"。

三、城里半园亭

明清鼎革，但文化创意的"繁盛的生命力可以跨越改朝换代的戕害与创伤，一直延续到乾嘉时期"[1]，清咸丰前苏州园林继晚明园林余韵，继续发展。官僚富豪、文人士大夫，或葺旧园，或筑新构，争妍竞巧，"料理园花胜稻粱，山农衣食为花忙。白兰如玉朱兰翠，好与吴娃压鬓芳"[2]。再次呈现出一派兴建园林之风。

据魏嘉瓒《苏州园林录》统计，乾隆年间苏州实际存在的园林数量大大超过扬州，苏州城区园林约190多处，新建的140余处[3]，呈持续发展态势。康乾六下江南，在苏州游赏的园林就有拙政园、虎丘、瑞光塔寺、狮子林、圣恩寺、沧浪亭、灵岩山寺、寒山别业、法螺寺、天平山高义园等园林。

有境界者自成高格，清初苏州园林主人多文人雅士，有浓浓的书卷气，蕴含丰富雅致的文化信息。"文人园是主观的意兴、心绪、技巧、趣味和文学趣味，以及概括创造出来的山水美"[4]。

---

[1] 郑培凯：《晚明文化与昆曲盛世》，载《光明日报》2014年01月20日第16版。

[2] 俞平伯：《题顾颉刚藏〈桐桥倚棹录〉兼感吴下旧惊绝句十八章》。

[3] 魏嘉瓒：《苏州古典园林史》上海三联书店2005年版，第308页。

[4] 汪菊渊：《中国山水园的历史发展》，载《中国园林》1985年第1期，第34-38页。

清初尤侗的"亦园",约十亩,池占其半。尤侗自定十景名为:南园春晓、草阁凉风、蓻溪秋月、寒村积雪、绮陌黄花、水亭菡萏、平畴禾黍、西山夕照、层城烟火、沧浪古道。并作《亦园十景竹枝词》。园内主要建筑有一亭、一轩、一阁、一堂:揖青亭,"亭形似舟",尤侗戏称:"只须打两桨,便可泛沧洲。"水哉轩,即水榭,尤侗称"水哉亭子俯清流,六曲栏干坐两头",诗友称:"坐此一亭水,萧然万象闲。"高台草阁,"八尺高台四面空,解衣槃礴快哉风。""鹤栖堂"为康熙皇帝亲赐御书匾额,尤侗自撰楹联曰:"真才子章皇天语;老名士今上玉音。"巧取康、乾两位皇帝赞语成联,自我张扬,毫无顾忌,有魏晋狂士遗风。

"五柳园"主为乾隆时状元石韫玉(1756—1837),园名取自陶渊明《五柳先生传》,"宅边有五柳树,因以为号焉",五柳先生是陶渊明的自画像,他"闲静少言,不慕荣利""不戚戚于贫贱,不汲汲于富贵""酣觞赋诗,以乐其志,无怀氏之民欤? 葛天氏之民欤?"自比"五柳先生"陶渊明,立意甚雅。

今吴衙场37号为清初惠周惕(? —约1694)"红豆山庄",内有红豆树一棵。惠周惕是清初著名学者、经学家,康熙三十年进士及第,选翰林院庶吉士,尤工经学,徐世昌傅卜堂《晚晴簃诗汇》称其朴学工诗,殆罕其匹,著有《易传》《春秋问》《三礼问》《诗说》《研(砚)溪先生全集》等。

而且往往一姓多园、一人多园。如:

顺治进士、吏部员外郎顾予咸(1613—1669)及其家属就有十多座私园:顾予咸"雅园"、顾嗣协"依园"、顾嗣立"秀野园"、顾月隐"自耕园"、顾汧"凤池园""潭山丙舍""青芝山房"、顾笔堆"学圃草堂"、顾其蕴"宝树园"等。

顺治进士、翰林院编修、文学家汪琬(1624—1690)先后筑有"丘南校隐""苕华书屋""尧峰山庄"三园。

乾隆时状元毕沅(1730—1797)也有"适园""小灵岩山馆""灵岩山馆"三园;精于医术的薛雪(1681—1770)有"扫叶庄""一榭园";吴嘉洤(1790—1865)有"退园""秋绿园"等。

园林多宅园,园子小巧而精雅。如顺治举人蒋垓在桃花坞的绣谷,建于顺治四年(1647),蒋垓《绣谷记》:"卜筑桃花坞西偏,宽不过十笏,而背城临溪""偶课园丁,薙草与巨石横亘,尘垒所翳,隐隐若字画痕,具畚锸掘而出之,剗薜剔苔,节角尽露,是八分'绣谷'二字",因以名园。据严虞惇《重修绣谷记》:"(园)嘉木珍林,清泉文石,修竹……杂英飘摇,粉红骇绿,烂若敷锦。"

清代戈宙襄名其园为"广居",他说:

余书室三椽在焉,纵二寻有五,横倍之,茅屋纸窗,仅蔽风雨。余于左置长几,积书其上,下一小榻,倦即卧,中容方几短椅，供三四人坐、客来小饮，恒肩摩而趾错然；由有书橱五，无他物。……余则日夕独居其间，左图右史，前花后竹，校读之余，继以诗酒，兴趣所至，直不知天地之大，古今之远，宫室之盛，品物之繁，其心泰然自足，其身亦若宽然有裕，遂取孟夫子之意，名之曰广居。①

《孟子·滕文公下》："居天下之广居，立天下之正位，行天下之大道。"孙奭疏："孟子言能居仁道以为天下广大之居。"朱熹集注："广居，仁也。"

"宝树园者……在吴郡临顿里之东偏，广不逾数亩，无层峰叠壑之奇，无广厦华堂之美，而洞石玲珑，云林掩映，至其地者，超然有城市山林之想，殆古人所云会心不必在远，翳翳林木，鱼鸟自来亲人者耶。"②

蒋湄草堂，为吴中名士、清人李果（1679—1751）于康熙四十六年建。

初得屋十余楹，后复扩三楹，书堂高敞，有轩有斋，中庭有枸橼、香橙、石榴，予补种梅树、桂树，叠石为坡陀，艺兰其下。何义门侍讲为书'蒋湄草堂'……坐书堂后轩以望，则蔚苍森干，如在深山……当春时，桃花垂柳，映带原野，则皆在屋后之东隅，宛村落也。③

城郊和太湖东西山的园林，巧借周边山水，风景优美。如清华园在阊门外冶芳浜内，清沈德潜《清华园记》："登清华阁，左右眺望，吴山在目，北为阳山，南为穹窿，浮屠隐见知为灵岩夫差之故宫也；虎阜崿后，参差殿阁，阊闾穿葬所也；其他天平、上方、五坞、尧峰诸属，俱可收之襟带。"④

光福苏州逸园，据《履园丛话》二十：

逸园在吴县西脊山之麓，……右临太湖，左有茶山、石壁诸胜。每当梅花盛开，探幽寻诗者必到逸园……有生香阁，阁下为在山小隐，琴尊横几，图籍满床，前有钓雪槎，其西曰九峰草庐、白沙翠竹山房、腾啸台，下临具区，波涛万顷，可望、缥缈、莫厘诸峰，虽员峤、方壶，不是过也。

又蒋恭《逸园记》载，逸园占地约五十亩，临湖，周围有数万株梅树。穿过广庭，拾级登上九峰草庐，有寒香堂、养真居……园中以梅为特征，有诗云："不知何处香，但见四山白。"草庐之西有景，称为"梅花深处"。园中最高处有石台，可以东观丹

① （清）戈宙襄：《广居记》，见王稼句编注《苏州园林历代文钞》，上海三联书店2008年版，第102页。
② （清）李定：《宝树园记》，见王稼句编注《苏州园林历代文钞》，上海三联书店2008年版，第118页。
③ （清）李果：《蒋湄草堂记》，见《吴县志》卷39下。
④ 《吴县志》卷39（上），见王稼句编注《苏州园林历代文钞》，上海三联书店2008年版，第98页。

崖翠木、云窗雾阁，西眺风帆沙鸟、烟云出没，是为逸园最胜处。传闻清乾隆皇帝南巡，曾居住于此。

寒碧山庄（原东园故址，留园前身），清乾隆时广西右江兵备道（军区的警备司令）刘恕（蓉峰）在明东园旧址所建，以"竹色清寒，波光澄碧"[1]，且多植白皮松，有苍凛之感，"前哲"韩文懿亦"尝以寒碧名其轩"，因易名"寒碧山庄"，又因地处花步里，又称"花步小筑"。

刘恕爱石成癖，搜罗聚奇石十二峰于园内，名奎宿、玉女、箬帽、青芝、累黍、一云、印月、猕猴、鸡冠、拂袖、仙掌、干霄，自号为"一十二峰啸客"。又有晚翠、独秀、段锦、竞爽、迎辉等湖石立峰和拂云、苍鳞松皮石笋。光绪年间，盛康又从他处觅得冠云、岫云、瑞云（系盛康另选峰石沿用旧名）等石峰，尤以冠云峰为最。

今书房"揖峰轩"前小院名"石林"，就是园主为观赏湖石而辟。据园主刘恕《石林小院说》记载，清嘉庆十二年，刘得"晚翠峰"，因"筑书馆以宠异之"，即指"揖峰轩"，后又陆续得到四峰二石：为"独秀峰""段锦峰""竞爽峰""迎辉峰"和"拂云石""苍鳞石"。"其小者或如圭，或如璧，或如风荃之垂英，或如霜蕉之败叶，分列于窗前砌畔、墙根坡角，则峰不孤立，而石乃为林矣"。并称自己于石深有所取，"石能侈我之观，亦能惕我之心"。

院南小屋隐于树丛湖石之后，名"洞天一碧"，取宋代米芾珍藏的奇石名之，意为神仙洞府中的别有一方碧绿天地。道家认为，"洞天"处大地名山之间，上天派遣群仙在那里居住，有王屋山等十大洞天、泰山等三十六个洞天福地之说。这里用来比况主人爱石犹如北宋嗜石的米芾。

小屋北侧开敞，南墙及东西两侧墙各开方形洞窗，恰似多姿多彩的一幅幅"尺幅窗"：东窗外亭亭而立的是园中十二峰中唯一的斧劈石笋，名"干霄"，据刘蓉峰（恕）《寒碧山庄记》："罗致太湖石颇多，皆无甚奇，乃于虎阜之阴砂碛中获见一石笋，广不满二尺，长几二丈。询之土人，俗呼为斧掰石，盖川产也。不知何人辇至卧于此间，亦不知历几何年。予以百舠艘载归，峙于寒碧庄听雨楼之西。自下而窥，有干霄之势，因以为名。"峰体青藤蔓绕，饶有古趣，修竹摇曳，好一幅竹石图！西侧芭蕉吐翠，南窗外古树虬曲，一嶙峋怪石与北院中的独秀峰成对景，犹如镜中之石。真是窗窗入画，幅幅称奇！

"园饶嘉植，松为最，梧竹次之，平池涵漾，一望渺瀰……登亭览眺，岚光波影，堂轩楼阁，参差出没于林木间。"[2]

"网师园"之名始于清乾隆时园主光禄寺少卿宋宗元。清乾隆二十年前后，宋宗元"乃年未五十，以太夫人年老，陈情飘然归里"，在南宋史正志"渔隐"旧址"治别业为归老之计，因以网师

① （清）钱大昕：《寒碧庄宴集序》，见王稼句编注《苏州园林历代文钞》，上海三联书店2008年版，第53页。

② （清）范来宗：寒碧庄记（留园碑刻），见王稼句编注《苏州园林历代文钞》，上海三联书店2008年版，第52页。

自号，并颜其园，盖托于渔隐之义"[1]。

"园名网师，比于张志和陆天随，放浪江湖，盖其自谦云尔。"[2] 自比唐张志和与陆龟蒙。其姐夫彭启丰明确阐明了用"网师"名园是欣羡那三闾大夫屈原所遇到的渔父超然志远的风神：

> 予曾泛舟五湖之滨，见彼为网师者，终其身出没於风涛倾侧中而不知止，徒志在得鱼而已矣。乃如古三闾大夫之所遇者，又何其超然志远也！

网师园不仅保留"渔隐"的风格意蕴，且以唐诗般简括之手笔将江南胜景集于方寸，沈德潜《网师园图记》云：

先是君在官日，命其家于网师旧圃，筑室构堂，有楼、有阁、有台、有亭、有沜、有陂、有池、有艇，名网师小筑。赋十二景诗，豫为奉母，宴游之地，至是果符。……丛桂招隐，凡名花奇卉，无不萃胜于园中。指点少时，游钓之所，抚今追昔，分韵赋诗，座客啧啧叹羡，谓君遭逢之盛，邱壑之佳，当与子美沧浪、仲瑛玉山并传……[3]

"小山丛桂轩""濯缨水阁""溪西小隐""斗屠苏""半巢居""北山草堂""花影亭""度香艇""无喧庐""琅玕圃"[4] 及书堂"尚网堂"[5] 凡十二景。

园林后归阊门外抱绿渔庄主瞿兆骙（1741—1808），"因其规模，别为结构，叠石种木，布置得宜。增建亭宇，易旧为新。既落成，招予辈四五人谈燕，为竟日之集。石径屈曲，似往而复；沧波渺然，一望无际。有堂曰"梅花铁石山房"、曰"小山丛桂轩"；有阁曰"濯缨水阁"，有燕居之室曰"蹈和馆"；有亭于水者曰"月到风来"；有亭于厓者曰"云岗"；有斜轩曰"竹外一枝"；有斋曰"集虚"。皆远村目营手画而名之者也。"[6]

时有"东南此绝胜，足冠阖闾城"[7] 之誉。今之规模，即为其旧。

据曹汛先生考证，瞿氏跨越整个嘉庆至道光中，鸦片战争以

园中主厅为"梅花铁石山房"，宋宗元自称梅花铁石主人（见宋宗元《巾经纂》序末题），用唐名相宋璟《梅花赋》故实，宋璟清廉刚正，唐玄宗时继姚崇为相，辅佐玄宗励精图治，开创"开元盛世"，被誉为"有脚阳春"。垂拱三年作《梅花赋》，赞梅花"岁寒特妍""独步早春"，以花喻人，词丽言切，备受历代文人称道。晚唐文学家宋璟，亦以玉立冰洁的梅花寄怀。园中还有

① （清）钱大昕：《网师园记》，见王稼句编著《苏州园林历代文钞》，上海三联书店2008年版，第76页。

② （清）沈德潜：《归愚文钞余集》卷4。

③ （清）沈德潜：《归愚文钞余集》卷4。

④ （清）苏舆：《养疴闲记》卷3。

⑤ （清）宋宗元：《巾经纂》序末题。

⑥ （清）钱大昕：《网师园记》，见王稼句编注《苏州园林历代文钞》，上海三联书店2008年版，第76页。

⑦ （清）韩崶：《还读斋续刻诗稿》卷2《赋网师园二十韵》诗。

图 2-6 真趣亭（狮子林）

后，网师园与清王朝同步走向衰落，"音响久歇绝，池台生暗尘"，同治年间曾为临时的长洲县衙，"网师园正是乾隆以降这一段时期的历史界标和国家衰败的实例见证"①。

清初衡州知府黄兴仁就元狮子林旧址重建，取陶渊明"园日涉以成趣"意名"涉园"。清乾隆三十六年（1771），其子黄轩高中状元，遂精修府第，重整庭院，园内有合抱松树 5 株，取名"五松园"，并以乾隆御笔"真趣"匾额新增"真趣亭"一景。据乾隆三十六年《南巡盛典图》，依然保持前寺后园格局，以墙分隔，园范围约相当于今日园中部山池一带，池西紧靠界墙。沈德潜《恭和御制狮子林元韵》："洞穴地底通，游者迷彼此。"清初沈德潜诗云："乍高忽下下复高，已伏潜升升又伏。……如蚁穿珠通九曲。"曹凯诗："冈峦互经亘，中有八洞天。嵌空势参差，洞洞相回旋。"时园中假山山洞已经初步形成。

清前期苏州山塘街上还坐落着众多的文人私家园林，骚人墨客在那里吟诗读画，消遣岁月。

东山浜的抱绿渔庄，园主为瞿兆骙（1741—1808），东西两面临流，有"含飞阁""先秋得月楼""知非草庐"等。林琛撰联赞曰："聆棹歌声，辨云树影，掬月波香，水绿山青，此地有出尘遐想；具著作才，兼书画癖，结泉石缘，酒狂花隐，其人真绝世风流。"正如韦光黻赠联所云："如此烟波，只应名士美人消受溪山清福；

① 曹汛：《网师园的历史变迁》，见曹林娣著《园庭信步——中国古典园林文化解读》，中国建筑工业出版社 2011 年版，第 24 页。

无边风月，好借琼楼玉宇勾留诗画因缘。"

东山浜的瑶碧山房，面东临流。在涵影楼上凭栏遐瞩，烟波渺然，中有微波亭，亭前古桂婆娑，有联描写曰："延到秋光先得月，听残春雨不生波。"董国华书联曰："塔影峦光楼阁上，花辰月午画图间"。主人常常延请文人学士啸咏其中，所谓"秋月春花名士酒，青山绿水美人箫"。

青山桥西吟啸楼"朝议程秉义所筑，临堤高敞，画舫明灯，皆集其下，额曰'仙侣少留处'，联曰：'吟风啸月无双士，绿水青山第一楼。'"[1]

引善桥侧的萍香榭，为宴客之所。清石韫玉《饮萍香榭》诗曰："精舍三楹枕水涯，绿杨遥映画栏斜。最宜仙侣吟诗地，恰近中山卖酒家。百盏明灯真替月，一林小雨不妨花。主人爱客情无极，有约重来玩月华。"东山浜还有戴园、话雨窗、起月楼，山塘星桥南戈载的"校词读画楼"，绿水桥西的醉石山房等，都具林亭之胜。

还有大量酒楼园林杂厕其间。山塘街斟酌桥两桥堍下都为酌酒宴饮之所，昔日这里是"酒肆半朱楼"，最著名的饭馆酒楼有三山馆、山景园、李家园三家，楼馆内不仅有四时佳肴，而且均辟有花园，疏泉叠石，配以书画，环境十分清雅。

《吴门表隐》载：

> 三山馆旧名白堤老店，国初赵氏创建，以供往来停骖设伐之所。下塘山景园，乾隆时戴大伦增建，有园林之概。亭曰"坐花醉月"，堂曰"卷石勺水"，有阁临流，匾曰"留仙"，联曰："莺花几网展；虾菜一扁舟。"柱联曰："竹外山影；花间水香。"皆吴云书。[2]

写出了此地醉人的山水风光。

山景园有联云："七里旧池塘，共几辈交游，连宵诗酒；三更好明月，况万家灯火，一片笙歌。"是昔日山塘繁华的生动写照。

著名的纪念性园林也出现在虎丘周围。如清嘉庆二年（1797），苏州知府任兆坰将虎丘山东南隅的塔影园改建为白公祠，纪念白居易。中有思白堂、怀杜阁、景李堂、仰苏楼等，流泉叠石，花木郁然，为往来嘉客宴集之所。清王时敏为"景李堂"题联曰："祠分唐宋名贤，天为青莲留此席；节近春秋佳日，人来白社揖先生。"祠有临流杰阁，颜"塔影山光"，题"堤上留春"额，董国华书联曰："湖山今胜地，唐宋古诗坛。"飨堂有万台书联："香草遍吴宫，一代风流诗太守；芳尊分杜厦，比邻唐宋谪仙人。"

另有清道光年间曾任云贵总督贺长龄的对联："唐宋论诗人，

---

[1]（清）顾震涛：《吴门表隐》卷11。

[2]（清）顾震涛：《吴门表隐》卷10。

李杜以还，惟有几篇新乐府；苏州怀刺史，湖山之曲，尚留三亩旧祠堂。"

四、构园理论之花

明末清初苏州文人纷纷著书立说，大多采用活泼自由的笔记小品，有清言录，明末山人松江陈继儒（1558—1639）《小窗幽记》（一名《醉古堂剑扫》[一曰陆绍珩（约1624年前后在世）撰]、《岩栖幽事》；忆语体，沈复的《浮生六记》；园记文集有王世贞的《娄东园林志》；花木栽培有王世懋（1536—1588）的《学圃杂疏》等，全面涉及园林艺术诸要素，诸如园林的选址布划、房舍屋宇、花木的栽培配置、室内的瓶花陈设、收藏雅赏以及园居体验、人生感悟等无所不及。

其中，就构园问题作综合及系统的论述的是明计成的《园冶》、明文震亨的《长物志》，标志着明清时期中国构园理论及美学思想的高度成熟。

1.《园冶》

计成（1582—？），号无否，生活在私家园林鼎盛的苏州。计成自幼学画，"少以绘名，性好搜奇，最喜关仝、荆浩笔意，每宗之"。

计成性好探索奇异，后来漫游京城和两湖等地，中年择居镇江，开始模仿真山造假山，自叹："历尽风尘，业游已倦，少有林下风趣，逃名丘壑中，久资林园，似与世故觉远。惟闻时事纷纷，隐心皆然，愧无买山力，甘为桃源溪口人也。自叹生人之时也，不遇时也；武侯三国之师，梁公女王之相，古之贤豪之时也，大不遇时也！"[①]

计成虽然有诸葛亮、狄仁杰之抱负，但生不逢时，只得成为职业构园师。虽然构园成为聊以糊口的职业，但将构园视为艺术的计成，并不认为自己与一般匠人一样，他竭力主张构园成败，"主九匠一"，他自己当然属于"能主之人"之列，他认为，普通工匠只以雕镂为巧，以按式样制作构架就是精，按照定规不能更改一梁一柱，世俗称这样的工匠是"无窍之人""园林巧于因借，精在体宜，愈非匠作可为，亦非主人所能自主者"。[②] 而"鹅子石，宜铺于不常走处，大小间砌者佳，恐匠之不能也"[③]，园林的规划设计匠人和园主本人是无法"自主"的。

他最得意之作是常州吴玄的环堵宫东第园（"五亩园"）、仪征汪士衡的寤园以及扬州八大园林之一的郑元勋的影园。

计成晚年所撰《园冶》，是他构园的经验总结，也是明代构园艺术的集成。

《园冶》共分三卷，由阮大铖"冶叙"，郑元勋"题词"及计成氏"自序"作引。题词，此文系同计成交往甚密的郑元勋所作

---

① 陈植：《园冶注释》，中国建筑工业出版社1988年版，第248页。

② 陈植：《园冶注释》，中国建筑工业出版社1988年版，第47页。

③ 陈植：《园冶注释》，中国建筑工业出版社1988年版，第198页。

的序言。题词曰："予终恨无否之智巧不可传，而所传者只其成法，犹之乎未传也。"[1] 深感中国以往造园论著太告阙如，认为有必要将国中营园的妙招绝技传之后世。郑氏以为营园须借理论指导，对计成身怀绝技倍加赞赏，更喜计成将实践经验提炼成理论并著书传世的做法。作者称计成《园冶》"安知不与《考工记》并为脍炙乎"？计成自己也有将构园技艺传之于世的愿望，他在《园冶·兴造论》中讲道："予亦恐浸失其源，聊绘式于后，为好事者公焉。"

全书分总述部分"兴造论"与论述造园步骤的"园说"两部分。

"兴造论"主要阐述两点：

其一，大凡建筑营造须"三分匠人，七分主人"，而造园活动中，"主"的作用"犹须什九"，而"匠"的作用为"什一"。作者还一再强调"更入深情""意在笔先"，认为即使顽夯粗拙之石一旦到了高明造园家手中，也可化腐朽为神奇。反映了重神轻形、重意轻技的文人特色。

其二，提出"园林巧于因借，精在体宜"的构园原则。"因"，指"随基势之高下，体形之端正。碍木删桠，泉流石注。互相借资，宜亭斯亭，宜榭斯榭，不妨偏径，顿置婉转，斯谓'精而合宜'者也。""借"，指"园虽别内外，得景则无拘远近。晴峦耸秀，绀宇凌空；极目所至，俗则屏之，嘉则收之，不分町畽，尽为烟景，斯所谓'巧而得体'者也。"[2]

"园说"为《园冶》总论。文中从园林的选址立基、植草栽花、移景借景、设墙铺径到架桥引水、置几布窗等都有一定的说明。总结出构园的最高境界——"虽由人作，宛自天开"八字，成为构园追求的理论圭臬，全书贯穿着"天人合一"的理想。

"园说"又细分相地、立基、屋宇、装折、门窗、墙垣、铺地、掇山、选石、借景等 10 个部分。

"相地"由山林地、城市地、村庄地、郊野地、傍宅地及江湖地等六个单篇组成。阐述园基地势因情而择的一般原则，对园林的布局、设水、建馆、置桥、借景、引景等也有说明。

"立基"由厅堂基、楼阁基、门楼基、书房基、亭榭基、廊房基、假山基等七类组成。认为"凡园圃立基，定厅堂为主"，主张"选向非拘宅相"。

"屋宇"由门楼、堂、斋、室、房、馆、楼、台、阁、亭、榭、轩、卷、广、廊、五架梁、七架梁、九架梁、草架、重椽、磨角、地图、屋宇图式等组成。

"装折"由屏门、仰尘、㮰槅、风窗及装折图式、槅棂式等单篇、图谱组成。

"门窗"阐述三十一幅门窗图形式样。

"墙垣"由白粉墙、磨砖墙、漏砖墙（附图十多幅）、乱石墙等组成。

"铺地"由鹅子地、冰裂地、乱石地、清砖地及砖铺地图式等

① 陈植：《园冶注释》，中国建筑工业出版社 1988 年版，第 37 页。

② 同上。

组成。

"掇山"，包括园山、厅山、楼山、阁山、书房山、池山、内室山、峭壁山、山石池、金鱼缸、峰、峦、崖、洞、涧、曲水、瀑布。

"选石"有太湖石、昆山石、宜兴石、龙潭石、青龙山石、灵璧石、岘山石、宣石、湖口石、英石、散兵石、黄石、旧石、锦川石、花石纲、六合石等。

"借景"，强调指出："夫借景，林园之最要者也。如远借，邻借，仰借，俯借，应时而借。"是说借景之法可分为"远借""邻借""仰借""俯借"及"应时而借"等。作者以为"景偏在乎抟取新奇""因地借景，并无一定来由，触景生情，到处凭人选取"等，反映了"无往不复"的时空互含观念。

书中还有珍贵的插图235张。如栏杆、门窗、墙垣、铺地都附各种图式，图文并茂，图式纹理匀称、美观。如门窗空图式就附：方门合角式、圈门式、上下圈式、入角式、长八方式、执圭式、葫芦式、莲瓣式、如意式、贝叶式、剑环式、汉瓶式、花觚式、蓍草式、月窗式、片月式、八方式、六方式、菱花式、梅花式、葵花式、海棠式、栀子花式等31式，仅汉瓶就有4种式样。计成激赏"冰裂纹"："是乱石皆可砌，惟黄石者佳。大小相间，宜杂假山之间，乱青石版用油灰抿缝，斯名'冰裂'也。"[1] 但反对"历来墙垣，凭匠作雕琢花鸟仙兽，以为巧制，不第林园之不佳，而宅堂前之何可也。……市俗村愚之所为也，高明而慎之"[2]。

诚如李渔所言："多新制，人所未见，即缕缕言之，亦难尽晓，势必绘图作样。然有图所能绘，有不能绘者。不能绘者十之九，能绘者不过十之一。因其有而会其无，是在解人善悟耳。"[3]

《园冶》比较全面地阐述了造园理论、艺术与技法，由于中国园林属于诗画艺术载体，阐述这一载体的理论著作《园冶》，可以说凝结着中国美学、文艺学、文学、画学的艺术精华，蕴含哲理，充满激情。

首先，昭示着天人合一的境界，体现了追求天、地、人和谐统一的园林文化精神，包括古典宜居环境理念及因势利导的高妙技艺和实施手法，体现了科学精神与人文精神的联姻，与"以人为本""保护环境""可持续发展"等新的时代精神恰相吻合，为当今可持续发展理论提供了技术和精神资源。

其次，《园冶》采用中国古代魏晋以后产生的以"骈四骊六"为其特征的骈体文，由于骈体文讲究对仗和平仄，韵律和谐，修辞上注重藻饰和用典，因而本书采历代翰墨史籍典册、园林文献、古代贤豪隐士典故等内容，如引用列举庄子、扬雄、潘岳、陆云、陶渊明、谢灵运等人的典故、作品涉及《尚书》《左传》《说文》《释名》等典籍，文采飞扬，声调铿锵，而且人文底蕴厚重，文学意境隽永。

① 陈植：《园冶注释》，中国建筑工业出版社1988年版，第193页。

② 陈植：《园冶注释》，中国建筑工业出版社1988年版，第184页。

③ （清）李渔：《闲情偶寄》，江巨荣、卢寿荣校注，上海古籍出版社，2000年，第182页。

日本大村崖《东洋美术史》呼《园冶》为《夺天工》，尊之为世界造园学最古的名著。"日本著名园林学家本多静六博士在20世纪20年代考证称'《园冶》为世界最古之造园书籍'，而且日语里'造园'一词就源自计成的《园冶》。"据有关专家考证，后世欧洲各国的园林发展也深受《园冶》的影响，其英译本在世界范围内流传甚广。《园冶》无疑是中国造园理论的经典名著。

2.《长物志》

文震亨（1585—1645），文徵明曾孙。系"簪缨世族""冠冕吴趋"的贵胄子弟，"长身玉立，善自标置，所至必窗明几净，扫地焚香"[①]，是典型的士林清流。

文震亨的园林艺术修养时流露于诗文记游之作，集中表现在《长物志》《怡老园记》《香草垞志》三著作之中，尤以《长物志》为代表。

《长物志》，取"长物"为名，用《世说新语》王恭的故事："王恭从会稽还，王大（忱）看之。见其坐六尺簟，因语恭：'卿东来故应有此物，可以一领及我。'恭无言。大去后，即举所坐者送之。既无余席，便坐荐上。后大闻之，甚惊，曰：'吾本谓卿多，故求耳。'对曰：'丈人不悉恭，恭作人无长物。'"[②]"长物"者，"寒不可衣，饥不可食"，源于物而超越于物，源于饰又超然于饰。

《长物志》上承宋代赵希鹄《洞天清录》流韵，旁佐屠隆《考槃馀事》、董其昌《筠轩清秘录》等时人杂书。书以人重，在"累牍盈篇"的著作中能脱颖而出，与文震亨显赫的家世、书画的名望，尤其是捐生殉国的行迹颇有关系。

《长物志》所论"范围极广，自园林兴建，旁及花草树木、鸟兽虫鱼、金石书画、服饰器皿，识别名物，通彻雅俗。以其家有名园，日涉成趣，微言托意，无不出自性灵，非耳食者所能知。"[③]

明代沈春泽《长物志》序言："挹古今清华美妙之气于耳目之前，供我呼吸；罗天地琐杂碎细之物于几席之上，听我指挥；挟日用寒不可衣、饥不可食之器，尊踰拱璧，享轻千金，以寄我之慷慨不平；非有真韵、真才与真情以胜之，其调弗同也。"

《长物志》分为室庐、花木、水石、禽鱼、书画、几榻、器具、衣饰、舟车、位置、蔬果及香茗等十二卷。

全书除卷五"书画"、卷七"器具"、卷八"衣饰"、卷九"舟车"、卷一一"蔬果"、卷一二"香茗"与园艺一般并无直接关涉之外，其余各卷对种种园事记述颇详。

卷一，"室庐"。认为以居山水间为上，村居次之，郊居又次之。倘不得已而暂居于嚣市，须设静庐以隔市嚣，必门庭雅洁、室庐清靓。亭台具旷士之怀，斋阁有幽人之致。又当种佳木怪竹、陈金石图书。令居之者忘老，寓之者忘归，游之者忘倦。这集中

[①]（明）文震亨著、陈植校注：《〈长物志〉校注》，江苏科技出版社，1984年；第425页。

[②]（南朝·宋）刘义庆：《世说新语·德行》。

[③]（明）文震亨著、陈从周：《〈长物志〉校注·序》江苏科技出版社，1984年。

表现出作者关于园居的审美理想。

卷二，"花木"。阐述园林花木种植之艺。提出"草木不可繁杂，随处植之，取其四时不断，皆入图画"的种花植树之则。并记述了许多花木的生态习性及在园景之中所具的审美品格与作用，写出作者对这些奇花佳木的人格比拟思想。

卷三，"水石"。记叙园林水石艺术、叠山理水之趣。认为"石令人古，水令人远。园林水石，最不可无。要须回环峭拔，安插得宜。一峰则太华千寻，一勺则江湖万里"。表现出作者对园林水石审美的真知灼见。

卷四，"禽鱼"。指出凡佳园不可无禽鱼之乐。"语鸟拂阁以低飞，游鱼排荇而径度，幽人会心，辄令竟日忘倦"，意在"得其性情"。

卷六，"几榻"。记述园林建筑的家具陈设。提出几榻之制，"必古雅可爱，又坐卧依凭，无不便适"的审美见解。

卷十，"位置"。强调"位置之法，繁简不同，寒暑各异，高堂广榭，曲房奥室，各有所宜"原则。

《长物志》体现出封建文士典型的园林审美情趣与审美理想。文震亨向往着高雅、清寂、绝俗的生活环境："吾侪纵不能栖岩止谷，追绮园之踪，而混迹尘市，要须门庭雅洁，室庐清靓。亭台具旷士之怀，斋阁有幽人之致"①，在"云林清閟，高梧古石"的环境中做"长日清淡、寒宵兀座"的幽人名士，感受"神骨俱冷"，这"是文士阶层积淀千年之久的文化品质和艺术的精神诉求在日常生活中的反映"②。

《长物志》全书以"古""雅""真""宜"为审美标准，并以此作为自己格心与成物之道的原则，纵谈士大夫生活的各种心物，崇尚清雅，遵法自然，显然借品鉴长物而标举人格，显示了高蹈的人生况味。成为晚明士大夫清居生活的总结和"百科全书"。其格心与成物，雅人之致，旷士之怀，均施以巧思，至今令人神往。它是"明代士大夫书斋生活百科全书"，是精英阶层固守自己的文化场域，以决绝的方式来排斥日常世俗化，绝不妥协于流俗的映射，所以，文震亨书写长物纯粹是为子孙后代保存其作者的社会地位和道德素质，对抗大众习性的结果。③

书中所论涉及园林构成的主要材料、园林内部的陈设器物，或为其形式、材料、色彩、精粗这些"造园美"构成的综合因素。陈植在《〈长物志〉校注自序》中谈到，其中关于材料的配合，景物的塑造，由于文氏具有艺术素养，才能匠心独到，运用自如，而使幽美景色，跃然纸上。

陈从周先生在《中国诗文与中国园林艺术》一文中说：

> 文人往往家有名园，或参预园事，所以从明中叶后直到清初，在这段时间中，文人园可说是最发达，水平也高，名家辈出。

① （明）文震亨：《长物志》卷1，第1页。

② 李砚祖：《长物之镜——文震亨〈长物志〉设计思想解读》，《南京艺术学院学报（美术与设计版）》2009年第5期，第11页。

③ 有关布尔迪厄习性的学说参见张之沧：《西方马克思主义伦理思想研究》，第122页。

第四节

滞化和异化——近代

　　1840 年 6 月，英帝国主义用坚船利炮轰开了"闭关锁国"的清政府门户，由此中国的自然经济开始解体，通商口岸被迫开放，拉开了近代中国的帷幕。从此，精美绝伦的苏州园林和祖国一同饱受战火蹂躏，十不存一。

　　从园林艺术本身来讲，"到了道光年间，已经没有了文化创意"[①]，且清廷自 1905 年废止科举制度，又无精妙制度顶替，社会崇文风尚日衰，精英阶层失去了学而优则仕的优势，丧失了构园的资本和热情，大多淡出了园林界，簪缨世家衰败而军阀、资本家、富商等新贵踵起，园主成分雅俗不齐。

　　随着西方殖民建筑强行入驻中国，花园洋房、公园在口岸城市"租界"次第出现。水泥建筑的逐渐推广，传统建筑所需的工种也逐渐退出了市场。但苏州始终是"中国历史上唯一的前现代化城市"[②]，又邻近上海，商贾巨僚等纷纷涌聚苏州定居，重修、改建旧园或新建园林，所以，在同治、光绪年间，苏州再次出现畸形的构园高潮。由于"园主"成分的变化，审美情趣各不相同，兴造活动大部分流于对名园的模仿和技术的追求，当然也有佳构。

　　及至民国，传统影响大降而西方影响日盛，古典园林时闻颓败，罕见新修。顾颉刚先生在民国十年曾忧心忡忡地说：

> 今日造园者，主人倾心于西式之平广整齐，宾客亦无承昔人
> 之学者，势固有不能不废者矣！[③]

　　客观上，随着上海开埠，以运河为交通骨干的内陆市场转化为以海洋为主动脉的超内陆市场，大运河日渐萧条，苏州逐渐失去了传统优势，经济发展停滞，经济重心随之转移，大多数的工人、商人移居上海。苏州园林的式微和嬗变之势，已经难以遏制。

一、咸、同兵火

　　"天然人为之摧残，实无时不促园林之寿命矣"[④]！如苏州艺圃道光十九年（1839），为绸缎同业会所，因取《诗经·小雅·大东》"跂彼织女，终日七襄"之意名"七襄公所"，重加修葺。延光阁为适应聚会之构。民国初，公所经济不支，房屋陆续出租为

① 郑培凯：《晚明文化与昆曲盛世》，载《光明日报》2014 年 01 月 20 日第 16 版。

② 出自美国学者迈克尔·马默《人间天堂——苏州的崛起》一文，转引自林达·约翰逊主编：《帝国晚期的江南城市》，成一农译，上海人民出版社 2005 年版，第 25 页。

③ 顾颉刚：《苏州史志笔记》，江苏古籍出版社 1987 年版，第 79 页。

④ 童寯：《江南园林志·序》，中国建筑工业出版社 1984 年版，第 3 页。

民宅。

苏州园林更多的却毁于1860—1862年（咸丰十年至同治元年）的"咸、同兵火"，即太平天国之乱。

苏州是太平军与清军激战地之一，在"捣毁偶像"的宗义下，"无庙不焚，无像不灭"。1860年5月，李秀成东征苏州，负责城防的江苏巡抚徐有壬和总兵马德昭接连颁布三道命令："首令民装裹，次令迁徙，三令纵火""最是红尘中一二等富贵风流之地"的阊门，日夜烟焰蔽天，化为焦土。富贾乡绅纷纷逃离。丝经行、丝行商人行会、丝业公所董事"遭兵四散"；水木作行会"自遭兵燹，前董均多物故"；锦文公所、整容公所、明瓦业公所、圆金业公所等行会，"公所房屋被毁无存"；小木公所"房屋被毁，所有各项帐目及行规等件，一并失去"。昔日的鱼米之乡，"几于百里无人烟，其中大半人民死亡，室庐焚毁，田亩无主，荒弃不耕"[①]。

阊门外的园林几乎全毁，俞樾《留园记》载："咸丰中，余往游焉，见其泉石之胜，华木之美，亭榭之幽深，诚足为吴下名园之冠。唯庚申、辛酉间（1860—1861），大乱骤至，吴下名园，半为墟莽，而阊门之外尤甚。曩之阗城溢郭、尘合而云连者，今崩榛塞路，荒葛胃涂，每一过，故蹊新术，辄不可辨。"惟"刘园"（寒碧山庄）巍然独存。[②]

据童寯《江南园林志》记载，狮子林在兵火中颓圮。沧浪亭，"毁于咸同兵火"，惟余童山，涉园全毁，惟余黄石假山；环秀山庄也在"咸同战祸，颇有毁伤"，郊外"木渎故有潜园、息园，咸丰兵火，俱成灰烬"；常熟燕园，"太平之役，多有毁伤"；太仓南园"咸丰时毁于兵火"……

苏州园林有的成为太平天国诸王的府邸。如拙政园为忠王李秀成忠王府府邸，艺圃为太平军"听王"陈炳文府邸，慕家花园为慕王谭绍洸府邸……太平军中曾流传着"正是万国来朝之候，大兴土木之时"，此为一斑。忠王府兴建的情形，苏州人马如飞《劫馀灰录》有"匠作数百人，终年不辍""工且未竣，城已破矣"的记录。

李鸿章曾给李鹤章写信言道："忠王府琼楼玉宇，曲栏洞房，真如神仙窟宅""花园三四所，戏台两三座，平生所未见之境也"。可说是极尽奢华。今拙政园西部留听阁内还有十二扇楠木落地罩，雕镂云龙图样，位于图案中央的云龙三爪（天王用五爪，南、北、翼王用四爪，忠、英王用三爪），应为忠王遗物。

二、同光"中兴"

同治年，清廷镇压了太平军、捻军，号为"同治中兴"，但已

① 李文治：《中国近代农业史资料》第1辑，生活·读书·新知三联书店1957年版，第157页。

② 留园又被侵华日军糟蹋劫掠，唯有搬不走的太湖石、古树、池沼湮没于瓦砾和垃圾堆中。此后又遭国民党军马的踩踏，楠木梁柱被啃成了葫芦形，破壁颓垣，马屎堆积，一片狼藉。

经财力枯竭、日薄西山了，此时在苏州却再次出现了畸形的"中兴"之园。

具有优秀造园传统的苏州，传统园林影响强大，对时髦的样式建筑有所抵制，如光绪二十三年（1897）三月二十七日《申报》报道：

> 苏垣近年以来，每有牟利之徒，将门面房屋仿效洋式，丹青照耀，金碧辉煌，墙壁用花砖……现经上宪查得此等装饰有干例禁，遂伤三县各按地段派差押拆。

虽然童寯先生发出"陵谷变迁，兴废易主，难以数计，至咸、同兵祸，遂一蹶而难再兴"[①]的叹息，但带有传统特色的园林还是次第出现在这片土地上：

有重修的，如留园、颐园（环秀山庄）、修葺中有改建和扩建，"原来面貌所存无几，有的甚至全然改观"[②]。有新建的，如怡园、耦园、拥翠山庄、听枫园、曲园、半园、畅园、鹤园、补园等大小园林100多处，仅苏州同里一镇就有退思园等大小宅园30余处，清末时城内外有园林171处。号为"同光中兴"。

清末同治十二年，盛康（旭人）购得原寒碧山庄。盛旭人出身中药世家，精通医道，原在常州开国药店，与李鸿章同科中举而为好友，曾给李鸿章搞军需品，经李鸿章介绍，献丹药治好了慈禧太后的慢性皮炎。盛康初仕铜陵、庐州，历官清军办粮台、布政使、杭州道、臬台等职。盛氏据有此园以后，曾大事扩建重修，扩充了园东（林泉耆硕之馆一带）、西、北三部分，建有"花好月圆人寿轩""佳晴喜雨快雪之亭""心旷神怡之楼"。其子盛宣怀是近代著名的实业家，洋务派重臣，当过邮传部尚书，创办了学校、铁路、轮船、矿山、电报和银行等，被称为"中国商父"。

① 童寯：《江南园林志》，中国建筑工业出版社1984年版，第27页。

② 周维权：《中国古典园林史》，清华大学出版社1999年版，第445页。

光绪丙子秋八月吴云题"留园"额，额下题识曰：

> 苏州富庶甲天下，金阊门外允称繁盛。庚申变起，环数十里高台广厦尽为煨烬，惟刘氏一园岿然独存。天若留此名胜之地，为中兴润气也。顾十数年来，水石依然，而亭榭倾圯，吾友盛旭人方伯就寓吴门，慨园之将废也，出资购得之，缮修加筑，焕然一新，比昔盛时更增雄丽，卓然遂为吴下名园之冠。工既竣，方伯谓园久以刘氏著称，今拟仿其音而易其义，仿"随园"之例，即以"留园"名。嘱为书额，因并记其缘起。

盛家在1888—1891年间新辟的东园，即今林泉耆硕之馆、东山丝竹、冠云峰、冠云楼、待云庵周围一带。

林泉耆硕之馆是鸳鸯厅形式，面阔五间，四周有回廊，单檐歇山。林泉，本指山林与泉石，因其幽静远离尘俗，宜作隐逸之所，故亦用以称退隐。耆硕，指年高而有德望的人。意谓老人和隐士名流游

图 2-7　林泉耆硕之馆（留园）

憩之所，命意庄重典雅，韵致高远。

北厅面对著名的留园三峰——冠云峰、瑞云峰和岫云峰。

馆南今有"东山丝竹"门额，意思是追慕东晋谢安隐居会稽东山时的风流逸韵，陶情于丝竹管弦之乐。原为盛氏戏台，园主追慕东晋谢安闲居会稽东山时，家有声乐，驰名一时之意，设有家乐。戏厅室内设双层戏台，两翼为包厢，中央大厅可容十张大圆桌，并以谢安之风流自许。东侧有附属建筑和厨房、水井等生活设施。

三峰及鸳鸯厅东侧为盛氏家庵，为盛家参禅礼佛之处，以园主盛康之别号"待云"名，所谓"留方净土待云过，扫片华岩期燕归""山门不闭待云来"，很有禅味。庵南有"亦不二亭"，"亦不二"，佛教语，言直接入道、不可言传的法门。此亭面对待云庵，原为学佛之所，故以名之。

耦园为晚清著名能吏男主人沈秉成（1822—1895）及其妻严永华在城东"涉园"废地所筑。夫妇均为书画家，沈秉成精于道学，熟谙园事，又请画家顾沄一起，精心设计，将伉俪偕隐之深情融进园中，易"涉园"为"耦园"，耦园者，佳耦偕隐耦耕也。

耦园在建筑布局、山水安排，乃至植物配置上都根据阴阳八卦，处处阴阳互生：园的布局，住宅居中，原涉园居东，住宅之西增筑西园，双园傍宅，整体格局寓"偶"；《震》卦位于东方，象征春天、长男；《兑》卦位于西方，象征秋天、少女。阳大阴小、左阳右阴，东园为主，面积大，位左；西园为辅，位右。耦园如写在地上的爱情诗，园中写意式布局处处流露着夫妇双双归隐桃花源、情深意笃的情趣。

坐落在吴江水乡的同里镇的退思园，取《左传·宣公十二年》"退思补过"之意。园主人兰生曾任凤（阳）、颖（川）、六（安）、泗（川）兵备道，于光绪十一年（1885）遭人弹劾被革职返回乡里，请著名画家袁龙（字东篱）因地制宜，巧构此园：

左宅右园，中为内庭院，东为花园。中庭内园以高墙相隔。庭中"旱船"，坐南朝东，船头正对着东内园月洞门"得闲小筑"，东砖额"云烟锁钥"，形容水园烟笼雾罩的景色，有一种朦胧的美感，此门将这种美锁钥住，有引人入胜之妙。

进门便为内园，这是个贴水临波的小园，池水终年澄碧，集中了江南园林的亭、台、楼、阁、轩、曲桥、回廊、假山、水池建筑，全围池而筑，如浮水面，似乎随波荡漾。

主体建筑"退思草堂"坐北面南，风格清淡素雅，体现了园名主题。堂南是石铺的宽敞露台，可环顾内园景色。台临荷花池，既有水殿风来珠翠香的幽趣，又可凭栏观鱼，体味庄子濠梁观鱼的雅韵，美不胜收。

东侧"琴房"可供焚香操琴，为奏琴之所。

"眠云亭"高踞山巅，"天桥"与辛台相联，堪称江南一绝。

"水贴亭林泊醉乡"，退思园追求朦胧迷人的水乡意境，特别是宋姜夔《念奴娇》的词境，也可作为园主疗伤的一味良药。"嫣然摇动，冷香飞上诗句"，"翠叶吹凉，玉容销酒，更洒菰蒲雨"，不就是"菰雨生凉轩"的意境吗？彭玉麟送给园主如下对联："种竹养鱼安乐法，读书织布吉祥声。"劝慰落职的园主。

水园西九曲回廊上九个塑窗镶嵌着新石鼓体"清风明月不须一钱买"九字，用唐李白《襄阳歌》中"清风朗月不用一钱买，玉山自倒非人推"的诗意。但也恰似对园主坎坷人生的一种象征！

在琴室抚琴、眠云亭上下棋、辛台读书，"坐春望月楼"东五角形的小阁"揽胜阁"上俯瞰山水园全景，饱览秀色，俨如天然画本。一园之内，春夏秋冬有景，琴棋书画皆备。

顾文彬光绪年间创建之怡园，集锦式是其鲜明标志。顾文彬也是个胸有丘壑之人，构园之初，他有意识地"拾锦"，因此，他告诉儿子："苏城内外各园，何不复游一遍，细细领略一番，如有可以取法者，或仿照一二，集思广益。"[1]自己也曾身体力行，据顾颉刚《苏州史志笔记》载："闻顾氏造园时，宿于耕荫义庄（环秀山庄）者数旬，心追手摹，卒不能及。"

顾氏父子和任阜长等花鸟画家精心构思，方成此园："兹园东南多水，西北多山。为池者有四，曲折可通；山多奇峰，丑凹深凸，极湖岳之胜。方伯手治此园，园成，遂甲吴下，精思伟略，即此征之。"[2]

---

[1] 这是光绪元年五月十八日顾文彬给顾承的信。

[2]（清）俞樾：《怡园记》，《吴县志》卷39上。

图 2-8　水贴亭林泊醉乡（退思园·山水园）

　　童寯先生《江南园林志》以为"可自怡斋一带，假山荷池，稍似留园"，湖石叠山，仿环秀山庄的假山，徐澄《卓观斋胜录》赞其"堪与狮子林、寒碧庄争胜"；复廊效法沧浪亭，旱船模仿拙政园的香洲，水池则效网师园的彩霞池。

　　苏州曲园，面积仅约 200 平方米，是晚清著名文学家和音韵、训诂学家俞樾的书斋花园，简朴素雅，不事雕琢。俞樾说，"其形曲，故名曲园"，仅"一曲而已，强被园名，聊以自娱者也"，亦含《老子》"曲则全"之意，即局部里头包含整体。俞樾自号"曲园居士"，并以"一曲之士"自称。

　　主厅名"乐知堂"，"取《周易》'乐天知命'之意，颜其厅事曰'乐知堂'，属彭雪琴侍郎而榜诸楣。"[1] 为全宅唯一用料较为粗壮的扁作大厅，装饰朴素简洁。

　　乐知堂西为面阔三间的春在堂，堂前缀湖石，植梧桐，为俞樾当年以文会友和讲学之处。小竹里馆位于春在堂西南隅，为 1879 年增建，称"前曲园"。为当年俞樾读书之处，馆南庭院中，遍植彭玉麟所赠方竹。因取唐王维《竹里馆》诗意名馆，"此诗言月下鸣琴，风篁成韵，虽一片静景，而以浑成出之。"[2] 认春轩之北为园林：西边曲廊，廊中有曲水亭，亭下便是曲水池。东面一座假山傍池崛起，山上花木隐翳，山石嶙嶒，山上筑有回峰阁和在春轩，下山则有达斋与认春轩南北相对而立。

　　俞樾对曲园十分满意："勿云此园小，足以养吾拙。"俞樾曾集石经峪金刚经字成联云："园乃其小，山亦不深，颇得真意；食

① （清）俞樾：《曲园记》，《吴县志》卷 39（上）。

② （清）俞陛云：《诗境浅说·续编》，上海三联书店 1984 年影印本。

尚有肉，衣则以布，自称老人。"园中处处流露出知足自乐之意。由此也可窥见俞樾建造曲园的初衷和构想。

清代的苏州名士们还留下了一座面积仅一亩余的微型园林——拥翠山庄，它位于虎丘二山门内上山蹬道左侧的憨憨泉西侧，上与真娘香冢隔道相邻，不但选址得天独厚，而且立意造型在苏州园林众芳中独树一帜，是座因地制宜、就山势而筑的台地园。

苏州补园（今拙政园西部），为清光绪三年（1877）苏州商会会长张履谦所筑，取补残全缺之意。占地 12.7 亩，张延请吴门名画家顾若波、陆廉夫及书法家、"曲圣"俞粟庐等参与谋划而成。今拜文揖沈之斋内有俞粟庐书"补园记"镌石。园主自述：

> 宅北有地一隅，池诏澄泓，林木蓊翳，间存亭台一二处，皆敧侧欲颓。因少葺之，艾夷芜秽，略见端倪，名曰补园。园之东即故明王槐雨先生拙政园也，一垣中阻，而映带联络之迹，历历在目。观其形势，盖创造之初，当出一手，后人剖而二之耳。[1]

主体建筑是园主专为拍曲而建。卷棚屋顶，梁架采用四连轩而成，是"重轩的鸳鸯厅"的形制，称为"满轩"。馆平面为方形，厅内中间用纱扃与挂落分为大小相同的南、北两部分，南为十八曼陀罗花馆，北为三十六鸳鸯馆，好像两座厅合并而成，形同鸳鸯厅。

北厅临池，从菱花蓝白玻璃窗中北望，与假山上浮翠阁相对，天开图画无限景，仿佛一座水上舞台，通过水面反射檀板笛声，曲声悠扬，余音袅袅；阳光映照地面，又为一幅幅画面。池中有彩色鸳鸯十余对，红毛翠鬣，巧丽艳美，拍浮为乐。取意于《真率笔记》，云："霍光园中凿大池，植五色睡莲，养鸳鸯卅六对，望之灿若披锦。""终日并游，有宛在水中央之意也。或曰：雄鸣曰鸳，雌鸣曰鸯。"

"留听阁"紧邻鸳鸯厅，厅内"念白清唱可渡水越空，时如山涧鸣禽，时似幽谷流泉，飘渺空灵，含蓄不尽"[2]。

北行步石蹬上土山东行，有八角形双层之阁高耸于假山之巅，四周有平台栏杆，显得庄重，远眺近观皆成景，与水池南"卅十六鸳鸯馆"互为对景，真是："亭榭高低翠浮远近；鸳鸯卅六春满池塘。"

下阁而南渡桥再登假山，土山顶有浑圆小亭，圆形攒尖顶似笠，隐于水际、花木之间，"何蓑何笠"，恰似渔翁头戴之蓑帽，名"笠亭"。

[1] 张履谦：《跋文待诏〈拙政园记〉》石刻。

[2] 张岫云：《补园旧事》，古吴轩出版社 2005 年版，第 57 页。

图 2-9　浮廊可渡（拙政园西部波形长廊）

东行至河湾转折处可见依水而筑的扇形小亭，扇形的弧面和池岸相协调。名"与谁同坐"轩，其内桌、凳、窗、门，皆为扇形，小巧精雅，别具一格，两侧门洞形式精巧，取意宋苏轼《点绛唇·闲倚胡床》词："闲倚胡床，庾公楼外峰千朵，与谁同坐？明月清风我。"

过花棚石桥到东北隅，临池有二层楼，楼上四面窗户，用传统的明瓦采光，"鸟飞天外斜阳尽，人过桥边倒影来"，名"倒影楼"，运用光感来表现大自然瑰丽秀美的色彩。楼下名"拜文揖沈之斋"，园主得文徵明、沈周两人的半身像和《王氏拙政园记》，将之嵌刻在两壁，唤起游人对这两位伟大画家、文学家的追念。

波形长廊为补园极品，廊跨凌于水面，高低曲折，委蛇起伏，浮廊可渡，贴墙堆叠湖石、点缀花木。池东南假山有一平面六角形的小亭，观赏者的眼光尽可突破围墙的局限，"隔墙送过秋千影"，中部的湖光山色奔驰眼底，"明月好同三径夜，绿杨宜作两家春"[①]，墙垣沉睡于春色之中，垂杨飘绿，红杏出墙，梨花送白，春色两家共享，名"宜两亭"。这是巧借地势，并深得"窗户虚邻"之妙。

"补园"建筑密度高，部分失去疏朗闲适的特点，装饰奢丽，基本保留了西风东渐后特别是晚清时期的园林风貌。

三、园林的嬗变

苏州园林到民国，发展势头不减。有文学家、书画家等文化人的传统式私家园林，有富商、政治新贵的花园洋房或仿古园林。

① （唐）白居易：《欲与元八卜邻先有是赠》，见朱金城《白居易集笺校》，上海古籍出版社 1988 年版，第 887 页。

总之，"自清末季，外侮凌夷，民气沮丧，国人鄙视国粹，万事以洋式为尚，其影响遂立即反映于建筑。凡公私营造，莫不趋向洋式。"[①]"自水泥推广，而铺地垒山，石多假造。自玻璃普及，而菱花柳叶，不入装折。"[②]

晚清的补园已经掺杂了诸多西洋装饰元素，至民国，园林多程度不同地采用了异质文化元素。

建于 20 世纪 20 年代的苏州东山镇春在楼，以木雕、砖雕、石雕等雕工著称，反映苏州香山木工炉火纯青的精湛技艺，故又名雕花大楼。春在楼坐西面东，建筑朝向取的是中国建筑风水中的吉方，作四合院形式。宅园单体建筑以中轴线分布，自东向西依次为照墙、门楼、前楼、后楼及附房，北侧是庭院，整个格调和建筑布局依然是中国传统式样。

春在楼后楼，建造了西式水泥晒台和水泥阳台。窗子上广泛采用西洋的彩色玻璃，如白色象征纯洁雅致，红色象征热情奔放，蓝色象征明净安详，黄色象征庄严神圣，绿色象征温柔恬静，橙色象征丰满成熟等手法美化室内环境，增加欢乐和喜庆的气氛。房间装弹子锁洋式门。

楼梯扶手做成欧洲十字形栏杆，十字是古罗马的刑具、基督教的标志。前楼二楼栏板采用了西式铸铁造，中间的文字图案是传统的"延年益寿""万福流云"篆字缀图的铸铁栏板装饰，这是洛可可的铁栅装饰与中国建筑"以文为图"的结合。而栏檐部位的花环式装饰带，又是巴洛克装饰手法与传统的民族图案的综合运用，它代表了 21 世纪 20 年代新兴的建筑装饰风格，反映了当时的审美趣味和社会生活。

狮子林在 1918 年（戊午岁）归上海颜料巨商贝润生（仁元）所有，贝氏又用了将近七年的时间整修，植花木、浚水池、增建燕誉堂、小方厅、九狮峰、牛吃蟹，建湖心亭、九曲桥、石舫、荷花厅、见山楼、人工瀑布等景点，峰石依旧。园周环以长廊，廊墙嵌置"听雨楼藏帖""乾隆御碑""文天祥诗碑"等碑刻71 块。并以东部为宗祠，始成今状：前祠堂，后住宅，西部花园。占地约 15 亩。

园景基本为儒禅兼融的园林风格。其间采用了水泥、铸铁、彩色玻璃等西洋建筑材料，使部分建筑装饰华丽雕琢，如旱船。真趣亭上的金碧辉煌装饰也为该时期所为，与明初倪云林画风大相径庭。

狮子林住宅部分从外形到内部装修都是西洋式的，今划在园外，部分属于今民俗博物馆部分。

初建于清康熙年间的慕家花园，宣统年间董氏旧宅归安徽刘树仁（一说为刘咏台，云南县令），改名为遂园。池沼清广，小桥曲折，奇石耸立，有容闲堂、绿天深处、养月亭、廷秋台、映红轩、听雨山房、琴舫诸胜。民国二十三年（1934）又易主给上海巨商，园经重修，北部建西式楼房，又有拱形铁制花房一座，高出檐际，

---

① 梁思成：《中国建筑史》，第353 页。

② 童寯：《江南园林志·序》，中国建筑工业出版社 1984 年版，第 3 页。

改名荫庐。主楼三层，位于园北，外观具有欧洲罗马式建筑风格，琉璃瓦屋顶又有北方皇家贵族园林的色彩。

水池东南石舫构造类狮子林画舫，体型较小。船头屋顶弧形，中舱平顶上为平台，通船尾二楼，水池西北湖石岸，有六角亭，有匾"旷然亭"。

郑逸梅《遂园啸傲记》记载："入门，见碧琅玕一丛，自生凉意，竹之畔为琴舫，悬有"半窗依柳岸；一曲谱莲歌"之短联。联制以木，式若槁梧，洵琴舫中之特制点缀物也。

"廊腰回折，到映红轩，轩临水，池中菡萏，犹有残花，且横卧石梁。梁之西，花色纯白；梁之东，则殷红似日之初升，晔然舒绿，而雏鹅二三，浮游于田田翠盖间，不啻交颈比翼之鸳鸯也。

"又历诸水榭，而至容闲堂，堂上有献柳敬亭技者，妙语如环，弦曲曼妙，余亦稍觉疲乏，廼憩坐以聆之，令人神为之怡。

"既而曲终人散，余更攀登丘阜，萦旋而上陟，最高处一亭兀然，据兹下瞩，可以尽览园之景而无所蔽之。其旁则奇石竦立，彷佛猛虎之蹲伏，隼鹜之振翮，龙钟老人之拄杖盘桓，盖随人之想像而变易其态也。小立其间，轻飔拂袂，飘飘欲举，而篁韵松涛，悉成清响，几忘身在城市中也。"

具有传统园林的清幽，大多运用传统的园林元素，但拱形铁制花房、罗马式主楼和狮子林式的华美逼真的画舫，都显得刺眼，不协调。

于此可见，清末至民国的"园林只不过维持着传统的外在形式，作为艺术创作的内在生命力已经是愈来愈微弱了。"[1]

文人还是在一定程度上坚守着传统，如渔庄和紫兰小筑：

民国刺绣名家沈寿之夫余觉建于1932年至1934年的觉庵，又名渔庄、石湖别墅，为砖木混合结构庭院建筑，占地约1500平方米。选址殊绝，据传为南宋范成大石湖别墅农圃堂（一说天镜阁）故址：庄前近水远山，送青献玉，花木扶疏，苔藓侵阶，极幽深之致。真乃"卷帘为白水，隐几亦青山""山静鸟谈天，水清鱼读月"！

余觉在扇面题辞道："石湖别墅中种葵九百株，高皆二丈，占地半亩，大叶遮天，本本如盖，人行其中，清快无比，一榻一瓯，手书一卷，坐卧其下，从叶缝中望山色湖光，风帆沙鸟，悉在眼前，清风拂拂，非复人间世矣。"

紫兰小筑是民国二十年著名鸳鸯蝴蝶派作家周瘦鹃就清著名书法家何绍基裔孙何维宅园所筑，占地约4亩。

周瘦鹃也是中国盆景大师，他酷爱花木，尤其钟情于紫罗兰。"考希腊神话司爱司美的女神维纳丝，因爱人远行，分别时泪滴泥土，来春发芽开花，就是紫罗兰"[2]。花园命名"紫兰小筑"，书斋有紫罗兰神像一座，刻"紫罗兰庵"朱文印，为的是纪念一个

① 周维权：《中国古典园林史》，清华大学出版社1999年版，第469页。

② 周瘦鹃：《一生低首紫罗兰》，见范伯群主编《周瘦鹃文集》2，文汇出版社2011年版，第209页。

美丽的爱情之梦。年轻时的周先生有一恋人名周吟萍，英文名字 Violet，即紫罗兰，清淑娴雅，风姿不凡，但周家嫌弃周瘦鹃是一个穷书生，吟萍被迫嫁给富家子弟。周先生移爱于紫罗兰花，甚至"一生低首紫罗兰"[①]！

园内因追慕宋理学家周敦颐建爱莲堂，堂内瓶花架石，朱鱼绿龟，书画古玩，英英艳艳，一时间芳菲满目。园子最东边有一六角型的水泥荷花池，池前搭"荷轩"，池塘里荷花盛开，瀑布汨汨而下，柏枝拂水。[②]

据郑逸梅《靖园窥虎记》，邻虎阜的李鸿章祠"靖园"，"园不大，而洿池叠石，列植交荫，徜徉其间，有足以使人悠然适意者，斯亦难得构止之佳境矣"，"稍西，一楼高峙，拾级而上，则阜塔巍峨，山庄拥翠，一一呈于目前，似披名人画本"，亦颇有传统园林的韵味。

肇始于清末的现代公园植园出现后，至民国，公园也先后出现，如苏州公园建于民国十四年（1925），其前半为法国规则式布局，喷泉绿地；后半则荷沼曲桥，假山孤亭，有古典韵味。"自公园风行，而宅隙空庭，但植草地"[③]。这些标志着中国传统园林的式微和嬗变，充分说明了，园林也是精神文化的载体，散发着特定的时代气息。

四、姚承祖《营造法原》

清末民初，传统建筑的营造正经历着前所未有的挑战，新材料的渐渐引入，人们对西洋事物的憧憬，包括对洋楼等建筑形式的接纳，整个传统建筑营造的滑坡，这一切使得掌握着传统营造工艺的匠人面临尴尬的境地。

姚承祖（1866—1938），字汉亭，号补云，出生于香山的木匠世家，11 岁就随叔父姚开盛学木作，16 岁辍学从梓之后，便在苏州城乡各地营建房舍殿宇，经他本人擘划修建的厅堂馆所、亭台楼阁、寺院庙宇不下百幢。代表作有木渎原羡园、苏州怡园可自怡斋（藕香榭）、光福梅花亭、木渎灵岩寺大雄宝殿等。

姚承祖重文化，在建筑界享有"秀才"的盛誉，他认为"没有文化的工匠是个不完全的工匠"，他把工匠及工匠子弟的文化素养看成是头等大事，在苏州城区玄妙观旁开办梓义小学，在家乡墅里村创办墅峰小学，免费招收建筑工匠的子弟入学。民国元年，苏州成立鲁班协会，他被选为会长。正是姚成祖这些义举和名望，在苏州工业专科学校成立之时，他便受校长邓邦逊特聘到校任教，成为一名讲师，传道授业，将吴地"苏派建筑"营造技艺的用料、做法、工限、样式等一一归纳编写讲义，成为《营造法原》的前身。

苏州工专是一所被称为"创建了我国高等现代建筑教育的先河"的学校，集结了当时建筑界的佼佼者，被称为"三士"的柳

[①] 周瘦鹃：《一生低首紫罗兰》，见范伯群主编《周瘦鹃文集》2，文汇出版社 2011 年版，第209 页。

[②] 周瘦鹃：《年年香溢爱莲堂》，见范伯群主编《周瘦鹃文集》2，文汇出版社 2011 年版，第9 页。

[③] 童寯：《江南园林志·序》，中国建筑工业出版社 1984 年版，第3 页。

士英、刘士能、朱士圭和黄祖森都参与了苏州工专建筑系的创建工作。

姚承祖祖父姚灿庭著有《梓业遗书》，姚承祖继承祖业，在苏州工专建筑工程系任教其间，写成《营造法原》一书，重要根据是家藏秘笈和图册中的建筑做法，是江南历代工匠营造智慧和经验的总结；当然也是他本人一生实践经验的结晶，使全书既符合中国古典建筑的实际，又有作者独到的见解。标志着民间匠帮之间的传承模式跳出了“口传心授”的师徒相传的方式。

全书约三万二千余言，十六章：

包括“地面总论”、平房楼房大木总例、提栈总论、牌科、厅堂总论、厅堂升楼木架配料之例、殿庭总论、装折、石作、墙垣、屋面瓦作及筑脊、砖瓦灰砂纸筋应用之例、做细清水砖作、工限、园林建筑总论、杂俎等。

特别是第十五章的“园林建筑总论”，对江南古典园林建筑中的亭、阁、楼台、水榭与旱船、廊、花墙洞、花街铺地、假山、地穴门景、池与桥进行了详细而精当的分析。如谈花街铺地：“以砖瓦石片砌地面，构成各式图案，称为花街铺地。堂前空庭，须砖砌，取其平坦；园林曲径，不妨乱石，取其雅致；用材凡砖、瓦、黄石片、青石片、黄石卵、白石卵以及银炉所余红紫、青莲碎粒、断片废料，皆可应用。”将铺地作用、用材等阐述得十分明晰。

“附录”有量木制度、检字及辞解和鲁班尺与公尺换算表三部分内容。

对于枯燥的工程用量，为了便于记忆，编成歌诀的形式，使之琅琅上口。以平房中的“三开间深六界”为例：

三间二正二边贴　四只正步四只廊　二脊四步四边廊　二条大梁山界梁
六只矮柱四正川　四条双步八条川　边矮四只机十八　六条步枋廊枋同
边双步川加夹底　二十一桁十二连　六椽三百零六根　眠檐勒望四路总
飞椽底加里口木　花边滴水瓦口板　出檐开胫加椽稳　也有开胫用闸椽
头停后梢加按椽　提栈租四民房五　堂六厅七殿庭八　只以界深界浅算

各种口诀是匠人们技艺传承的生动依据，也是他们长期经验的总结。采用便于记忆的口诀雕刻、堆塑各类图式也成为香山帮的一大特色，如景物诀：“春景花茂，秋景月皎，冬景桥少，夏景亭多。”“冬树不点叶，夏树不露梢，春树叶点点，秋树叶稀稀。”“远要疏平近要密，无叶枝硬有叶柔，松皮如鳞柏如麻，花木参差如鹿角。”人物诀：“贵妇样：目正神怡，气静眉舒，行止徐缓，坐如山立。”“丫鬟样：眉高眼媚，笑容可掬，咬指弄巾，掠鬓整衣。”“娃娃样：胖臂短腿，大脑壳，小鼻大腿没有脖，鼻子眉眼一块凑，千万别把骨头露。”“美人样：鼻如胆，瓜子脸，樱桃小口，蚂蚱眼，要笑千万莫开口。”鸟兽诀：“抬头羊，低头猪，怯人鼠，威风虎”“十斤狮子九斤头，一条尾巴拖后头”“十鹿九回头"等。

　　《营造法原》中对于天井的比例尺度有极其科学的算法，"天井依照屋进深，后则减半界墙止"，与现在的算法不同，当代的日照间距是天井的进深与檐高的比例算出来的。

　　本书立足于水乡苏州的传统建筑，分析其建筑形制的特色，提供了南方建筑各种详尽的形制数字，同时也对园林艺术的各类构建方法进行了提纲挈领的论述，是"唯一记述江南地区代表性传统建筑做法的专著"，朱启钤评论此书"上承北宋、下逮明清"，"足传南方民间建筑之真象"；著名建筑学家刘敦桢先生誉之为"南方中国建筑之唯一宝典"，具有科学和艺术的双重价值。

　　该书不仅被视为香山匠人的"至尊宝典"，而且，"今北平匠工习用之辞，辗转讹误，不得其解者，每于此书中得其正鹄。然则穷究明清两代建筑嬗蜕之故，仰助此书正多，非仅传苏杭民间建筑而已。"

　　书中还附有照片 172 帧，版图 51 幅。本书对设计研究传统形式建筑及维修古建筑有较大的参考价值。"

第三章

人格理想

"诗国中的哲人"歌德说，我的全部追求就是体现思想。20 世纪位列最伟大的十个画家之首的毕加索的创作秘诀是："我的每一幅画中都装有我的血，这就是我的画的含义。"艺术的全部价值，在于其思想性。

诞生在春秋战国时期的"士"，最早指先秦时没有"恒产"但有"恒心"的"学士"，如儒、道、墨、法等学派，他们是具有各种不同倾向的思想家，"士"，后来泛称那些掌握了一定文化知识和代表社会道义的知识分子，标志着整个历史时代的学术造诣和文化水平；中国的"士人"，各有自己信守之"道"，承载着社会道义和良心，或为实现自己的政治理想而奔走呼号，或为"全性葆真"独处陋巷，著书立说，以其知识、理想等影响与改造社会生活。

诚如钱穆先生所指出的："中国文化有与世界其他社会绝对相异之一点，即为中国社会有士之一流品，而其他社会无之。"① "中国之士则自有统，即所谓道统。此诚中国民族生命文化传统之独有特色，为其他民族之所无。"② "道统"即"内圣外王之道"，出于《庄子·天下第三十三》，意为内有圣人之德，外施王者之政，内圣外王合一，便为圣人。《周易·象传》："天行健，君子以自强不息；地势坤，君子以厚德载物。"认为天体运行永无休止，人应以天为法，永远向上，坚强不屈；君子应该有宽厚待人，团结群众，以和为贵的兼容精神。

> 居天下之广居，立天下之正位，行天下之大道。得志，与民由之；不得志，独行其道。富贵不能淫，贫贱不能移，威武不能屈。此之谓大丈夫。③

内圣外王之道成为儒家所崇尚的理想人格，而且，"内圣"的感召力也一直为士大夫们内心修养的动机和推动力。

"道统"和代表王权的政统之间往往存在尖锐的道义冲突。体现士人意趣和精神追求的士人园林，与山水田园诗歌、山水画等艺术门类，共同构成内涵丰富的"隐逸文化"体系。

苏州园林是具有"三绝诗书画"的士大夫们所"写"的"地上之文章"，从本质上说是"士人园"，体现的是古代文人士大夫的一种人格追求，是古代文人完善人格精神的场所。积淀着的正是"与世界其他社会绝对相异"之"士大夫"文化，诸如名士风

① 钱穆：《宋代理学三书随劄·附录·中国文化传统中之士》，生活·读书·新知三联书店 2002 年版，第 177 页。

② 钱穆：《宋代理学三书随劄·附录·中国文化传统中之士》，生活·读书·新知三联书店 2002 年版，第 191 页。

③《孟子·滕文公下》。

流、忧患意识、超越心绪等，形象地体现了士大夫"由于仁，志于道，逃于禅"的人生轨迹，表现了士人特有的人格精神。马尔库塞说："人格是文化理想的承担者。"[1] 费夏说："观念越高，便含的美越多，观念的最高形式是人格。"[2]

正因为苏州园林是"能主之人"为"精神创造的环境"[3]，不是花草、树木、山石、溪流等物质原料堆砌起来的无生命的形式美的构图，而是如恽南田所说"谛视斯境，一草一树、一丘一壑，皆灵想所独辟，总非人间所有，其意象在六合之表，荣落在四时之外"！是士人将胸中之"灵想"，"移入于物中的感情"，体现的就是园林的"精神"。

中华文化以儒家思想为底蕴，融合道家、佛家禅宗等多种思想流派的精华，都被写在园林的山水、植物和木头上。

就构园四大物质构成要素之一的建筑来说，诚如台湾著名古建专家李乾朗先生所论，儒释道文化是中国古建筑的"DNA"，所以他主张："研究中国建筑一定要注意建筑背后的文化现象，多读古书，中国建筑不单单是符号、形的问题，更多融入了中国几千年的传统文化，彰显了以儒释道为核心的哲学思想。"[4]

苏州园林文化的价值在于其承载的思想。

"孔颜真乐"与"曾点之志"，是儒家人生修养境界的一种标志，它除了静处体悟和事上磨炼以外，的确并无什么奇异、特殊的修习方式。但就是这种融于生活、又超越尘俗的心性修养，造就了一代又一代的圣贤人格。

---

① [美] 马尔库塞：《审美之维》，李小兵译，生活·读书·新知三联书店 1989 年，第 34 页。

② 转引自徐复观著《中国艺术精神》，北京：商务印书馆 2010 年，第 49 页。

③ [德] 黑格尔：《美学》第三卷上册，朱光潜译，商务印书馆 1984 年，第 103 页。

④ 王学涛：新华网。

第一节

丘园高人

宋代释惠洪《石门文字禅·赏趣堂》曰："胸次有丘壑，笑谈无俗氛。"苏州园林不仅是休憩场所、艺术环境，更是主人高逸品位的显现，所以，白居易说"高人乐丘园，中人慕官职"，只有"养志忘名""从容于山水诗酒间"的"高人"才能在园林中"忘机得真趣"！

惨淡经营苏州园林的"能主之人"，固然也出现过政治、经济的暴发户，如宋朱勔、明初沈万山、吴三桂女婿王永宁等，园林格调低俗，然薰天之焰，倏忽扑灭。

历数宋、元、明、清的苏州园林名园，"'主人'，大多是人品高、志趣雅，且兼工诗书画的才学之士"，其"主人"约为下述三类人：一是致仕后遭贬谪或归来隐退的官吏，为数最多；二是无心爵禄的吴中名士、书画艺术家；三是崇尚风雅的"儒商"。他们的共同之处，是都属于受到中华传统文化特别是儒家思想熏陶过的"士"阶层。

一、官成归隐

苏州园林主人中致仕归来的士大夫不乏其人，他们在朝廷为官时，大多能"以天下为己任"，为整饬朝纲立下过汗马功劳。

例如出生于宋靖康前后、在烽火连天、山河破碎的动荡年代的苏州石湖别墅主人范成大（1126—1193），他是中国古代田园诗的集大成者，他与杨万里、陆游、尤袤合称南宋"中兴四大诗人"；又是我国南宋时期杰出的政治家。曾长年在各地任地方官，官至参知政事，晚年退职闲居。

宋孝宗乾道六年（1170），为谋废除有损国格的跪拜受书礼，宋廷必须派大臣出使金国，时大臣均畏惧不敢奉命，范成大挺身而出，抱着必死的决心，出使金国。他在金国几乎被害，他节义凛然，终于不辱使命，赢得双方朝野的一致称赞。

范成大退隐苏州石湖，筑"石湖草堂"，内有"北山堂""天镜阁""寿栎堂""梦渔轩""绮川亭"等厅堂亭榭。宋孝宗亲自题赠"石湖"二字。范成大隐退石湖的十年中，写了许多田园诗，特别是"淳熙丙午，沉疴少纾，复至石湖旧隐，筑石湖草堂，野外即事，辄书一绝，终岁得六十篇，号《四时田园杂兴》"。这组七言绝句，每12首为一组，分咏春日、晚春、夏日、秋日和冬日的田园生活。皆是由作者亲身经历、亲眼观察所得。它将道家及佛禅的人生情趣与儒家社会观念创造性地合为一体，全面、真切地描写了农村生活的各种细节，也比较协调地表现了宋代士大夫儒道合一的人生情趣。所以，清代宋长白《柳亭诗话》中说"范石湖《四时田园杂兴》诗，于陶柳王储之外，别设樊篱"。

明代有"吴门画派先驱"之称的刘珏，字廷美，晚年自号完庵，曾任"明山西按察佥事"而称刘金宪，"性孝友恭谨，未尝失色于人，操履清白，人不得以私干之"。列"沧浪亭五百名贤"之一，其画像赞曰："不习为吏，而举于乡；宦成归隐，丹青擅场。""有志于学不愿为吏"，50岁"挂冠归田，高旷靡及"，回苏州湘城筑"小洞庭"，垒石为山，筑亭其上，引水为池，种树艺花，闲列图书，与沈周、徐有贞、祝颢等名士唱酬和观景，新句自题蕉叶上，浊醪还醉菊花边，胸次洒落。

明代官至礼部尚书的吴宽（1435—1504），"为人静重醇实，自少至老，人不见其过举，不为慷慨激烈之行，而能以正自持。遇有不可，卒未尝碌碌苟随。言词雅淳，文翰清妙，无愧古人。成、弘间，以文章德行负天下之望者三十年。"吴宽在京城有园曰一鹤、亭曰玉延、庵曰海月。花时月夕，公退辄相过从，燕集赋诗。下朝执一卷日哦其中，每良辰佳节为具召客，分题联句为乐，若不知有官者。

苏州东庄乃为吴孟融、吴宽父子于明朝初年在五代"东墅"故址上所建，是一个庄园式园林。

明官至内阁重臣的王鏊（1450—1524），是一位端人正士，居官清廉，虽然官至内阁，但仍保持农家本色，时称"天下穷阁老"。唐寅称其"海内文章第一，天下宰相无双"。时宦官刘瑾专权，在东厂、西厂外加设内厂，镇压异己，掠夺民间土地，遭到正直大臣的群起反对，但均遭受迫害。刚正的王鏊，曾"与韩文诸大臣请诛刘瑾等'八党'"，并凭他的影响，力救韩文等大臣。但因为明武宗宠信刘瑾，无奈之下，王鏊多次上疏，要求告老回乡，终于归苏州东山陆巷村，所以史书说他是"以志不得行归里"[①]。王鏊致仕回乡至逝世，家居共14年，"不治生产，惟看书著作为娱，旁无所好，兴致古澹，有悠然物外之趣"。在所筑"真适园"读书写作，真适园梅花盛放时，他"花间小坐夕阳迟，香雪千枝与万枝"。他潜心学问，文章尔雅，议论精辟，使弘治、正德间文体为之一变。著有《震泽编》《震泽集》《震泽长语》《震泽纪闻》《姑苏志》等。

清"亦园"主人尤侗（1618—1704），为著名诗人、文学家、戏曲家，顺治"以才子目之"，康熙称之为"老名士"。其于康熙十八年（1679）举博学鸿儒，授翰林院检讨，参与修《明史》，分撰列传300余篇、《艺文志》5卷，二十二年告老归家。四十二年康熙南巡，得晋官号为侍讲，享年87岁。《清史稿》亦称："侗天才富赡，诗文多新警之思，杂以谐谑，每一篇出，传诵遍人口。"著述颇丰，有《西堂全集》；康熙二十二年（1683）在史局以撰述第一的成就致仕返乡，归隐苏州亦园。书斋名为"西堂"，故自号"西堂老人"。

清末苏州怡园主要为园主顾文彬（1811—1889）、顾承及绘画大师任薰布画。顾文彬时任江浙宁绍道台，本人工书法，善词章，家有"过云楼"，所藏书画名迹称誉海内，著《过云楼书画记》，编刻有《过云楼藏帖》，乃清代著名集帖之一。其子顾承也是著名画家，任薰兼工人物、花鸟、山水、肖像、仕女，画法博采众长，面貌多样，富有新意，为海上画派代表人物之一。园中一丘一壑，顾承还都与画友王云、范云泉、顾若波、程庭鹭研讨。这些画家都工诗文，擅山水又精花鸟。拟出的画稿，均寄给其父顾文彬过目。顾文彬也是胸有丘壑之人。据顾颉刚《苏州史志笔记》载："闻顾氏造园时，宿于耕荫义庄（环秀山庄）者数旬，心追手摹，卒不能及。"园中匾额对联是顾文彬亲自集宋金元词而成，名《眉绿楼词联》，由当时书法家分写。

① 《明史》卷181《王鏊传》。

耦园为沈秉成夫妇及画家顾沄一起营构。沈秉成（1822—1895），原名秉辉，字仲复，号听蕉，出浙江湖州官宦之家、书香门第，本人早慧而好读书，虽隆寒酷暑，仍手不释卷。他工书能文，好道书。道光二十九年（1849）考中举人，咸丰六年举进士。以翰林外官监司，授苏松太道。官至安徽巡抚并署两江总督，其才干为海内推重，是晚清著名能吏。著有《夏小正传笺》《鲽砚庐金石款识》《鲽砚庐所见书画录》等。女主人严永华，字少蓝，号不栉书生，浙江桐乡人。其母擅闺中三绝，受母教濡染，永华早慧，工丹青，娴诗赋，通音律，张之万在其《鲽砚庐诗钞》序中称其诗"深得元季四大家遗法"。著有《纫兰室诗钞》《鲽砚庐诗钞》《鲽砚庐联吟集》等。

清末留园主人盛宣怀（1844—1916），出身于书香门第，近代洋务派代表人物，著名的政治家、企业家和慈善家，被誉为"中国实业之父"和"中国商父"。盛宣怀创造了11项"中国第一"，还热心公益，积极赈灾，创造性地用以工代赈方法疏浚了山东小清河等，在中国近代史上功勋卓著。

同治十年（1871），居住在拙政园的江苏巡抚张之万，道光二十七年（1847）状元，官至大学士。历任修撰、河南学政、内阁学士、礼部侍郎兼署工部等职。本人善书画，在他的经营修治下，拙政园渐复旧观，他还亲绘《吴园图》12册。

另外，也有因厌倦官场，借口弃官回乡的。如清乾隆间光禄寺少卿宋宗元建网师园，就是以养亲为借口陈情乞归故里的。范仲淹十七世孙范允临以守祖坟为借口，于明万历年间从福建弃官回乡，建天平山庄。

咸丰举人李鸿裔，能诗工书，风流儒雅，曾为曾国藩幕僚，官至江苏按察使，同治七年（1868）以病辞官，举家迁移苏州，隐居网师园。

吴云（1811—1883），精通书法，好古精鉴，性喜金石彝鼎、法书名画、汉印晋砖、宋元书籍，一一罗致。所藏齐侯罍和齐侯中罍，前者又称"阮罍"。咸丰九年（1859）擢苏州知府。退任后来吴门建听枫园，"侨居吴下，有泉石之胜，客有见之者，则幅巾丈履，萧然如神仙中人，几忘前次为风尘吏也"！

二、归去来兮

孟子曾宣称："得志与民由之，不得志独行其道。富贵不能淫，贫贱不能移，威武不能屈。"[1] 也就是儒家信奉的"达则兼济天下，穷则独善其身"的处世之道。宦海沉浮，许多遭贬谪士大夫从官场败退下来，筑园抒怀。

宋沧浪亭"主"是北宋中期杰出的爱国者和文学家苏舜钦（1008—1048）。欧阳修认为他有宰辅之才。曾任集贤校理，监进奏院。政治上他支持范仲淹等人的庆历新政。岳父杜衍庆历时为相百日，为新政中的重要人物。

苏舜钦平生有两大志愿：一是为国献匡世济民的策略；二是挺身

[1]《孟子·滕文公下》。

赴疆场，杀敌立功。不料却在激烈的"党争"中遭"小人"构陷获罪，削职为民，"狼狈来吴中"，于是便买水石作沧浪亭，用《楚辞·渔夫》沧浪之歌"沧浪之水清兮可以濯吾缨；沧浪之水浊兮可以濯吾足"名园，以抒其愤懑。

拙政园，是嘉靖时的御史王献臣所筑，王献臣为人疏朗峻洁，博学能诗文。为官古直，不阿法，敢于抗中贵，时有"奇士"之称。因受东厂特务的诬陷连遭贬谪，愤而弃官回归故乡苏州。

明万历进士王心一，仕至刑部左侍郎，署尚书。因弹劾魏忠贤党客氏而历遭降斥，天启年间又遭廷杖被削籍，志节矫矫。他书画皆极精妙，山水仿黄公望，书法学苏东坡。他买下了拙政园东部，筑"归田园居"，并亲绘《归田园居》卷轴，自撰《归田园居记》，该园之营构布局，皆出其手。

明末文徵明曾孙文震孟以楚辞中香草"白芷"为园名，称"药圃"。文震孟"恬泊无他嗜好，而最深山水缘"，"家居惟与子弟谈权艺文，品第法书名画、金石鼎彝，位置香茗几案亭馆花木，以存门风雅事"①，"书迹遍天下，一时碑版署额，与待诏埒"。后文氏为天启状元，官至副宰相。因反对"阉党"专权，曾先后触逆了天启、崇祯时的三位权臣，几遭廷杖，受到贬职、调外以至削职为民等处罚，最后又回归药圃，"第宅犹诸生时所居，未尝拓地一弓，建屋一椽"②。

明崇祯十七年（1644），园归崇祯进士山东莱阳姜埰。姜埰与其弟垓，时称"二姜先生"，皆志节高尚。改名"艺圃"，姜氏以进士起家为令，入为谏事。拜疏纠时事，直言不讳，震怒了崇祯皇帝，被逮入狱，备受楚毒，复遭廷杖，杖至百，几死，后得崇祯帝赦死，谪戍宣城。明亡之后，即与其弟垓奉母南来，侨寓此园。埰崇尚气节，来吴后削发为僧，自号"敬亭山人"。因宣城有敬亭山，故以敬亭山房名其园，以示不忘君恩免死之地，寓故国之思。

留园前身东园初建于明太仆寺卿徐泰时，徐氏中进士后，授工部营缮主事，参加修复慈宁宫，深得万历帝的赞许，进营缮郎中，营造万历帝寿宫，被人以"受贿匿商，阻挠木税"罪弹劾，四年后，虽然查实"无庇商之私"，仍罢职不用。他在任期间，"慷慨任事，直往不疑"，对工部尚书的奏章也"指摘可否"，还"笔削之"，得罪上司，因而遭致"多所谣诼"。徐泰时女婿范允临在为其写的行状中说："公（徐泰时）遂挂冠归里门，归而一切不问户外，益治园圃，亲声伎，里有善累奇石者，公令累为片石云峰。杂莳花竹，以板舆徜徉其中。呼朋啸饮，令童子歌商风应之曲，其声遏云。……于是益置酒高会，留连池馆，情盘景遽，竟日忘归。"与好友袁宏道、江盈科等唱酬，"善累奇石者"就是指明代著名画家、造园艺术家周秉忠。

晚清朴学大师俞樾，曾获保和殿复试第一，授翰林院编修。外放河南学政，时隔两年，这位朴学大师却因不谙官场陈规而获罪。其出的所谓"截搭题"（即将经书语句截断牵搭而成的八股文

---

① （明）文孙符编：《姑苏名贤续记》。

② 汪琬：《文文肃公传》，《尧峰文钞》，台北"商务印书馆"影印文渊阁《四库全书》本，第35册，卷35。

试题），名《君夫人阳货欲》，截《论语·季氏》末章句尾"君夫人"搭下章《论语·阳货》首"阳货欲"，本来截搭题是"临场不讳"的，当时正是西太后垂帘听政、聚敛财货之时，却被御史曹登庸"琢磨"出有"影射"之嫌，劾奏"出题试士，隔裂经义"，竟"削职归田"。俞樾曾自嘲"蓬山乍到，风引仍回"。于咸丰八年（1858）南归，寓居苏州，建书斋花园曲园。简朴素雅、不事雕琢的曲园，为俞樾亲自设计，小小园林亦自佳，盆池拳石手安排。

吴江退思园主任兰生，出生名门望族、世代诗书之家，曾任凤（阳）、颍（川）、六（安）、泗（州）兵备道，遭内阁学士周德润弹劾，光绪十年（1884）以"留用革书屠幼亭为知情徇隐，部议革职"[1]。据《复盦类稿》记载，"去官之日，士民顾念旧恩，遮道攀辕数万人，无不泣下"。后复职回到安徽，被派往皖北抗洪救灾，他"周历灾区千有余里，冒雪奔驰，问民疾苦"，最后死于巡视水灾任上，是个恪尽职守的官员。他被贬以后将自己的现实悲哀"写"进了精心构建的园林之中。

这些园主都尝到过仕途凶险的苦味，经历过痛苦的心路历程。他们以隐逸出世的情趣、思想，达与退的相反相成构成了文人阶层完整的人格和精神支柱。园林是他们人格、理想之寄托。李泽厚在《中国古代思想史论》中指出：这也是中国历代士大夫知识分子在巨大的失败或不幸之后，并不真正毁灭自己或走进宗教，而更多是保全生命，坚持节操，隐逸遁世，而以山水自娱，洁身自好的道理。

三、隐居求志

苏州的士大夫，虽有"不习为吏"、或无可无不可（可园）者，但不少名士还真是不愿为吏的。

如宋代朱长文，字伯原，吴县（今苏州）人，嘉祐四年进士。他和他的父亲、他的长子三代皆为进士，史称"累以三世进士登第"。因坠马伤足而不仕，隐居乐圃二十年，人称"乐圃先生"。乐圃规模恢宏，"台榭池沼、竹木花木，有幽人之趣。州侯贵客，山翁野叟，或觞或咏，去则醉卧便腹，不知身世之在城郭也。……当是时也，使东南者以不荐先生为耻，游吴郡者以不见先生为恨"[2]。自谓"不以轩冕肆其欲，不以山林丧其节。孔子曰：乐天知命故不忧。又称：颜子在陋巷，不改其乐，可谓至德也已。"

明代张凤翼直言"吾他无所求，求之吾志而已"[3]！顾文彬《过云楼书画记》卷九著录《钱叔宝求志园图》有曰："是卷后有献翼赋云：'喜幽居以傲物，遂漂志于林樾。'"

绝意仕途的文人书画家，性本爱丘山。明末云阳草堂主人节

①《清史稿·列传》卷77《本传》。

②（宋）朱长文：《乐圃馀稿》附录张景修《墓志铭》。

③（明）王世贞《求志园记》，见王稼句编注《苏州园林历代文钞》，上海三联书店2008年版，第66页。

士顾云美，是文氏外甥，工诗文，善八分书，尤工治印，颇得外家传薪。

"有竹居"主人沈周出生在一个以诗、书、画传家、具有闲雅气氛的家庭，生活在远离尘俗气的阳澄湖边。他三次谢绝举荐，绝意仕途，潜心艺术。当他的知交王鏊退职归里，他赞其是"勇退归来说宰公，此机超出万人中"。他在《庐山高图》诗跋中曾写："英名利禄云过眼，上不作书自荐，下不与公相通。"正是他孤高绝俗的写照。

沈周"先生高致绝人，而和易近物，贩夫牧竖，持纸来索，不见难色。或为赝作求题以售，亦乐然应之，酬给无间"，助人得利。明代文徵明的学生王稚登在《吴郡丹青志·沈周传》中称："一时名士，如唐寅、文璧之流，咸出龙门，往往致于风云之表。"

文徵明是诗文、书、画"三绝"的巨匠。他继沈周为吴门画派领袖五十年，文氏子侄继承其衣钵者传至六、七代，出高手二十余人。人品峻洁，其父文林为官清廉，死于温州知府任上，温州官绅馈赠重金给文徵明，他坚辞不受，温州人民因建"却金亭"，并立碑志其事。

据明代文嘉《先君行略》载，文徵明因为出身官宦之家，"与游诸君祝、唐、都、徐皆连起科目，而公数试不利，乃叹曰：'吾岂不能时文哉？得不得固有命耳。然使吾匍匐求合时好，吾不能也。'"文徵明54岁时才以岁贡生的身份荐试吏部，曾授职"翰林院待诏"，旋即辞官。这一经历使他尝到了当官的滋味，了却了一桩心事，内心获得了较大的平衡，也为他还乡后的生活积累了见识、经验、资历。其57岁时获准南归苏州。

《艺苑卮言》说："文徵仲太史有戒不为人作诗文书画者三：一诸王国，一中贵人，一外国。生平不近女色，不干谒公府，不通宰执书，诚吾吴杰出者也。"何良俊《四友斋丛说》卷十五说："衡山先生于辞受界限极严。人但见其有里巷小人持饼饵一箸来索书者，欣然纳之，遂以为可浼。尝闻唐王曾以黄金数笏，遣一承奉赍捧来苏，求衡山作画。先生坚拒不纳，竟不见其使，书不肯启封。此承奉逡巡数日而去。"宗周《人谱·人谱类记》记述："文衡山素不到河干拜客。严嵩语顾东桥（璘）曰：'不拜他人犹可，我过苏亦不答拜，殊可怪！'东桥曰：'此所以为衡山也。若不拜他人，独拜公，得文衡山乎？'"

号称"江南第一才子"的唐寅，兼通天文、律算、乐律等。文学与文徵明、祝枝山、徐昌谷并称"吴中四才子"，绘画与沈周、文徵明、仇英并列"明四家"，王稚登谓其画"远供李唐，足任偏师，近交沈周，足当半席"，和文徵明同列"妙品志"。

祝允明称他"天授奇颖，才锋无前，百俊千杰，式当其选"，"少长，纵横古今，肆恣千氏"[①]。唐寅"童髫入乡学，才气奔放，

---

① （明）祝允明：《梦墨亭记》，见祝允明《怀星堂集》卷27。

与所善张灵梦晋纵酒放怀，诸生或施易之，慨然口：'闭户经年，取解首如反掌耳。'弘治戊午，举乡试第一"。"文章风采，照耀江表""奇趣时发，或寄于画，下笔辄追唐宋名臣"①。

孰料弘治十二年唐寅30岁时上北京会试，程敏政"总裁会试，江阴富人徐经贿其家僮，得试题。事露，言者劾敏政，语连寅，下诏狱，谪为吏。寅耻不就，归家益放浪"②。受同行者徐经连累，"身贯三木，卒吏如虎，举头抢地……昆山焚如，玉石皆毁，下流难处，众恶所归……海内遂以寅为不齿之士，握拳张胆，若赴仇敌，知与不知，毕指而唾辱亦甚矣"！家里"僮奴据案，夫妻反目，旧有狞狗，当户而噬"③。

遭此巨变，唐寅伤心潦倒，回到苏州，专心艺术，追求一种"不求仕进""隐迹山林"，瀹茗闲居的生活。《明史》本传："宁王宸濠厚币聘之，寅察其有异志，佯狂使酒，露其丑秽，宸濠不能堪，放还。筑室桃花坞，与客日般饮其中。"④

四、富而思文

占有苏州园林的也有少数富商大贾。但他们大多具有文人雅尚，而且，往往愿意结交文人。

例如，网师园今天的布局，出自乾隆末年太仓富商瞿远村之手。瞿氏虽非文人，却颇有文人雅士的好尚，喜与当时著名文士结交。清史学家、考据学家钱大昕即是他的座上客，瞿氏常常与他欢宴竟日。钱大昕为之作《网师园记》，称瞿氏胜情雅尚，足可与唐代辟疆园主任晦比肩。

拙政园西部一度成为富商张履谦的"补园"。张氏虽为富商，却极喜书画，与吴门画派名家交谊颇深，园中特设"拜文揖沈之斋"，将文徵明、沈周两人的半身像嵌刻在两壁，以表达对明代这两位伟大画家、文学家的仰慕之情。当年画家顾若波、顾鹤逸、陆恢等人经常在张家聚会，并参与了补园的布置。张氏与其孙紫东又酷嗜昆曲，曾聘请俞振飞之父俞粟庐为西席，与之切磋曲艺。张氏还自撰《补园记》。

园主请来"主"事的文人画家大多品行不俗，才艺不凡，因而园林充溢着雅逸不俗的书卷气。

五、诗僧道长

佛寺与园林素来一体。"寺"源自印度的佛寺，语源为"伽蓝"，《僧史略》（上）称："僧伽蓝者译为众园，谓众人所居，在乎园圃、生殖之所。佛弟子则生殖道芽圣果也。"而且中国的寺庙

---

① 《列朝诗集小传》丙集《唐解元寅》。

② 《明史》卷286《文苑二·徐祯卿附唐寅传》。

③ （明）唐寅：《与文徵明书》，《六如居士集》卷5。

④ 《明史》卷286《文苑二·徐祯卿附唐寅传》。

园林，大多胎生于官署花园和私家宅园，苏州也不乏舍宅为寺者，如虎丘寺，是东晋丞相王导的两个孙子舍宅所建；北寺，是孙权的母亲（一说为其奶妈）舍宅所建；西园，为留园主人徐溶舍宅所建等。伽蓝，中国亦称"寺"，《说文解字》解释曰"廷"，即朝廷，亦泛指官署。中国第一座寺庙园林"白马寺"，原址是朝廷的蓍坊。"寺园一体"成为中国寺庙的基本特点。人们在寺庙园林里感受到的对宇宙、对人生等问题，与在文人园中感受到的并无二致。

寺观园林的住持不乏饱学之士，有的本来就是遁迹寺观的文人。特别在易代之际，文人逃禅者很多，逃禅就是指遁世而参禅。白居易自称"栖心释梵，浪迹老庄"，唐代牟融《题寺壁》诗曰："闻道此中堪遁迹，肯容一榻学逃禅。"两宋诸儒，门庭径路，半出于佛老；宋元易代之际士人生活在抑郁、苦闷之中，"醉乡已失路，靡室将逃禅"。栖隐山林成为必然选择。"至明之季，故臣庄士往往避于浮屠，以贞厥志""僧之中多遗民，自明季始也。"①

寒山、拾得都是唐代著名诗僧，又是贫贱之交，俩人常在一起吟诗作对，后人将他们的诗汇编成《寒山子集》三卷。"寒山诗包括世俗生活的描写、求仙学道和佛教内容。其中表现禅机禅趣的诗，有着广泛而深远的影响"②。元代的白珽在《湛渊静语》中说寒山是"唐之士人，尝应举不利，不群于俗"。考之寒山诗歌，这话不假，寒山青少年时代是颇有用世抱负的，他文武皆备，"一为书剑客"，便"提剑击匈奴"；"寻思少年日"，也像"联翩骑白马，喝兔放苍鹰"的游侠儿；他又是个"才艺百般能""六艺越诸君"的才子，有"游金阙"的梦想，他还是个英俊的美少年，曾经"自矜美少年，不信有衰老"，但突然"根遭陵谷变，叶被风霜改"③，遭到他辈的责难，妻子也离他而去，逼得他过上"一瓶一钵"的云水生涯，"以谩骂之辞，寓其牢愁悲愤之概，发为诗歌，不名一格，莫可端倪"④，诗歌"俚语俱趣，拙语俱巧"⑤，"如空谷传声，乾坤间一段自韵天籁也"⑥。后两人结伴隐居寒山寺。

中国早期禅宗寺庙元代的狮子林，原址为宋代私家园林。创建者为元代的天如禅师，他是当时著名僧侣、南方临济山林宗传人、文学家，曾隐居松江九峰十余年。极善吟诗写字，与名士们交游酬唱，很有名士雅趣。他曾写《师子林即景》十四首，很为自得地吟道："鸟啼花落屋西东，柏子烟青芋火红。人道我居城市里，我疑身在万山中。"狮子林一度成为元明之交文人的精神家园，倪云林、徐贲、杜琼、高启相与作图、咏歌，使狮子林在肃穆中透出醉人的文人园气息。

道教的正式创立，出自吴姓士族的葛洪、杨羲、许谧、许翙、陆修静、陶弘景等，其中的中坚力量，茅山宗的实际开创者陶弘景号"山中宰相"，既著《孝经》《论语》集注，又"诣鄮县阿

---

① （清）邵廷采：《思复堂集》卷3。

② 袁行霈主编：《中国文学史》第四卷绪论，高等教育出版社1999年，第207页。

③ （唐）寒山子诗歌均见《寒山诗全集》，《唐百家诗全集》本，海南出版社1992年。

④ 程德全：《寒山子诗集跋》，同上。

⑤ （清）沈德潜：《古诗源·例言》。

⑥ 王宗沐：《寒山子诗集序》，《唐百家诗全集》本，海南出版社1992年。

育王塔自誓，受五大戒"，集儒、释、道三教思想于一身。创建于西晋咸宁二年（276）的"真庆道院"（今称玄妙观），继承了古代"巫以歌舞降神，祝以言辞祷神"的传统，吸取了帝王庙堂仪典音乐、祀礼音乐等成分，还受到堂名音乐、江南丝竹、昆曲、吴歌等吴地文化的熏陶，形成了独树一帜的苏州玄妙观道教音乐。

第二节

守拙葆真

士大夫文人基于对所持的"道"的信念，从春秋战国时代起，就养成了强烈的风节操守意识，强调自尊、自重与自强。

但在个人的生存权利都没有保障的情况下，自我保护的本能遂将消极避世作为成就个人"内圣"的"宪法"保证，促使了隐逸文化精神气候的形成。于是，苏州园林自宋代开始，出现了大量的"主题园"，在园林主题的题咏和景点的意境中，涵蕴着"能主之人"守拙葆真的道德情操，以农立国的中国社会，主要经济结构是以农为主，渔、樵为副，因此，体现这"一主二副"农耕理想的是渔樵耕读方式。

一、守拙归园田

上古时代，人们把心目中的美好世界叫"乐土"，最早见于中国第一部诗歌总集《诗经·魏风·硕鼠》："逝将去女，适彼乐土。乐土乐土，爰得我所。"奴隶们饱受不劳而获的奴隶主剥削，向往安居乐业、不受剥削的人间"乐土"。

中古特别是东晋以后，干戈不绝，民不聊生，人生漂泊如"转蓬"，道教嵌入上层社会，文人将"乐土"换成"桃源"仙境，出现了以下两个桃源。

东晋刘宋之交的陶渊明《桃花源记》中的桃源和刘义庆《幽明录·刘晨阮肇》出现了另一桃源，刘阮入山遇仙结为夫妇更多地出现在诗歌中，而陶渊明笔下的桃花源，是诗化了的田园，成为园林主人心向往之的理想意境。

桃花源里的远人村、墟里烟、狗吠、鸡鸣、草屋、榆柳、桃李，无不恬美静穆、诗意盎然；那里"有良田美池桑竹之属"；"黄发垂髫，并怡然自乐"；耕读生活也美：南山种豆、带月荷锄、夕露沾衣，高洁而惬意；与邻居的友情更美，更淳朴:"日入相与归,壶浆劳近邻""过门更相呼,有酒斟酌之"……

桃花源里洗去人间的纷争,没有外界的干扰,只有大自然的宁静。人们在那里欣赏着、陶醉着,与大自然融为一体,"诗书敦宿好,林园无世情"! 这是一方未被世俗污染的纯洁乐土!

后之弗屑为世用者,往往托桃源以自表。早在宋代绍定年间,性好闲雅的儒学提举陆大猷见贾似道当国,国事日非,遂致仕归,在吴江芦墟来秀里筑园径名"桃花源","村郊遍植桃树",中有"翠岩亭""嘉树堂""钓鱼所""乐潜丈室"等胜。奇峰怪石,屏障左右,名卉修竹,映照流水。今仍有"桃园"小地名。

元代常熟虞山有桃源小隐,此后,以桃源立意者屡见不鲜,如桃花庵、桃花仙馆、桃浪馆、小桃坞、桃源山庄等园名。

《桃花源记》写武陵人因"渔"遂"缘溪行",专心于"渔"遂"忘路之远近",遂意外地"忽逢桃花林",使渔人"甚异之",一异蓦然出现的桃林,二异"芳草鲜美,落英缤纷"的幽雅之景,激发了"欲穷其林"的愿望,当"林尽水源"之时,似乎是"山穷水尽疑无路",却又"便得一山,山有小口,仿佛若有光","光"再次导引渔人舍船"从口入,初极狭,才通人,复行数十步,豁然开朗",经过四个转折,悬念迭起,逐层递进,一切似乎都超出寻常蹊径,建构起一个别具出尘之姿的人间仙境。正符合园林山、水、花木、建筑等景物组合中的韵律变化特征,并成为中国园林障景创作的基本原理,为园林创作桃花源意境的蓝图。

明代王献臣失意回乡,虽有感于西晋潘岳《闲居赋·序》:"庶浮云之志,筑室种树,逍遥自得,池沼足以渔钓,春税足以代耕;灌园鬻蔬,以供朝夕之膳;牧羊酤酪,以俟伏腊之费,'孝乎唯孝,友于兄弟',此亦拙者之为政也。"[①]将"拙""巧"喻从政之穷达,实际指不会巴结逢迎于官场,与巧伪逢迎、钻营谄媚相对,是陶渊明的"守拙归园田"。至今中部入口处还保留着武陵渔人偶得桃花源的空间构图。

旧园门设在住宅界墙间窄巷的一端。进入旧园门,走进夹道,只见两旁界墙高耸,夹道曲折迤逦,不见尽头,良久,始见一腰门,步入腰门,纵横拱立在游人眼前的,却是一座峻奇刚挺的黄石假山,挡住了游人视线。走近假山,见山有小口,幽邃可通人。进入石洞曲折摸索前行,须臾,即见洞口有光,循光而行,即出石洞,始见小池石桥,主厅远香堂回抱于山池之间。走近远香堂,明窗四面,眼前豁然开朗,茂林碧池,亭榭台阁,环列于前,恰似武陵渔人初见桃花源的情景,深得王献臣之初衷。

明末王心一的归田园居,直接用陶渊明《归园田居》诗意明园,并写五首《归园田居》和陶诗。而且,入园亦有意仿效武陵渔人:园内联璧"峰之下有洞,曰'小桃源',内有石床、石乳。……余性不耐烦,家居不免人事应酬,如苦秦法,步游入洞,如渔郎入桃

① (明) 文徵明:《王氏拙政园记》,见王稼句编注《苏州园林历代文钞》,上海三联书店2008年版,第39页。

图 3-1 山有小口，幽邃可通人（拙政园中部入口）

花源，见桑麻鸡犬，别成世界，故以'小桃源'名之。"①

今留园北部"小桃坞"、西部"之"字形小溪及"缘溪行"砖额，俨如《桃花源记》理想的再现。

陶渊明的"人生境界"也成为文人园林范式，最突出的是陶渊明《五柳先生传》，以五柳先生自况：那位"宅边有五柳树，因以为号"的五柳先生，就是陶渊明的自况，他"闲静少言，不慕荣利。好读书，不求甚解；每有会意，便欣然忘食。性嗜酒，家贫，不能常得。亲旧知其如此，或置酒而招之。造饮辄尽，期在必醉。既醉而退，曾不吝情去留。环堵萧然，不蔽风日；短褐穿结，箪瓢屡空，晏如也！常著文章自娱，颇示己志。忘怀得失，以此自终。"

由此，这位与世俗格格不入、"不戚戚于贫贱，不汲汲于富贵"的隐逸高人形象，神情毕现！五柳先生遂成为寄托中国古代士大夫理想的人物形象。

今拙政园故址在北宋为山阴丞胡稷言的五柳堂，蔬圃凿池为生。其子胡峄，取杜甫"宅舍如荒村"诗意，改名"如村"，后用"五柳堂"作为堂名的很多，如以"五柳堂"名用于收藏书画等，又如陶行知弃官归田，在黄潭源村建起"五柳堂"，开始了耕读一体的传世家风。胡峄在太仓又建五柳园，内有如村轩。

清代苏州饮马桥畔清状元石韫玉的五柳园，原址为康熙翰林学士何焯的"赉砚斋"，池畔有五柳，石韫玉更其名为五柳园，"颇

① （明）王心一：《归田园居记》，见王稼句编注《苏州园林历代文钞》，上海三联书店 2008 年版，第 46 页。

具泉石之胜，城市之中而有郊野之观，诚养神之胜地也。有天然之声籁，抑扬顿挫，荡漾余之耳边。群鸟嘤鸣林间时，所发之断断续续声，微风振动树叶时，所发之沙沙簌簌声，和清溪细流流出时，所发之潺潺淙淙声。余泰然仰卧于青葱可爱之草地上，眼望蔚蓝澄澈之穹苍，真是一幅绝妙画图也。以视拙政园一喧一静，真远胜之。"[1]

袁行霈先生在其《中国文学史》一书中说，陶渊明"连同他的作品一起，为后世的士大夫筑了一个'巢'，一个精神的家园。一方面可以掩护他们与虚伪、丑恶划清界限，另一方面也可使他们得以休息和逃避。他们对陶渊明的强烈认同感，使陶渊明成为一个永不令人生厌的话题"。[2]这成为苏州园林景境构成的重要文学依据。

明末山东莱阳姜埰侨寓于药圃，改名为"艺圃"，艺，即植，寓隐居归耕之思，他在此读书艺花三十年，园中原有"南村"一景，清代宋荦有"缅彼荷锄翁，春风事南亩"的诗句。

清代的涉园，取陶渊明的"园日涉以成趣"句意，言归园田居之乐。

沈秉成增其筑后改名"耦园"。两人协同并耕为耦耕，语出《论语·微子》篇，篇中有"长沮、桀溺耦而耕"的描写。耦耕者为春秋隐士。耦，既释为两人并耕，已经含"耦"意，其音又与"偶"音谐，故"耦"亦即"偶"也，耦园者，夫妇双双归隐并耕之意也，沈秉成早就向往与妻子"偕隐""耦耕"，"空明冰抱一壶清，一樽相对话归耕"，这是此园主题之"真意"所在。园内有"无俗韵轩"，取陶渊明"少无适俗韵，性本爱丘山"名，"吾爱庐"，"吾亦爱吾庐"。

宋处士章宪的复轩，以慕古尚贤为意，章宪自记曰："谓茸先人之轩，治东庑之轩，以贮经史百氏之书，名之曰复，以警其学。其后圃，又有清旷堂、咏归、清閟、遐观三亭"，章宪对亭轩的命名各以一诗以咏，阐发了景的意境：《清旷堂》："吾慕仲公理（汉仲长统），卜居乐清旷。"《咏归亭》："吾慕曾夫子（参），舍瑟言所志。"《清閟（亭）》："吾慕韩昌黎，文章妙百世。"《遐观亭》："吾慕陶靖节，处约而平宽。"[3]

常熟的"东皋草堂""三径小隐"等主题园，都直接取意于《归去来兮辞》，其他如小隐亭、小隐堂、乐隐园、丘南小隐、安隐、招隐园、招隐堂等不绝于史，园内景境取意于此的更多，如留园西部山上的"舒啸亭"则取陶渊明《归去来兮辞》中"登东皋以舒啸"句意，写陶渊明弃官归田后自我陶醉的一种方式。

狮子林五松园砖刻"怡颜""悦话"，则取"庭柯以怡颜""悦亲戚之情话"，等等。

陶渊明的躬耕读书生活也颇令人神往，他"晨兴理荒秽，带月荷锄归"（《归园田居》之三）；"群鸟欣有托，吾亦爱吾庐。既

① （清）沈复：《浮生六记·养生记道》卷6（此卷为伪）。

② 袁行霈：《中国文学史》第二卷，高等教育出版社1999年版，第70页。

③ （宋）范成大：《吴郡志》，江苏古籍出版社1985年版，第197页。

耕且已种，时还读我书"。(《读山海经》其一)

姑苏园林多吾爱庐、耕读斋、耕乐堂、耕学斋、还我读书处、还读书斋、耕学斋等景境。

那首《饮酒》(其五)诗，更是如金元好问《论诗绝句》所说"一语天然万古新，豪华落尽见真淳"：

> 结庐在人境，而无车马喧。问君何能尔？心远地自偏。采菊东篱下，悠然见南山。山气日夕佳，飞鸟相与还。此中有真意，欲辨已忘言。

"结庐在人境，而无车马喧"，与城市山林的环境相似，"心远"就不必"地偏"，即使去深山隐居，还有"心存魏阙"或者借以为"终南捷径"的假隐士。"采菊东篱下，悠然见南山"，偶一举首，心与山悠然相会，自身仿佛与南山融为一体了。日夕佳的山气、相与还的飞鸟，其中蕴藏着如清初王士祯《古学千金谱》所说的人生真谛：

> 篱有菊则采之，采过则已，吾心无菊。忽悠然而见南山，日夕而见山气之佳，以悦鸟性，与之往还。山花人鸟，偶然相对，一片化机，天真自具。既无名象，不落言诠，其谁辨之。

苏州园林有"见南山园""见山楼"，皆取"采菊东篱下，悠然见南山"诗句意境，人境庐、夕佳亭(楼)也屡见不鲜。

二、摇首出红尘

唐宋文人向以事渔为隐，"眼里数闲人，只有钓翁潇洒"，因为他"摇首出红尘"，恶风浪不怕，文人们参透了世态炎凉以后，要"卷却诗书上钓船，身被蓑笠执鱼竿"，一蓑烟雨任平生，反映了文人那种超然、淡然和泰然的高远襟怀。苏州沧浪亭和网师园都反映了这一思想。

苏舜钦既有如屈原般忠而被谤、无罪被黜的遭遇，自然对渔父之歌产生了思想共鸣，他可以"潇洒太湖岸"，"迹与豺狼远，心随鱼鸟闲"。构亭北碕，号"沧浪"焉"。沧浪，取意《楚辞·渔父》的《沧浪之歌》："沧浪之水清兮，可以濯我缨；沧浪之水浊兮，可以濯我足！"隐归江湖的高人沧浪渔父见到屈原忠而被谤，流放泽畔，脸色憔悴，形容枯槁，劝其随世沉浮，濯缨濯足、进退自如。

此地"前竹后水，水之阳，又竹无穷极。澄川翠干，光影会阁于户轩之间，尤与风月为相宜"，有曲池高台："聊上危台四望中"；有石桥："独绕虚亭步石矼"；有斋馆："山蝉带响穿疏户，野蔓盘青入破窗"；有观鱼处："瑟瑟清波见戏鳞"。苏舜钦"时榜小舟，幅巾以往，至则洒然忘其归。舣而浩歌，踞而仰啸，野老不至，鱼鸟共乐"[①]。

南宋侍郎史正志亦以渔钓精神立意，在平江城建堂筑圃，命名花园为"渔隐"，自号乐闲居士、柳溪钓翁、吴门老圃，意谓可借滉漾夺目的山光水色，寄寓林泉烟霞之志、隐居自晦。

清乾隆年间，园归光禄寺少卿宋宗元。宗元退隐，托"渔隐"之原意，自比渔人。遂以"网师"颜其园，网师即渔翁，渔翁是隐栖江湖的高士的代称。

拙政园小沧浪，为明代拙政园三十一景之一，袭北宋苏舜钦之亭名。文徵明《拙政园图咏·序》云：

> 园有积水，横亘数亩，类苏子美沧浪池，因筑亭其中，曰小沧浪。昔子美自汴都徙吴，君亦还自北都，踪迹相似，故袭其名。

并作诗云：

> 偶傍沧浪构小亭，依然绿水绕虚楹。
> 岂无风月供垂钓，亦有儿童唱濯缨。
> 满地江湖聊寄兴，百年鱼鸟已忘情。
> 舜钦已矣杜陵远，一段幽踪谁与争？

网师园通往小山丛桂轩西南小山的爬山廊名"樵风径"，用的是南朝宋时孔灵符《会稽记》中郑弘的典故：射的山之南有座白鹤山，山上白鹤专为仙人取箭。汉太尉隐居时，曾经在上山打柴的时候，拾到一支仙人失落的箭。过了一会儿，见有人来找，郑弘就把箭还给了他。来人问郑弘想要什么，郑心知其为神人，就说："常常苦于在若邪溪中运柴，但愿早上刮南风、晚上刮北风。"人称若邪溪风为"郑公风"，也称"樵风"，并名其地为"樵风径"，后以寓隐者采薪所经行之地。唐代宋之问《游禹穴回出石邪》诗云："归舟何虑晚，日暮有樵风。"此地为高低曲折的爬山走廊，漫步廊间，东望小山丛桂轩，庭院中老树浓荫，东南黄石云岗，极富野趣，确能给人以"林荫初出莺歌，山曲忽闻樵唱"的联想。

渔樵耕读也是苏州园林重要的装饰题材。

[①]（宋）苏舜钦沧浪亭诗歌，均见《苏舜钦集编年校注》，巴蜀书社1991年版。

中国人的文化上永远留着庄子的烙印，园林中亦处处可见庄子的身影。

拥翠山庄"抱瓮轩"，用《庄子·天地》典故，说的是孔子弟子子贡游楚返晋过汉阴时，见一位老人一次又一次地抱瓮浇菜，"搰搰然用力甚多而见功寡"，就建议他用机械汲水。老人不愿意，并说，这样做了，为人就会有机心，"吾非不知，羞而不为也"。"抱瓮灌园"也就是喻示摈弃机心、安于拙陋的淳朴生活，以获得"心闲游天云"的自由感，所以，王安石也要"抱瓮区区老此身"。明代梁辰鱼《浣纱记·谈义》："投竿垂饵，晦幽蹟于渭滨；抱瓮灌园，绝机心于汉渚。"亦省作"抱瓮"。《初学记》卷七引晋孙楚《井赋》："抱瓮而汲，不设机引，绝彼淫饰，安此璞慎。""抱瓮灌园"成为成语。

士大夫始终追怀那理想中的"遂古之初"，远古，即上古。遂其初愿，即去官隐居，呼唤上古时代的那种淳厚真朴的民风的回归。孙绰博学善属文，少与高阳许询俱有高尚之志。居于会稽，游放山水，十有余年，乃作《遂初赋》以致其意。刘孝标注中摘录的《遂初赋叙》云："余少慕老庄之道，仰其风流久矣。却感於陵贤妻之言，怅然悟之。乃经始东山，建五亩之宅，带长阜，倚茂林，孰与坐华幕击钟鼓者同年而语其乐哉！"可见，遂初，是"遂其初愿"的意思，也就是孙绰早年隐居山林的初愿。

苏州的遂初园是康熙年间的苏州名园，也是《姑苏繁华图》上的园林。该

图 3-2　抱瓮灌园（拥翠山庄·抱瓮轩）

园占地 25 亩左右，"楼阁亭榭台馆轩舫连缀相望……嘉花名卉、四方珍异之产咸萃园。……予尝与客往游，经邃室，循修廊，西折而西南者为拂尘书屋，深静闲敞，林阴如幄，如休坐宜。经桂丛北迤，有亭翼然，俯临清流，为掬月亭，倒涵天空，影摇几席，于玩月宜……"①

"守璞"，就是恪守质朴，反对镂金错彩，园则因自然之园圃，不求豪侈，休闲容膝，足便野性，于是，崇尚古雅成为晚明苏州文人审美的时代潮流，万历五年进士王士性《广志绎》说：

> 姑苏人聪慧好古，亦善仿古法为之，……斋头清玩，几案床榻，近皆以紫檀、花梨为尚，尚古朴不尚雕镂，即物有雕镂，亦皆商周秦汉之式，海内僻远皆效尤之，此亦嘉、隆、万三朝为始盛。

明士大夫清流的杰出代表文震亨更是"随方制象，各有所宜，宁古无时，宁朴无巧，宁俭无俗，至于萧疏雅洁，又本性非强作解事者所得轻议矣"②。认为古雅之物，质朴无文，雕缋满目则俗。

文震亨《长物志》中对镜的记述："光背质厚无文者为上。"质，为质朴、本性、本质之意；文，是相对于质的饰。"今人制作，徒取雕绘文饰，以悦俗眼，而古制荡然，令人慨叹实深"③ "精于物者以物物，精于道者兼物物"。

《长物志》中对几榻的描述："古人制几榻……必古雅可爱，又坐卧依凭，无所不适……今人制作徒取雕绘纹饰，以悦俗眼，而古制荡然，令人慨叹实深。"

"厚质无文"与"初发芙蓉、自然可爱"之美的审美取向是一致的，继承了自先秦以来，由庄子"无物累"和荀子"重己役物"的工艺思想发展而来的"不为物役"的理想品格，即用一种理性的从属于伦理道德规范的内省功夫来成就某种人格，确立人在物质世界中的主体地位，物为人所用，为人所役使，进而消除物役。这也是一种独立的人格建树和精神追求。

无论是文房四宝、清赏器具还是日用杂器、室内陈设等都追求素净雅洁的风格，明式家具就是这样一种简洁、宁静、清秀、自然的美学风格的集大成者，也正是这种特定的审美理想，使文人士大夫们不爱金玉之卮，而喜土瓮瓦砚，进而把古雅平淡之美与真善相联，将审美理想导向人格道德的升华。这种对古朴、古雅、古制的追求与明代士大夫文人典雅的风范相得益彰。

---

① （清）沈德潜：《遂初园记》，见王稼句编注《苏州园林历代文钞》，上海三联书店 2008 年版，第 148 页。

② （明）文震亨：《长物志卷 1·室庐》。

③ （明）文震亨：《长物志卷 6·几榻》。

第三节

圣贤人格

　　洒落适性的"曾点之性"和甘守清贫的"孔颜之乐"铸合成苏州士大夫文人追求的"圣贤人格"。

　　其文化品格的主要特征是：尊重个体自由意志的精神，重视自我生命价值的实现，追求艺术化的人生形式，以玩赏为主要意识特征，以艳丽词章和书画的创作为重要的文字表征；随性适情，尤其是情感的需求，表现出强烈的个性特征。追求"孔颜之乐""曾点之性"，"甘守清贫，力行克己；厌观流俗，奋勉修身"（留园又一村对联），达到《荀子·修身》所说的，"以修身自名则配尧、禹"。

一、曾点之性

　　所谓"曾点之性"，典出《论语》"侍坐"中，孔子让弟子们"各言其志"，子路、冉求和公西华三人都规规于事，曾点却与之气象不侔："莫春者，春服既成，冠者五六人，童子六七人，浴乎沂，风乎舞雩，咏而归。"于是，"夫子喟然叹曰：'吾与点也！'"

　　宋代理学家朱熹赞"其胸次悠然，直与天地万物上下同流"！反对道学家"兢兢业业"的敬畏人生模式的明王阳明，更激赏曾点的"狂者胸次"："铿然舍瑟春风里，点也虽狂得我情。"[①]

　　曾点的"狂者胸次"，反映了他重视主体的生命价值、追求洒落适性的人生态度，正是心性修养的最高境界。

　　早在明初，苏州俞贞木在石涧书隐增筑"咏春斋"，自作《咏春斋记》，以效仿曾点之人生态度：

---

① （明）钱德洪：《刻文录叙说》，见《王阳明全集》卷41，吴光等编校，上海古籍出版社1995年，第1576页。

> ……升于堂之阶，客主人拜稽首，琚珩璀如，跪起晔如，为席坐东西，条风时如水来，煦客而燠体，冲然有融乎心焉。先生乃援瑟鼓之，为之赋《考槃》，客曰："裕哉，其顺处乎。"赋《伐木》，曰："谅哉其同人乎！"赋《旱麓》之三章，曰："道其全矣，夫不囿乎人，游乎天！"瑟且希，客起再拜，且觞以颂之曰："维本始之既萌，翕辟细缊，或磅礴以地，或浑沦而天，橐钥众万，芸芸纷纷，骞而于云，泳而于川，何物何我，陶然一春。弁而五六士，卯而六七人、浴

沂以嬉，风雩以归，而音泭泭而乐怡怡，匪列御御风、匪周观鱼，造物者为徒，而曾皙之与居。舍曰咏春，其曷以名先生之斋庐者哉！"①

显然，"咏春"之命意，实即曾皙之志。至明中叶以后，"本朝宪、孝之间，世运熙洽，海内日兴于艺文，而是邦（吴）尤称多士"②，"吴中自（祝）枝山辈以放诞不羁为世所指目，而文才轻艳，倾动流辈，传说者增益而附丽之，往往出名教外。"③清代赵翼亦说明代中叶苏州才士有傲诞之习④。

"成、弘之间，吴文定（宽）、王文恪（鏊）遂持海内文柄，同时杨君谦、都玄敬（穆）、祝希哲，仕不大显，而文章奕奕在人"⑤，他们"负隽声，饶艳藻"⑥。

所谓"傲诞之习"，有魏晋风流的余绪，自称"有狂"的莫过于唐寅了，唐寅受科场"被作弊"的迫害，饱经世态炎凉，因而开始蔑视和对抗科举、权势、荣名等封建社会所尊奉的价值体系，绝意仕途，并有意识地强化了自己的"狂诞"。他在苏州城北宋人章庄简废园址上，"筑室桃花坞中，读书灌园，家无担石，而客尝满坐"⑦，祝允明也说："治圃舍北桃花坞，日盘饮其中，客来便共饮，去不问，醉便颓寝。"⑧有学圃堂、梦墨亭、竹溪亭、蚊蝶斋等。那里"清溪诘曲频回棹，矮屋虚明浅送杯。生计城东三亩菜，吟怀墙角一株梅"⑨。他"鬻书画以自存"，虽然生活清苦："风雨浃旬，厨烟不继，涤砚吮笔，萧条若僧"，甚至"十朝风雨若昏迷，八口妻孥并告饥。信是老天戏弄我，无人来买扇头诗"。但他理直气壮地说："不炼金丹不坐禅，不为商贾不种田。闲来写幅丹青卖，不使人间造孽钱。"自称"此生甘分老吴阊，宠辱都无剩有狂"！

明末清初金人瑞也是自以为"狂"的一位苏州才子，他取"圣叹"自号，"《论语》有两喟然叹曰，在颜渊为叹圣，在与点则为圣叹。此先生自以为狂也"⑩！他在《王子文生日》诗中说："曾点行春春服好，陶潜饮酒酒人亲。"显然，曾点、陶潜同为人生楷模，着眼点亦在洒落适性上。

"狂士"自有性格遭际诸原因，但曾点的洒落适性却是包括追求"雅正"的苏州文士的共同理想。他们将园林营造成"适志""自得"的生活空间，有的还直接以"适"命园。如明代王鏊弟筑"且适园"、侄筑"从适园"，王鏊自己说：

予世无所好，独观山水园林，花竹鱼鸟，予乐也。昔官京师，作园焉，日小

王鏊在京城筑园仅"小适"，回苏州东山筑园，林泉之心愿始得满足，故园名

① （明）钱谷：《吴都文粹续集》卷十八，见王稼句编注《苏州园林历代文钞》，上海三联书店2008年，第26-27页。

② （明）陆粲：《仙华集后序》，见陆粲《陆子余集》卷1。

③ 《明史》卷286《文苑二·徐祯卿附桑悦传》。

④ （清）赵翼：《廿二史札记》卷34《明中叶才士傲诞之习》。

⑤ （清）钱谦益：《列朝诗集小传》丙集《蔡孔目羽》。

⑥ （明）沈德符：《万历野获编补遗》卷4《著述·祝唐二赋》。

⑦ （明）袁褧：《唐伯虎集序》，见《吴都文粹续集》卷51。

⑧ （明）祝允明：《唐子畏墓志并铭》，见《怀星堂集》卷17。

⑨ （明）王鏊：《过子畏别业》。

⑩ （清）赵时揖：《第四才子书·评选杜诗总识》。

适。今自内阁告归，又筑园焉，曰真适。至是始足吾好焉耳。① "真适"。有"苍玉亭""湖光阁""款月台""寒翠亭""香雪林""鸣玉涧""玉带桥""舞鹤衢""来禽圃""芙蓉岸""涤砚池""蔬畦""菊径""稻塍""太湖石""莫厘蟆"等 16 景，都以湖光山色、风月禽鸟、稻蔬花木成景。写诗曰："家住东山归去来，十年波浪与尘埃""黄扉紫阁辞三事，白石清泉作四邻"，过着"十年林下无羁绊，吴山吴水饱探玩……清泉一脉甘且寒，肝肺尘埃得湔浣"的生活。

清代袁学澜筑"适园"，自撰《适园记》写其所适：

> 昔张季鹰为东曹掾，思吴中鲈脍莼羹，慨然谓人生贵适意耳，遂挂冠归隐江东，后人慕其节，侪以三高之列。盖朝庙多高危之虑，丘园足畅遂之情，自惟托迹衡泌，宅志淡泊，为能适其身心。

> ……吴淞江环其东南，逆流入村，西向北注柘湖，形家指为旺流聚秀，故居民多习勤向学，利乐农桑，无饥驱徭役之苦，有鱼米虾菜之饶，诚所谓闲适之乡也。

> ……居中有堂，曰静春别墅，层轩广敞，冬燠夏凉，可以适居。堂之左右有崇阁二，东曰望春，西曰蒒香，于此登望，波光镜天，人烟匝里，遥村远树，贾帆渔网，平原清旷，足以适目。阁之前有亭翼如，曰漱芳，嘉木夹荫，下临清池，风栏水槛，坐观鱼乐，可以适性。有曲室数椽，蠡窗明亮，曰吒是非斋，潇晨雨夕，焚香弦诵，可以适心。又有云廊香径，可以适步，月台可以适眺；蕉窗映绿，有听雨之适；半舫容榻，有睡梦之适。……村居事简，俗尘罕接，凡起居食息，吟咏游览，胥在于是，盖无往不适，因总名之曰适园。

> ……无升沉之感，绝恔求之心，优哉游哉，自适其适，殆无时不适，将期与道大适焉，则诚无羡乎世人之所谓适矣！②

逍遥林泉，俯仰眺听而自适其适。

二、孔颜之乐

"孔颜之乐"是苏州士大夫向往的"内圣"境界：也是典出《论语》两则。《论语·述而》："子曰：'饭疏食，饮水，曲肱而枕之，乐亦在其中矣。不义而富且贵，于我如浮云。'"

《论语·雍也》篇："子曰：'贤哉回也，一箪食，一瓢饮，在

---

① （明）王鏊：《且适园记》，见《震泽集》卷 16。

② （清）袁学澜：《适园古文》稿卷下，第 82-83 页。

陋巷，人不堪其忧，回也不改其乐。贤哉回也。'"。

明创建"心学"、倡"知行合一"的哲人王守仁认为"孔颜之乐"是每个人心中自然、自有之乐，是"心"原本具有状态，是情与"性"即"良知"合一的境界。留园辟"别有天"以示武陵渔人发现的桃花源，就以"活泼泼地"起首，展现王守仁"鸢飞鱼跃""无一夫不得其所""万物各得其所"的境界。

究"孔颜之乐"的内容，实际上就是网师园山水园门宕额"可以栖迟"的境界，出自《诗经·国风·陈风·衡门》："衡门之下，可以栖迟。泌之洋洋，可以乐（疗）饥。岂其食鱼，必河之鲂！岂其取妻，必齐之姜！岂其食鱼，必河之鲤！岂其取妻，必宋之子！"言居处、饮食都不嫌简陋，娶妻也不求高门大户，安贫寡欲。宋朱熹传曰："此隐居自乐而无求者之词。言衡门虽浅陋，然亦可以游息。"反映了以农立国的中国重义轻利的文化性格，追求安定，重视义务，轻视权利，《老子》："祸莫大于不知足，咎莫大于欲得，故知足之足常足矣。"老子《道德经》第四十四章："知足不辱，知止不殆，可以长久。"意思是知道满足就不会受到侮辱，知道适可而止就不会遇到危险，这样才能长久得到平安。

知足则是一种理性思维后的达观与开拓，是一种良好的心理状态，也是一种崇高的思想境界和道德修养。正如苏格拉底指出的，当我们为奢侈的生活而疲于奔波的时候，幸福的生活已经离我们越来越远了。做人要知足，做事要知不足，做学问要不知足。陶渊明的"采菊东篱下，悠然见南山"，尽显知足常乐的悠然；沈复的"老天待我至为厚矣"，表达着知足常乐的真情实感。明末王思任"盆蓄渊明之菊无其园，庭植观复之梅无其阜。闲居有《百咏》，无字不笑，无字不欢"形象地阐述了这一境界。

美学家李泽厚曾说，从汉字、汉语、毛笔等艺术载体开始，就奠定了中国人重精神轻物质、想象大于感觉的心理特征，也培养了士大夫们知足的文化心理。于是，标举寡欲、容膝自安，就成为苏州园林立意构景的重要思想，士大夫们升乎高以观气象，俯乎渊以窥泳游，熙熙攘攘，中有自得，培养云水风度、松柏精神，"往日繁华，烟云忽过，趁兹美景

图 3-3 可以栖迟（网师园山水园入口门宕额）

良辰，且安排剪竹寻泉，看花索句"（怡园联）。清代苏州灵岩山的"乐（疗）饥园"即以《诗经·国风·陈风·衡门》立意。宋代胡峰取杜甫诗中"宅舍如荒村"之句，名其园林为"如村"。

嘉靖六年（1527），文徵明辞官在停云馆之东拓展一如玉磬形的书堂玉磬山房，他自赏自乐，觉得"精庐结构敞虚明，曲折中如玉磬成"，"曲房平向广堂分，壁立端如礼器陈"。"横窗偃曲带修垣，一室都来斗样宽。谁信曲肱能自乐，我知容膝易为安"。[①] 仅为斗样宽的容膝之所，"树两桐于庭，日徘徊啸咏其中，人望之若神仙焉"[②]。

老庄哲学更是大行其道：

例如，尧让天下与许由，许由曰"鹪鹩巢于深林，不过一枝；偃鼠饮河，不过满腹"[③]，意思是鹪鹩在深林里筑巢，不过占有一根树枝；鼹鼠到大河里喝水，不过喝满一肚皮，揭示了一条颠扑不灭的生活真理，所以，"一枝园""半枝园"为苏州园林园名所乐用。如明昆山顾氏别业取其意名"一枝园"；清昆山西关外，王喆修"半枝园"；吴江城北门外徐氏园有"一枝园"；苏州枫桥也有"一枝园"，段玉裁曾寄居于此，中有"经韵楼"等。

昆山马玉麟"鹦适园"，则自比笑鲲鹏抟扶摇羊角而上者九万里，且适南冥的"斥鷃"，"斥鷃笑之曰：'彼且奚适也？我腾跃而上，不过数仞而下，翱翔蓬蒿之间，此亦飞之至也。而彼且奚适也！'"

宋中书舍人程俱于吴茸小屋，号蜗庐，程俱《迁居蜗庐》诗曰："不作大耳儿，闭关种园蔬。茅檐接环堵，无地可灌锄。不作下扫翁，一室谢扫除。"言自己不学当年刘备在下处种菜，以掩盖争夺天下的英雄本色；也没有陈蕃"扫天下"之志。而是"有舍仅容膝，有门不容车""坐视蛮触战，兼忘糟粕书"，取义《庄子》"蜗角之争"寓言：特指其"小"和"陋"。园中有常寂光室、胜义斋，"蜗庐却喜通幽径，岸帻时来一啸长"。蜗庐后隙地，种植竹、菊、凤仙、鸡冠、红苋、芭蕉、水〔冬〕青等。

晚清朴学大师俞樾的书斋花园曲园，"一曲而已，强被园名，聊以自娱者也……用卫公子荆法，以一'苟'字为之……世之所谓园者，高高下下，广袤数十亩，以吾园方之，勺水耳、卷石耳。惟余本窭人，半生赁庑。兹园虽小，成之维艰。传曰：'小人务其小者'，取足自娱，大小固弗论也。"[④] "卷石与勺水，聊复供流连"，也已足矣。俞樾将主厅颜"乐知堂"，也即此意。

苏州的两个"半园"，都有知足不求全之意，清吴云为南半园题联说："园虽得半，身有余闲，便觉天空海阔；事不求全，心常知足，自然气静神怡。"

清尤侗的"亦园"、民国吴待秋的"残粒园"、绠园、半茧园

① （明）文徵明：《玉磬山房》诗，见《文氏五家集》卷6。

② （明）文嘉：《先君行略》文，附录于《甫田集》卷36。

③ 《庄子·逍遥游》。

④ （清）俞樾：《曲园记》，见王稼句编注《苏州园林历代文钞》，上海三联书店2008年版，第128页。

图 3-4　乐天知命，故不忧（曲园·乐知堂）

等，都标榜寡欲薄利。清代朱琦写《可园记》曰：

> 园之堂，深广可容；堂前池水，清洁可绝，故颜堂曰艳清；池
> 亩许，蓄倏鱼可观，兼可种荷，缘崖磊石可憩，左平台临池
> 可钓，右亭作舟形曰坐春舫，可风，可观月，四周廊庑可步，
> 出廊数武屋三楹，冬日可延客，曰濯缨处。旧园外隔溪即沧
> 浪亭，故援孺子之歌，可以濯缨也。……或曰："世之置园者
> 率务侈，曲榭崇楼，奇花美木，不可殚状，而今殊朴略，谓
> 之园，可乎？"余曰："可哉，园固以可名也。"①

诚如清初沈德潜所说："林园景物，亦寄意而已，而人世之侈靡相高，徒有
羡于'金谷''铜池'之华者，为足陋也！"②

三、清雅自守

鹤在中华文化意识领域中，是含蕴丰富的美的意象和文化符
号。战国以后中国古代神话或传说中的动物开始仙化，道教盛行
以后，鹤成为"伟胎化之仙禽"，它行迹不凡，"朝戏于芝田，夕

① （清）朱琦写：《可园记》，见
王稼句编注《苏州园林历代文
钞》，上海三联书店 2008 年，
第 17 页。
② （清）沈德潜：《遂初园记》，
见《吴县志》卷 39 上。

饮乎瑶池"①，"芝田"乃是居住在海中仙山"钟山"上的地仙所耕种的地，上种仙芝草，瑶池是天池，鹤往来于天堂和地仙之间。

仙道人物与鹤为侣。"客有鹤上仙，飞飞凌太清"②，"鹤上人""鹤上仙"成为仙人别称。仙人的行列称"鹤班"，仙道者的体质称"鹤质"，信息为"鹤信"，气质为"鹤目"，骨相为"鹤肩""鹤骨"，声音为"鹤音"，甚至所居的山也叫"鹤岭"，吃的口粮叫"鹤粮"，仙姿叫"鹤态"，所穿道服为"鹤裘"，羽化时遗下的躯壳为"鹤蜕"……

道徒们都修道养鹤，苏州虎丘有清远道士养鹤涧。道观都雕饰仙鹤图案，"鹤驾""鹤辔"成为仙人车驾的泛称，吉祥图案中的寿仙都骑着白鹤，驾着云头翩翩而至。女仙麻姑肩荷盛着蟠桃的花篮，与仙鹤同行，去赴西王母的寿宴。

道教称修道精诚者可化鹤，有苏仙公成仙化鹤、丁令威千年后辽城鹤化飞归、赵惠守修道成仙化鹤而去等传说；传说中仙鹤居然也能幻化成人，如前文所说，会稽射的山之南的白鹤山上有专为仙人取箭的白鹤。汉太尉郑弘隐居时，在山上打柴曾经拾到一支仙人失落的箭，白鹤便化成人向弘讨还遗箭。

鹤的寿命可达五十至六十年，是鸟类家族的寿禽。《淮南子·说林训》有"鹤寿千岁，以极其游"之说，浮丘公《相鹤经》则称其"寿不可量"。鹤作为长寿符号，美丽优雅的丹顶鹤"徐引竹间步，远含云外情"。神姿仙态的仙鹤，成为体现中华文化闲雅自在生命情韵的艺术符号，流韵千载，香远益清。

《诗经》有"鹤鸣于九皋，声闻于野""声闻于天"之句。"为物清远闲放，超然于尘埃之外，故《易》《诗》人以比贤人君子、隐德之士"。后以"鹤鸣之士"指有才德声望的隐士。

宋代赵抃号铁面御史，一生刚直，为官清廉，以琴鹤为友，两袖清风。任成都转运使，到官时，随身只带一七弦琴一丹顶鹤。后人用"一琴一鹤"称颂为官刑清政简、廉正不阿，也用以称颂品德高尚者。

"紫气青霞，鹤声送来枕上"④"竹里通幽，松寮隐僻；送涛声而郁郁，起鹤舞而翩翩"⑤，鹤声和舞姿又象征着园林清幽的境界。鹤在举翼投足之间，引颈婉鸣之际，闲逸而优雅，几乎成为山林嘉遁、市隐幽人的化身：隐居不仕为"鹤寝"、隐居之家的炊烟称"鹤烟"、隐逸者的伴侣为"鹤辈"……雅尚《庄子》《老子》，集名士与高僧于一体的东晋支道林，神悟机发，自然超迈，支公好鹤，有人送给他两只鹤，"少时翅长欲飞，支意惜之，乃铩其翮。鹤轩翥不复能飞，乃反顾翅，垂头视之，如有懊丧意。林曰：'既有凌霄之姿，何肯为人作耳目近玩？'养令翮成置，使飞去"⑥，支道林本来剪去了鹤的翅膀，不让它飞走，后来发现鹤有"凌霄之姿"，不甘当人宠物，所以，又让鹤长好羽毛，放归大自然，任

① （南朝·宋）鲍照：《舞鹤赋》，见《初学记》卷30。

② （唐）李白：《古风》之七。

③ 《后汉书·郑弘传》："会稽山阴人"注引南朝宋孔灵符《会稽记》以及《古今图书集成·山川典》卷294引《越州记》等书记载。

④ （明）计成：《园冶》，第51页。

⑤ （明）计成：《园冶》，第58页。

⑥ 余嘉锡：《世说新语笺疏》，中华书局1983年版，第136页。

图 3-5　六合同春（留园）

其海阔天空。支公曾隐居的苏州支硎山上至今犹有支公放鹤亭。

　　北宋隐逸诗人林和靖，在西湖孤山，传说他"无妻无子，种梅养鹤以自娱"，人称"梅妻鹤子"。苏州香雪海梅花亭整座亭为五角梅花形，梅花瓦顶、梅花藻井、梅花柱、梅花栏、梅花砖地面均为五瓣梅花瓣状，俯瞰着香雪般的梅浪，亭顶兀立着一只青铜仙鹤，有机关能随风旋转，令人油然想起了"梅妻鹤子"的林和靖的风采，令人称绝！①

　　苏州鹤园建于清光绪三十三年（1907），主人庞国钧，因东汉高士庞德公隐居在鹿门山，唐诗人孟浩然追蹑庞德公的遗踪，也选择鹿门山作结庐遁世之地，有"岩扉松径长寂寥，唯有幽人自来去"之诗句。庞国钧踪武庞德公、孟浩然以"鹤"的精神为园林的"灵魂"。园中有"岩扉""松径"，有"携鹤草堂"（一名栖鹤堂）"鹤巢"，水池修筑呈仙鹤形状，池水蜿蜒，流至西南，犹如仙鹤的长颈。主厅为面宽五间、进深九桁的"携鹤草堂"，堂前正中以白瓷片作飞鹤之形而赤其目，栩栩然而有鸣和之状。请号"鹤望生"的清末民初的著名文人金松岑为之写记，今《鹤园记》镶嵌在鹤园西廊粉墙上。

　　养鹤成为园居清雅的象征。清代魏禧为申时行之孙申继揆度的蓬园所养双鹤写记，谓"鹤千岁而玄，又千岁更白，故禽之寿者，黑曰乌，白曰黑。仙家多骖鸾控鹤之说，故鹤尤贵……鹤精神洁清，虽处阛阓，翛然有山林之致"②。鹤园在"携鹤草堂"前

① 曹林娣：《静读园林·自锄明
　　月种梅花》，北京大学出版社
　　2005 年版，第 124—130 页。

② （清）魏禧：《蓬园·双鹤记》，
　　见王稼句编注《苏州园林历
　　代文钞》，上海三联书店 2008
　　年版，第 21 页。

曾饲养一羽仙鹤。

艺圃的"鹤柴",留园的"鹤所",都是昔日的养鹤之所。

苏州园林还有"鹤颈轩""鹤颈三弯橡",雕刻有云鹤等。

鹤与荷花组合,取鹤之寿"荷"与"和"谐音,组成"和睦延年";"鹤"与"鹿"的音义,或加上梧桐树,组合成"六合同春""鹤鹿同春"等吉祥寓意,成为园林建筑装饰的基本主题之一。

第四章

摄生智慧

新儒学家牟宗三说：

> 中国文化之开端，哲学观念之呈现，着眼点在生命……儒家讲性理，是道德的，道家讲玄理，是使人自在的，佛教讲空理，是使人解脱的……性理、玄理、空理这一方面的学问，是属于道德、宗教方面的，是属于生命的学问，故中国文化一开始就重视生命。[①]

哲学，在古希腊语中就是"智慧"之意，本是人类的一种实践智慧，是人与世界的本真互动中所呈现的智慧之光。最精致、最珍贵和看不见的精髓都集中在哲学思想里。冯友兰在《中国哲学简史》中提出："哲学就是对于人生的有系统的反思的思想。"其核心问题就是把生活的意义从本原上揭示出来，即通过理性，把对生活的种种感觉、感受、体悟等逻辑地表达出来。

英国哲学家伯特兰·罗素在《中国问题》中说：

> 中国人摸索出的生活方式已沿袭数千年，若能被全世界采纳，地球上肯定会比现在有更多的欢乐祥和。然而欧洲人的人生观却推崇竞争、开发、永无平静、永不知足以及破坏。导向破坏的效率最终只能带来毁灭，而我们文明正在走向这一结局。若不借鉴一向被我们轻视的东方智慧，我们的文明就没有指望了……我每天都希望西方文化的宣扬者能尊敬中国的文化……[②]

罗素所指的"东方智慧"，即集中体现在中国园林中的"天人合一"的哲学思想，那就是老庄道家哲学、孔孟儒家哲学和中国化的佛教禅宗哲学。

中国人抚爱万物，与万物同其节奏，"静而与阴同德，动而与阳同波"[③]，天地万物皆由阴阳相摩相荡交感而成，而人的内在心理结构正与之相契合，情性的动静合于阴阳的动静。中国园林以"虽由人作，宛自天开"为审美极致，追求低碳、节能、实用、美观，具有早熟的生态意识。

宋代画家郭熙《林泉高致》曰："山水有可行者，有可望者，有可游者，有可居者。"绘画中追求的"理想自然山水"，成为中国园林修建的基本思想。体现了"外适内和"即生存空间环境和

---

① 牟宗三：《中西哲学之会通十四讲》，上海古籍出版社1997年版，第11页。

② ［英］伯特兰·罗素：《中国问题》，秦悦译，学林出版社1997年版，第7-8页。

③《庄子·天道》。

精神空间环境并重的环境理想：清泉汩汩，渊渟澄澈，复树亭于潭上，饰以丹膜，楹桷栋宇，高山岩崖，尘襟开豁，陶然忘机，万虑俱消！

强烈的生命情怀、优美的生态环境、"心斋""坐忘"的超越功利的人生境界和艺术的生活，集中了中国古代哲人几千年积累的摄生智慧，构成人类"诗意地栖居"的最优雅的文明实体，一种最富有生态意义的生存哲学。

第一节

宇宙生态

中华先人具有早熟的人本精神，厚生传统贯穿始终，早在上古时代，基于原始的语音崇拜，人们就创造了咒语类歌谣，祈福祛邪。园林建筑装饰图案大量采用"谐音"来讨"口采"，寄寓对福（蝙蝠、佛手）、禄（鹿、鱼）、寿（兽）、喜、财的现实祈求。尤其重视对居住环境的选择，《黄帝宅经》所谓："宅以形势为身体，以泉水为血脉，以土地为皮肉，以草木为毛发，以屋舍为衣服，以门户为冠带。若得如斯俨雅，乃为上吉。"这和宋代郭熙在《林泉高致·山水训》中所说几乎为同一韵致：

> 山以水为血脉，以草木为毛发，以烟云为神采。故山得水而活，得草木而华，得烟云而秀媚。水以山为面，以亭榭为眉目，以渔钓为精神，故水得山而媚，得亭榭而明快，得渔钓而旷落，此山水之布置也。

山水画理即构园之理，几乎囊括了建筑、山水、植物等园林的主要物质元素。卜居之首要乃"相地合宜"，即《周礼》所说的"以相民宅"，目的是"阜人民，以蕃鸟兽，以毓草木，以任土事"[1]。

李泽厚说："天人合一……追求的是人与人、人与自然的和谐统一的关系……要求人的活动规律与天的规律、自然的规律符合呼应、吻合统一，这是非常宝贵的思想。"[2]

园林各组成元素之间以及各元素与周围环境的关系即人和宇宙的调和，由于"中国传统的科学与文化，是以阴阳五行作为骨架的。阴阳消长、五行生克的思想，弥漫于意识的各个领域，深

---

[1]《周礼·地官司徒》。

[2] 李泽厚：《美学与艺术讲演录》，第207页。

嵌到生活的一切方面"，^①所以经过数千年的生态经验积累，中华先人综合出的"风水术"，用得较多的也是阴阳八卦和五行、四象之说。"它虽然与社会思想纠结在一起，但主要内容属于自然观念，更多地受到当时科学知识的影响"^②。其理想生态环境的基本原型是：前朱雀（水池）、后玄武（山或楼）、左青龙（河道）、右白虎（道路）。拂去迷信色彩，还原构园中符合人们的环境生态、环境心理的科学性，实际上要求四周宁谧安静、山环水绕、山清水秀、郁郁葱葱、水口含合、水道绵延曲折，以形成良好的心理空间和景色画面，形成一个完整、安全、均衡的世界，这正是一种高度理想化和抽象化的择址模式。

> 它积累和发展了先民相地实践的丰富经验，承继了巫术占卜的迷信传统，糅合了阴阳、五行、四象、八卦的哲理学说，附会了龙脉、明堂、生气、穴位等形法术语，通过审察山川形势、地理脉络、时空经纬，以择定吉利的聚落和建筑的基址、布局，成为中国古代涉及人居环境的一个极为独特的、扑朔迷离的知识门类和神秘领域。^③

国外生态学研究者赞美其为"通过对最佳空间和时间的选择，使人与大地和谐相处，并可获得最大效益、取得安宁与繁荣的艺术"，誉其为"宇宙生物学思维模式"和"宇宙生态学"^④。

一、地僻为胜

选择生态环境好的地方筑园，可以逍遥徜徉于山水之间，园林少污染，无疑是"氧吧"，是生态养生的好处所。

在苏州园林发展史上，六朝时期庄园型私家园林，生产和游赏功能并重；宋元乃至明中期，郊外山地园、滨湖园较多，"游赏性"为主兼生产功能。

宋元时选择在太湖东、西山建园较多。如西山林屋洞之西麓有"道隐园"，"土沃以饶，奇石附之以错峙，东南面太湖，远山翼而环之，盖湖山之极观也"^⑤。明苏州城外的乡村园林约有40处，遍布各地，尤以东山、灵岩山为最。

到明中期至清代，最受青睐的还是"仿佛乎山水之间"的"城市山林"，"地虽近市，雅无尘俗之嚣，远仅隔街，颇适往还之便"，且可"日涉成趣"。

《园冶》主张"地僻为胜""远往来之通衢"。"城市喧卑，必

① 一丁、雨露、洪涌：《中国古代风水与建筑选址》，河北科技出版社1996年版，第26页。

② 张岂之：《中国思想史》，西北大学出版社2003年版，第8页。

③ 侯幼彬：《中国建筑美学》，黑龙江科学技术出版社1997年版，第192页。

④ 转引自俞孔坚：《景观：文化、生态与感知》，科学出版社1998年版，第96页。

⑤ （宋）李弥大：《道隐园记》，见李穰句编注《苏州园林历代文钞》，上海三联书店2008年版，第173页。

择居邻闲逸"，风水以为"不宜居大城门口及狱门、百川口去处"，因为那里人员杂沓，车马声、吆喝声、呻吟声，使人烦躁，甚至会引起失眠等症状。

苏州园林都建在小巷深处，杂厕于民居之间，居尘而出尘，"隔尘""隔凡"，避市嚣喧阗、尘鞅辘辘。

明代的艺圃位于离阊门不远的文衙弄，当年"其地为姑苏城之西北偏，去阊门不数百武，阛阓之冲折而入杳冥之墟。地广十亩，屋宇绝少，荒烟废沼，疏柳杂木，不大可观"，"吴中士大夫往往不乐居此"[1]。汪琬诗称"隔断城西市语哗，幽栖绝似野人家"；拙政园东部明代末年是王心一的"归园田居"，"门临委巷，不容旋马"；阊门外的"吴中第一名园"留园，东北是花埠里，北至半边街，东邻五福弄，西迄绣花弄，都是小巷。

网师园大门位于一条极窄的羊肠小巷阔家头巷深处；明时拙政园之地仍有积水亘其间，有"流水断桥春草色，槿篱茅屋午鸡声"的野趣。

晚清的耦园僻处苏州"城曲"小新桥巷，罕有车迹；曲园、听枫园、鹤园等都辟处小巷深处。

二、四象及壶天模式

苏州耦园，坐北朝南，当门一曲绕青川，东（左）为流水，北（后）有藏书楼，楼后又为水，三面围水，和充足的阳光发生光合作用，产生氧气，河东一带旧城墙留下逶迤岗阜，草木葱茏，西（右）有大路。这一"四象"模式，符合"凡宅居滋润光泽阳气者吉"的要求，生机勃勃。

住宅建筑前屋低、后屋高的吉，符合人们对于光照的需要，阳光中的紫外线可以杀菌。苏州园林住宅都为院落式，每进房屋前后为开敞的花木竹石的小天井，南北通透，空气新鲜，集实用性、科学性与艺术性于一体，蕴含着中华先哲提出的"天人合一"思想，体现着建筑与自然的相近、相亲、相融，人们在此，享受着"明月时至清风来，形无所牵，止无所柅"的生活乐趣。

苏州春在楼建筑在一条中轴线上，有门楼、前楼、中楼、楼脊，中楼高于前楼，前楼又高于门楼，呈"步步高、级级高"走向，既符合人的趋吉心理，又符合环境科学。

"八卦"是平面上八个方位之象，为四方位细分的派生物，而住宅大门是房子的嘴，主吸纳灵气，所以，园林住宅大门的朝向最为重要，一般坐北朝南，以八卦中的离（南）、巽（东南）、震（东）为三吉方，其中以东南为最佳，称青龙门，处于属"木"的"巽"位，"巽"为"风"卦，"风"为入，寓意财源滚滚而入，且向阳、通风。东南风具有平和恬淡、安详纯朴的自然情调，而苏州全年以刮东南风的时间为

---

[1]（清）姜埰：《颐圃记》。姜埰曾改"药圃"为"颐圃"，《易》之'颐'曰贞吉，自求口实并作记。

最长。

网师园、拙政园等住宅大门都偏东南，避开正南的子午线。门边置屏墙，避免气冲，屏墙呈不封闭状，以保持"气畅"。

壶天模式，实际上是山水结合的生态模式。中国本土道教"实由神仙家演变而来，吸收了儒、道两家的思想，而杂以阴阳五行、谶纬迷信以及巫术练养等方术"[①]。日人窪德忠在《道教史》第一章中说："在地球上使自己生命无限延长，这就是神仙的主场。似乎可以认为现实的人们所具有的使天生的肉体生命无限延长并永远享受快乐的欲望，便产生了神仙说这样的特异思想。这种思想在其他国家是没有的。"

中国本土道教虽属于神学思想体系，构造了一个彼岸的神仙世界，"但这个彼岸的神仙世界可以就实现在此岸的现实世界之中"[②]，向往公平、太平、幸福、安康的"人间乐土"；超然自在、不为物累的"洞天福地"。

居住在沿海水滨的先民，偶而见到海上"时有云气如宫室、台观、城堞、人物、车马、冠盖，历历可见"[③]的海市蜃楼幻景，遂产生了具有海岸地理型特色的蓬莱神话体系：大海中有蓬莱、方丈、瀛洲等神山，洪波万丈的黑色圆海成为天然的护山屏障，山上既有可供人类居住的金玉琉璃之宫阙台观、赏玩的苑囿——那里有晶莹的玉石、纯洁的珍禽异兽，又有食之可以令人长生不死之神芝仙草、醴泉和美味的珠树华食。这种山水结合的壶天仙境，自秦汉至今，始终是园林模仿的永恒主题。

例如，拙政园中部水中，自西至东安置了三岛：荷风四面亭、雪香云蔚亭和待霜亭；留园水池中小岛径名"小蓬莱"，园主颇为自得地说："园西小筑成山，层垒而上，仿佛蓬莱烟景，宛然在目。"

南朝时梁人萧绮的《拾遗记》载："海上有三山，其形如壶，方丈曰方壶，蓬莱曰蓬壶，瀛洲曰瀛壶。"可见蓬莱仙境也都属于"壶中天地"。《后汉书》卷82下记载："费长房者，汝南人，曾为市掾，市中有老翁卖药，悬一壶于肆头，及市罢，辄跳入壶中，市人莫之见。唯长房于楼上睹之，异焉，因往再拜奉酒脯。翁知长房之意其神也，谓之曰：'子明日可更来'。长房旦日复诣翁，翁，乃与俱入壶中。唯见玉堂严丽，旨酒甘肴，盈衍其中，共饮毕而出。后乃就楼口候长房曰：'我神仙之人，以过见责，今事毕当去，子宁能相随乎？'"

苏州园林，曲径通幽，"不规则，非对称，曲线的起伏和曲折，表现了对自然本源一种神秘、深远和持续的感受"[④]，也是一种壶天模式，一如陶渊明用"人境"来象征"仙境"的桃花源，所以，寄奇幻如实境的《桃花源记》就成为园林造景的蓝本。苏州园林也被称为"人境壶天"。

---

① 汤一介：《佛教与中国文化》，宗教文化出版社2000年版，第13页。

② 汤一介：《佛教与中国文化》，宗教文化出版社2000年版，第182页。

③（宋）沈括：《梦溪笔谈》卷二十一《异事》。

④ [英] 安德鲁·博伊德语，转自李允和：《华夏意匠：中国古典建筑设计原理分析》，香港广角镜出版社1982年，第507页。

苏州有"壶园"，壶者，壶中之天地也。醋库巷的"纽园"，"纽"即"茧"，蚕及某些昆虫在成蛹期前吐丝所作的壳称茧，这是昆虫为自己所筑的安全处所。"茧"者，小也，但具亭台馆榭之美、郊墅林泉之趣，居之裕如，高高的围墙四面围合，又有安全性和私秘性。

三、栽梅绕屋

风水学中认为园林选址，不宜选择草木不生之处，而应选择原生态环境优越的地方。苏州古城是带有军事功能的春秋老城，城区内辟有南、北两片农田，分别称南园和北园，种植粮食和蔬菜，这样一来，即使城市被围困，也能坚守。

唐宋以后南北两区私家园林比较多。如五代吴越国的广陵王钱元璙及其子指挥使钱文奉建私家园林南园，有"岛屿峰峦，出于巧思，求致异木，名品甚多，亭宇台榭，值景而造，所谓三阁八亭二台"。明代拙政园所处位置在北园，园外也是大片农田、菜花地。在园内可以"稻花香里说丰年，听取蛙声一片"，原有"秫香楼"；在今园内"绿漪亭"东位置上原建有"菜花楼"。清朝诗人沈朝初《忆江南·苏州好》诗曰："苏州好，城北菜花黄，齐女门边脂粉腻，桃花坞口酒旆香，比户弄笙簧。"

清初沈复在《浮生六记·闲情记趣》中还写道："苏城有南园、北园二处"。菜花黄时沈复夫妇"并带席垫，至南园，择柳荫下团坐。先烹茗，饮毕，然后暖酒烹肴。是时风和日丽，遍地黄金，青衫红袖，越阡度陌，蝶蜂乱飞，令人不饮自醉。"

清代钱大昕《网师园记》曰：网师园"负郭临流，树木丛蔚，颇有半村半郭之趣。居虽近廛，而有云水相忘之乐"。

童寯先生说："园林兴造，高台大树，转瞬可成，乔木参天，辄需时日。"[1] 因此建新园时，宜尽量利用原生态环境。苏州园林很多旧园被不断地改葺。"新筑易于开基，只可栽杨移竹，旧园妙于翻造，自然古木繁花"，还说"多年树木，碍筑檐垣，让一步可以立根，斫树桠不妨封顶"[2]。旧园中之树木，是难得的造园资源，特别是古树名木，即使是已经枯死的枝干，也一定要千方百计保留利用，使新园林也能有古木繁花之景。如北宋苏舜钦在吴越国王钱俶妻弟、中吴节度史孙承祐之池馆[3] 基础上建沧浪亭，因为那里"坳隆胜势，遗意尚存"，草树郁然，崇阜广水，不类乎城市。杂花修竹之间有小路，三面环水，旁无居民，左右都有林木相亏蔽，前竹后水，水之阳又竹无穷极，澄川翠干，光影会合于轩户之间，尤与风月为相宜。

苏州吴江的谐赏园，是明隆庆年间（1567—1572）进士顾大典自求解官后建造的私园，他说："大抵吾园台榭池馆，无伟丽

---

① 童寯：《江南园林志》，中国建筑工业出版社 1984 年版第 11 页。

② （明）计成：《园冶》，中国建筑工业出版社 1988 年版，第 56 页。

③ （宋）龚明之：《中吴纪闻》卷 2《沧浪亭》。

之观、雕彩之饰、珍奇之玩，而惟木石为最古"，"伟丽、雕彩、珍奇，皆人力所可致，而惟木石不易致，故或者以为吾园甲于吾邑，所谓无佛处称尊也"①。

今天我们从苏州园林里见到的数百年古树，都是旧园翻造时留存下来的硕果，如网师园"看松读画"轩南的树龄近900年的古柏，老根盘结于苔石之间，主干虽已枯萎，但枝头却依然郁郁葱葱，蔚为奇观。还有曲桥头那棵白皮松，树龄也有200年。拙政园传为文徵明手植的古紫藤，园中部的几株大枫杨、留园中部的银杏与朴树、狮子林问梅阁前的银杏等都是"妙于翻造"的硕果。

风水术对小环境的树种选择，不但根据不同树种的生长习性规定栽种方向，满足了改善宅旁小气候观赏的要求，还能注意人们求吉避邪的环境心理。如主张宅周植树，"东种桃柳（益马）、西种栀榆、南种梅枣（益牛）、北种奈杏""中门有槐，富贵三世，宅后有榆，百鬼不近"；"门庭前喜种双枣，四畔有竹木青翠则进财"②。"青松郁郁竹猗猗，色光容容好住基""树木弯弯，清闲享福；桃株向门，荫庇后昆；高树般齐，早步云梯；竹木回环，家足衣绿；门前有槐，荣贵丰财"。

六朝人首先出现了"天人合一"的思维习惯并形成中华民族的遗传基因，如人们习惯以"桑梓"代表故乡、"乔梓"代表父子、"椿萱"代表父母、"棠棣"代表兄弟、"兰草""桂树"代表子孙，古人生存环境与花木亲切融合。

1929年，英国人亨利·威尔逊在《中国：园林的母亲》（*China，Mother of gardens*）书中写道：

中国的确是园林的母亲，因为一些国家中我们的花园深深受惠于她所具有的优质首位的植物，从早春开花的连翘、玉兰、夏季的牡丹、蔷薇，直到秋天的菊花，显然都是中国贡献给园林赏花的丰富资源。还有现代月季的亲本，温室杜鹃、樱草，吃的桃子、橘子、柠檬、柚子等都是。老实说来，美国或欧洲的园林中无不具备中国的代表植物，而这些植物都是乔木、灌木、草本、藤本行列中最好的。③

"园林无花木则无生气。盖四时之景不同，欣赏游观，怡情育物，多有赖于东篱庭砌，三径盆盎，俾自春迄冬，常有不谢之花也。"④ "浅深红白宜相间，先后仍需次第栽。我欲四时携酒去，莫教一日不开花。"⑤

苏州园林花木种类有200余种，每种花木都有常绿类和落叶类，四季花繁叶茂。

有花色艳丽而芬芳观花类，常绿的

① （明）顾大典：《谐赏园记》，见王稼句编注《苏州园林历代文钞》，上海三联书店2008年版，第204页。

② 《相宅经纂》卷4。

③ 转引陈俊愉、程绪珂：《中国花经》，上海文化出版社1990年版，第4页。

④ 童寯：《江南园林志》，中国建筑工业出版社1984年版，第10页。

⑤ （宋）欧阳修：《谢判官幽谷种花》。

有山茶、桂花、广玉兰、月季、杜鹃、夹竹桃、栀子花、金丝桃、六月雪、瓶兰、探春、黄素馨、含笑等；落叶的有牡丹、玉兰、梅、桃、杏、李、海棠、紫薇、丁香、木槿、木芙蓉、辛夷、蜡梅、紫荆、绣球、锦带花、迎春、连翘、珍珠梅、棣棠、郁李、榆叶梅等。

观果类，常绿的有枇杷、桔、香橼、南天竹、枸骨、珊瑚树等；落叶的有石榴、花红、柿、无花果、枸杞、枣等。为夏秋观赏之用，或作为冬季点缀。

观叶类，常绿的有瓜子黄杨、石榴、桃叶珊瑚、八角金盘、女贞、丝兰、棕榈等；落叶的有槭、枫香、乌桕、垂柳、山麻杆、柽柳、红叶李等。

林木荫木类，常绿的有罗汉松、白皮松、黑松、马尾松、桧柏、柳杉、香樟等；落叶的有梧桐、银杏、榆、榔榆、榉、朴、糙叶树、槐、枫杨、臭椿、楝、合欢、梓、黄连木、皂荚等。

藤蔓类，常绿的有蔷薇、木香、薜荔、络石、常春藤、金银花、匍地柏等；落叶的有紫藤、凌霄、爬墙虎、葡萄等。

竹类，有象竹、慈孝竹、箬竹、石竹、观音竹、寿星竹、斑竹、紫竹、方竹、金镶碧玉竹等。

草本类植物常见的有芭蕉、芍药、菊花、萱草、书带草、诸葛菜、鸢尾（蝴蝶花）、紫萼、玉簪、秋海棠、紫茉莉、凤仙花、鸡冠花、蜀葵、秋葵、鸭趾草、虎耳草等。水生植物常见的有荷花、睡莲、芦苇等。

今城中拙政园、沧浪亭、网师园、狮子林、怡园、留园、艺圃、耦园等名园以植物构景的就占全部景点的四分之一。

苏州园林中，"围墙隐约于萝间，架屋蜿蜒于木末"，"栽梅绕屋，结茅竹里"[1]，芦苇摇曳于水滨亭周。"曲池穿牖，飞沼拂几，绿映朱栏，丹流翠壑，乃可以称园矣。"[2]

清潘世恩的临顿新居：

清流绕屋，花竹交映，有亭翼然，背山面水，曰凤池亭。燕居之室，环拥图书，乔松如龙，亭亭霄霓之表，曰虬翠居。岑楼耸然，高出林表，芳华迎春，繁英如雪，曰梅花楼。楼下粉垣逶迤，修廊环之，曰凝香径。芳堤夹水，平桥通步，飞泉漱石，声如鸣玉，曰瀑布声。幽房邃室，众喧不到，曰蓬壶小隐。泉出石间，味甘如醴，曰玉泉。兰寮东启，空明无碍，曰先得月处。枕水作屋，中贮法书名画，曰烟波画船。竹木交荫，万绿如海，曰绿荫榭。[3]

明石湖草堂位于石湖西，更是"左带平湖，右绕群峦，负以

① （明）计成：《园冶·园说》，中国建筑工业出版社1988年版，第5页。

② （明）祁彪佳：《寓山注》序。

③ （清）石韫玉：《临顿新居图记》，见王稼句编注《苏州园林历代文钞》上海三联书店2008年版，第97页。

茶磨（山），拱以楞伽（山），前阴修竹，后拥泉石，映以嘉木，络以薜萝，翛然群翠之表。"①

顺治年间蒋垓建"绣谷"，"嘉木珍林，清泉文石，修竹娟娟，杂英飘摇，粉红骇绿，灿若敷锦"②，人谓堪"与辋川、清闷相伯仲"③。

花木与建筑密切结合，无一例外。花木本身具有调节改善小环境的气候、保持水土、滞留、吸附、过滤灰尘以净化空气、杀菌、吸毒、吸收噪声等作用，对人类有医疗保健功能，与人们须臾不可分离。

苏州园林中的四季花卉符合传统养生学讲究的"和于阴阳，调于四时"④。

盛夏，植物有明显的降温作用。炎夏炽热的太阳光的辐射，一部分可以被树冠阻挡反射回天空；一部分则被稠密的树冠层所吸收，用于它自身的蒸腾散热，只有一部分辐射热可以射到地面。绿化植物庞大的根系像抽水机一样，不断从土壤中吸收水分，然后通过枝叶蒸腾到空气中去。一般一株中等大小的榆树，一天至少可蒸腾 100 升水。⑤ 如果一株树木每天能蒸腾 88 加仑（1 加仑等于 4.5460 升）水，即可产生 1 亿焦耳的热量消耗，它抵得上 5 台一般室内空调机每天运转 20 小时。⑥ 绿色植物的蒸腾过程需要蒸发大量水分，使树的绿色部分发凉，植物对太阳辐射的反射及蒸发冷却作用，其中以蒸发冷却为主。科学家们检测发现，一片杉幼林，每天由于蒸腾作用能消耗太阳辐射能的 66%，由于树冠的覆盖，减弱了光照，从而也降低了周围的空气温度。

植物是一种多孔材料，投射到树木叶层的噪声，一部分被树叶向各个方向不规则反射而减弱，一部分因声波造成树叶微振而使声音消耗（即被吸收），因而使环境变得安静。常绿阔叶树具有良好的减噪效果，浓密的人工林带可降低噪声 10~20 分贝。

植物芳香能够杀灭多种病菌。现代科学研究表明，各种花香由数十种挥发性化合物组成，含有芳香族物质，如酯类、醇类、醛类、酮类、萜烯类等，可刺激人们的呼吸中枢，促进人吸进氧气，排出二氧化碳，充足的大脑氧供应能使人保持较长时间旺盛的精力。

民谚有"花中自有健身药""七情之病也，香花解"之说。赏花乃雅人逸事，在心旷神怡之时，便拥有了宽松的心灵空间，对慢性疾病如神经官能症、高血压、心脏病患者，有改善心脑血管系统、降低血压、调节大脑皮质等功能。花草繁茂的地方，空气中的阴离子特别多，可调节人的神经系统，促进血液循环，增强免疫力和机体的活力。在花蹊中漫步 1 小时，能呼吸 1000 升花味空气，对醒脑健脑大有裨益。

听香深处——魅力

① （明）蔡羽：《石湖草堂记》，见王稼句编注《苏州园林历代文钞》上海三联书店 2008 年版，第 137 页。

② （清）严虞惇：《重修绣谷园记》，见王稼句编注《苏州园林历代文钞》，上海三联书店 2008 年版，第 104 页。

③ （清）孙天寅：《西畴阁记》，见王稼句编注《苏州园林历代文钞》，上海三联书店 2008 年版，第 105 页。

④ 《素问·上古天真论》。

⑤ 冯采芹编：《绿化环境效应研究》，中国环境科学出版社 1992 年版，第 39 页。

⑥ 冯采芹编：《绿化环境效应研究》，中国环境科学出版社 1992 年版，第 172 页。

空气离子，尤其是负离子对人体有良好作用。它促进人体的生物氧化和新陈代谢，使琥珀酸加速转变为延胡索酸，缩短神经肌肉传导时间；改善呼吸、循环系统功能，负离子使血管壁松弛，加强管壁纤毛的活动。正离子使血管收缩，负离子使血管扩张。负离子可使血液凝血酶、纤维蛋白元、中性多核白细胞带电量增加，调节内分泌。正离子是 5- 羟色胺释放剂，负离子对抗其作用加速氧化游离的 5- 羟色胺。此外，负离子还有增强免疫、稳定情绪、促进生长发育等作用。有人将空气离子的良好作用比喻为"空气维生素"或"空气长寿素"。[1]

水生植物也具有净化水体、增进水质的清洁与透明度等功能。如芦苇、水葱、水花生、水葫芦等不仅具有良好的耐污性，而且能吸收和富集水体中硫化物等有害物质，从而净化水质。植物还可防止硝酸盐污染地下水。[2]

第二节

人居生态

苏州园林是文人雅士放浪山水、啸咏风花的生活境域和养生之所，也是苏州本地以及外地官员致仕后退养的理想之乡，还有一批乡绅、富商，他们在此购田宅，设巨肆，造园以娱晚境，或筑园以备退养，希望在宁静的环境和宜人的气候中安度余生。

明代邱浚在《菂溪草堂记》中说：

> 古之君子，存心也豫，其志卓然。有以定乎其中，其理跃如，有以见乎其前。是以其进其退，皆豫有以为之地而不苟。右都御史韩公某人，而生长于燕，既仕，而始复于吴。治第于菂溪之上，盖豫以为退休归宿之地也。[3]

明吴宽在京城为官，时时牵挂吴中故园，其弟吴宣每每增修园林，也多以备吴宽辞宦后退养为念。因此，他们非常重视园林外部环境的选择，精心地进行环境创作，达到不下厅堂，享受山水之乐、延年益寿的目的。法国艺术史家热尔曼·巴赞看出了这一特点，他说："中国人对花园比住房更为重视，花园的设计犹如天地的缩影，有着各种各样自然景色的缩样，如山峦、岩石和湖泊。"[4]

① 冯采芹编：《绿化环境效应研究》，中国环境科学出版社1992年版，第181页。

② 冯采芹编：《绿化环境效应研究》，中国环境科学出版社1992年版，第55页。

③ （明）邱浚：《重编琼台会稿》卷18《菂溪草堂记》。

④ ［法］热尔曼·巴赞：《艺术史》，刘明毅译，上海人民美术出版社1989年。

一、取资天构

湖光山色共一楼，是"天人合一"的形象写照，"自然界是人为了不致死亡而必须与之形影不离的身体。说人的肉体生活和精神生活同自然界不可分离，这就等于说，自然界同自己本身不可分离，因为人是自然界的一部分"[1]。

水网纵横的苏州丰富的天然水资源，是苏州园林得天独厚的条件，滨湖园无疑是十分理想的选择。

常熟南皋草堂建于琴川之上，"堂负邑城，两湖襟前，一山带右，每天日清霁，则山光水色交映于目，莹若玻璃，凝若螺黛，而渔歌樵唱，殷起其间，足以畅豁幽怀，以发舒笑，非心神清旷、善于理会者畴克领其趣哉"[2]？

王鏊及其子弟亲属在太湖东山的六处园林，皆傍山依林、以水为主。王鏊之侄王学的"从适园"，于湖波荡漾间得亭榭游观之美。明苏州东山风月桥北的集贤圃，背山面湖：

> 长堤数百步，从浩淼澎湃中筑址，……蹑石上薄"寒香斋"，古梅驳藓，虬松离错。斋后一小轩，湖之东北可眺。……圃之西北偏既讫，"群玉堂"南对则有荷池，乃与西石洞外朱桥处相连。池东有亭，可资纳凉。北有土神祠。循是跂而前，其屹然高搴、峙群玉之前者为主峰，其外支峰累累俯仰，缘以牙松，须鬣甚古。其下则洞壑嵌空，白石磷磷，水泉吞吐，与太湖通。此又非西石洞名"飞香径"者同派，亦有楼榭，可揽湖光。回廊右旋，则又与"开襟阁"相属矣。池惟"群玉堂"前差广，一泓澹涵，四周俱通，长杨成列，唅喁万头。[3]

园林筑址于太湖之中，"寒香斋"后小轩可眺湖之东北；石峰下洞穴与太湖通，楼榭可揽湖光……所以，陈宗之总结称此圃之胜："一则得其地，城中购一奇石，汗牛耶许，仅乃得之，凿石浚沼，势如刺山望泉，而此以湖山为粉本，虽费匠心，其大体取资，多出天构。"[4]

明代蔡昇的西村别业在洞庭西山消夏湾，"可以仰而看山，俯而临水……，盖又不出户庭，而湖山之伟观具焉"[5]。

祝允明外祖徐有贞记郑景行的南园，园在阳澄湖上，"前临万顷之浸，后据百亩之丘，旁列千章之木，中则聚奇石以为山，引清泉以为池"[6]。

[1] ［德］马克思：《1844年经济学哲学手稿》，第49页。
[2] （明）季麓：《南皋草堂记》，见王稼句编注《苏州园林历代文钞》，上海三联书店2008年，第261页。
[3] （明）陈宗之：《集贤圃记》，见王稼句编注《苏州园林历代文钞》，上海三联书店2008年，第163页。
[4] 同上。
[5] （明）聂大年：《西村别业记》，见王稼句编注《苏州园林历代文钞》，上海三联书店2008年版，第174页。
[6] （明）徐有贞：《南园记》，《武功集》，台北"商务印书馆"影印文渊阁《四库全书》本，第1245册，第165页（上）。

王份的瞿庵，在松江之滨，围江湖以入圃，"一岛风烟水四围，轩亭窈窕更幽奇"，园内多柳塘花屿，景物秀野，名闻四方。有与闲、乎远、种德及山堂四堂，还有烟雨观、横秋阁、凌风台、郁峨城、钓雪滩、琉璃沼、曜翁洞、竹厅、龟巢、云阙、缬林、枫林等景致，而"回栏飞阁临沧湾"的浮天阁为第一，"晴波渺渺雁行落，坐见万顷穿云还"，总谓之瞿庵。

查世佟在苏州的邓尉山庄，绿波环绕，峙崦岭若屏障于前，妙景天成；"入门则丛木翳郁，曲径逶迤"；"坡上小筑三间，曰梅花屋，花时，君每拥炉读史于此。由坡而升，曰听钟台，遥听山寺钟声以自省也"①。

明王世贞的弇山园，前横清溪，"枕莲池，东西可七丈许，南北半之"②。

山麓自是构园佳景处。从沈周38岁时所作的《幽居图》中可以看出，文人喜欢将草堂建在水边类似岛或半岛似的地方，背景上依次是烟霞弥漫的层层山峰，堂周有几株姿态各异的大树，有直立者，有倾斜者，有低垂者，桥指示着通往草堂的路，表现出沈周"心远物皆静"的静寂世界。

"五湖四舍"在木渎白阳山下，为陈淳（道夏）园居，极幽居之胜。"秀野园"在灵岩山麓香溪，城里"归园田居"主人王心一建于乡间别墅，后人韩璟改建为"乐饥园"，有溪山风月之美，池亭花木之胜，远于其他园林。

赵宧光夫妇的寒山别业，位于苏州郊外支硎山南，据张大纯《姑苏采风类记》记载，宧光夫妇在此，凿石为涧，引泉为池，自辟丘壑，花木秀野，如洞天仙源。前为小宛堂，茗碗几榻，超然尘表。女主人陆卿子有组诗《山居即事》，描写此园的景色是："石室藏丹灶，萝房起白云。鸟飞天影外，泉响隔林闻。澹荡波光里，烟霞敛夕曛""麋鹿缘岩下，狐狸采药逢。桃花开已遍，樵客欲迷踪""树色千重碧，溪声万壑流。鸟啼花坞暖，枫落石门秋"。建筑则萝房、石室，所见则丹灶、白云、鸟飞、天影、波光、烟霞、夕曛，所逢则麋鹿、狐狸、樵客，纯为山林风味。园林借真山林的壮美之势，园内园外、天然之景和人工之景浑然一体，确为"山居"色彩。今"天平山庄"尚存其遗意。

二、危楼跨水

大量建于城内的宅园，深隐在小巷、城隅，在园墙内别成天地。"吾侪纵不能栖岩止谷，追绮、园之踪。而混迹廛市，要须门庭雅洁，室庐清靓，亭台具旷士之怀，斋阁有幽人之致"④"水是悠悠者，招之入户流"④。

苏州园林大多以一汪清池居中，建筑皆面水而筑，或围山面水，或为空廊的四面围合，或临水，飞沼拂几，曲池穿牖，水周堂下。"危楼跨水，高阁依云"，可以"开窗迎白鸟，俯槛对清流"。

① （清）张问陶：《邓尉山庄记》，见王稼句编注《苏州园林历代文钞》，上海三联书店2008年版，第178页。

② （明）王世贞：《弇山园记》，见王稼句编注《苏州园林历代文钞》，上海三联书店2008年版，第241页。

③ （明）文震亨：《长物志·室庐》。

④ （清）袁枚：《随园诗话》卷6（下）。

体现了人与自然的一种和谐结合。

明拙政园"居多隙地，有积水亘其中，稍加浚治，环以林木……凡诸亭、槛、台、榭，皆因水为面势"[1]。水面占三分之一，水池东西呈狭长形，园中以水和植物为主要景物，疏置亭台，画面平旷开阔。清空骚雅，空灵处如闲云野鹤，来去无踪，如姜白石词风。

明药圃"中有生云墅、世纶堂，堂前广庭，庭前大池五亩许。池南垒石为五狮峰，高二丈。池中有六角亭名'浴碧'，堂之右为青瑶屿，庭植五柳，大可数围，尚有猛省斋、石经堂、凝远斋、岩扉……"[2]至明末清初的艺圃时，犹有"方池二亩许，莲荷蒲柳之属甚茂"[3]。

清初尤侗亦园"十亩之间，中有池，占其半焉"，筑轩其上名"水哉"，他说水之生生之功："当暑而澄，凝冰而冽，排沙驱尘，盖取诸洁；上浮天际，中隐灵居，窈冥恍惚，盖取诸虚；屑雨奔云，穿山越洞，铿訇有声，盖取诸动；潮回汐转，澜合沦分，光彩混漾，盖取诸文"[4]。

网师园在宋时水系与葑溪之水相通，据元代陆友仁《吴中旧事》记载，史正志当年发运初归时，舳舻相衔，凡舟自葑门直接到其宅前。清初水面还很大，并有水门的设置，彭启丰的《网师小筑吟》描绘为"烟波浩然"。沈德潜《宋悫庭园居》中有"引棹入门池比镜"，并自注，"引河水从桥下入门，可以移棹"，"有池有艇"，"画舫新移景又添"，水池有"有亭于水者，曰：月到风来""沧波渺然，一望无际"[5]的浩淼之景。

清初隐士吴时雅的私园，用杜甫"名园依绿水"之意取名"依绿园"，园中有临水而建的"水乡篷"，古桂苍松掩映下的"飞霞亭"，凭虚而俯绿野的"欣稼阁"，梅花丛中的"凝雪楼"等，"高轩广庭，临池面山，俯仰之间，令人心目皆爽"[6]。

建筑以模拟和接近自然山林为目标，因地制宜，随自然地势而高下，沧浪亭"一迳抱幽山，居然城市间"[7]。

它希求人间的环境与自然界更进一步地联系，它追求人为的场所自然化，尽可能与自然合为一体。它通过各种巧妙的

①（明）文徵明：《王氏拙政园记》，见王稼句编注《苏州园林历代文钞》，上海三联书店2008年版，第39页。

②《文氏族谱续集》据《雁门家采》。

③（清）汪琬：《艺圃后记》，见王稼句编注《苏州园林历代文钞》，上海三联书店2008年版，第71页。

④（清）尤侗：《水哉轩记》，见王稼句编注《苏州园林历代文钞》，上海三联书店2008年版，第80页。

⑤（清）钱大昕：《网师园记》，见王稼句编注《苏州园林历代文钞》，上海三联书店2008年版，第76页。

⑥（清）徐乾学：《依绿园记》，见王稼句编注《苏州园林历代文钞》，上海三联书店2008年版，第168页。

⑦（宋）苏舜钦：《沧浪亭》，见王稼句编注《苏州园林历代文钞》，上海三联书店2008年版，第4页。

"借景""虚实"的种种方式、技巧，使建筑群与自然山水的美沟通汇合起来，而形成一个更为自由也更为开阔的有机整体的美。连远方的山水也似乎被收进在这人为的布局中，山光、云树、帆影、江波都可以收入建筑之中，更不用说其中真实的小桥、流水、"稻香村"了。①

汉代的董仲舒早就说过，人是可以"取天地之美以养其身"②的，"居尘而出尘"的生态艺术空间，开启了心灵与自然对话的窗户，"俯水鸣琴游鱼出听；临流枕石化蝶忘机"，具有心理治疗意义。"水不但是生殖和营养的一种物理手段……而且是心理和视觉的一种非常有效的药品。凉水使视觉清明，一看到明净的水，心里有多么爽快，使精神有多么清新"③！

三、尚用节能

苏州私家园林带有一定的自然经济色彩，能园产自给。植物的根、叶、花、果，不仅可作为四时清供，实际上还能产生经济效益。

关于宋代朱长文乐圃，有"药录所收，雅记所名，得之不为不多。桑柘可蚕，麻纻可缉，时果分羹，嘉蔬满畦，标梅沉李，剥瓜断壶，以娱宾客，以酌亲属"的记载。梅宣义的五亩园、章楶的桃花坞别墅、范成大的石湖别墅等，也都具有很强的园田生产功能。

元代高巽志《耕渔轩记》记其主人徐达佐之言曰：

> 不肖生居山泽，躬耕以具箪食，无所仰给于人，遭时又宁，野无螟螣之灾，乡无桴鼓之警，官无征发之役，获于田，而亲黍稷之敛穧，缗于水，而遂鳣鲔之涔湛。④

明代韩雍的葑溪草堂，园中方池养鱼，兼种莲藕；池北为堂，前种兰桂，后种篁竹，整个园内各种竹子近万竿；池南为假山，山脚多种菊花、丰草；边角隙地及溪畔池岸皆种树：桃、李、杏百余株，梅五株，柑橘、林檎、樱桃、枇杷、银杏、石榴、宣梨、胡桃、海门柿等树三百株，桑、枣、槐、梓、榆、柳等杂树二百株，而"若异卉珍木，古人好奇而贪得者，不植焉""余则皆蔬畦也。物性不同，随时发生，取之可以供时祀，给家用"⑤。

徐季清的先春堂，"田园足以自养，琴书足以自娱，有安闲之适，无忧虞之事，于是乎逍遥徜徉乎山水之间，以穷天下之乐事，

① 李泽厚：《美的历程》，北京文物出版社1982年版，第66页。

②（西汉）董仲舒：《春秋繁露·循天之道第七十七》。

③［德］费尔巴哈：《十八世纪末—十九世纪初德国哲学》，第542—543页。

④（元）高巽志：《耕渔轩记》，《吴县志》卷39上，见陈从周等选编《园综》，同济大学出版社2004年，第214页。

⑤（明）韩雍：《葑溪草堂记》，《襄毅文集》卷9，见《苏州园林历代文钞》，上海三联书店2008年，第58页。

其幸多矣"①。

明集贤圃之极北，连冈皆上坊培蝼，种茶数亩，有茗可采。圃之极西，橘、柚、桃、梨，缭以短垣，有果可俎。②可以"食其地之所入，以供粢盛伏腊之费"③"畦有佳蔬，林有珍果；掖之以修竹，丽之以名花"④。

明代王宠的越溪庄，"果取之树，笋取之竹，蔬取之畦，茭蒲取之渚，而细鳞长须之膔取之湖"⑤。

明代吴孟融、吴宽父子的苏州葑门内的东庄，占地60余亩，为庄园式园林，生产功能更突出，今存有明沈周《东庄图册》，略存其貌，全册画面二十一开，其中麦山、朱樱径、竹田、果林、稻畦、菱濠等都生产稻谷、麦子、菱白、果子等经济作物。

明清园林又大多就宅边隙地所建，不同于"游赏性园林"，是海德格尔所说的"诗意栖居"的载体，"诗意是居住本源性的承诺。……诗意创造首先使居住成为居住。诗意创造真正使我们居住"⑥。日涉成趣的宅园，突出了"以人为本"的精神，明清以后，"隐于园"逐渐衍化为"娱于园"，欢歌在今日，人世即天堂。园林功能增多，沈德潜《复园记》（拙政园中部曾名复园）载："因阜垒山，因洼疏池。集宾有堂，眺望有楼，有阁读书，有斋燕寝，有馆有房，循行往还，登降上下，有廊榭树亭台、碕汾村柴之属""堂以宴、亭以憩、阁以眺、廊以吟"。

郑景行建于阳澄湖上的南园，"藏修有斋，燕集有堂，登眺有台；有听鹤之亭，有观鱼之槛，有撷芳之径……"⑦

清木渎桂隐园"有凉堂，可以企脚北窗；有奥室，可以围炉听雪；有山阁，掇烟云于帘幕；有水榭，招风月于坐卧"⑧。

晚明文人崇尚"凡器必有用"的价值观，既满足实用要求，又体现文人意趣。制具根本标准在于实用。文震亨《长物志·卷六·几榻》称：方桌"须取极方大古朴，列坐可十数人，以供展玩书画"；"藏书橱须可容万卷，愈阔愈古"；"坐卧依凭，无不便适，燕衔之暇，以之展经史，阅书画，陈鼎彝，……何施不可"；椅子"宜矮不宜高，宜阔不宜狭，其折叠单靠吴江竹椅、专诸禅椅诸俗式断不可用……"

实用且舒适，如明圈椅，弧圈舒展，靠背流畅，形式美观大方；更在于弧圈的舒展，座位的空间扩大了，人体后靠的角度也更理想。弧圈平面前倾，融搭脑和扶手为一体，不但造型更简练，而且使人体的肩膀得到舒坦的依托。弧圈内收的两端复又外撇，线条变化灵动，使人体的起坐更为方便。靠背流畅的曲线，与人体脊柱弯曲度相一致，因此，人靠其上，正好支撑了人体腰椎和

①（明）徐有贞：《先春堂记》，见《武功集》卷3。

②（明）陈宗之：《集贤圃记》，见王稼句编注《苏州园林历代文钞》，上海三联书店2008年，第163页。

③（明）聂大年：《西村别业记》，见王稼句编注《苏州园林历代文钞》，上海三联书店2008年，第174页。

④（明）徐有贞：《南园记》，见《武功集》，台北"商务印书馆"影印文渊阁《四库全书》本，第1245册，第165页（上）。

⑤（明）王世贞：《越溪庄记》，见《弇州续稿》卷60。

⑥［德］海德格尔：《诗·语言·思——人诗意地居住》，彭富春译，文化艺术出版社1991年。

⑦（明）徐有贞：《南园记》，见《武功集》，台北"商务印书馆"影印文渊阁《四库全书》本，第1245册，第165页（上）。

⑧（清）沈钦韩：《木渎桂隐园记》，见王稼句编注《苏州园林历代文钞》，上海三联书店2008年，第150页。

胸椎，使人感到舒适惬意，流溢着雅逸的书卷气。

文人在追求古雅的同时，反对繁奢做作，尚"俭"，即今之所称"节能"。如构园取材适宜即可，无须拘泥，遵循就地取材的基本原则。计成《园冶》主张："夫识石之来由，询山直远近，石无山价，费只人工，跋蹋搜巅，崎岖穷路。便宜出水，虽遥千里何妨，日计在人，就近一肩可矣"，"块虽顽夯，峻更嶙峋，是石堪堆，便山可探"。正如童寯先生所说，园林邀人鉴赏处，专在用平淡无奇之物，造成佳境；竹头木屑，在人善用而已。

铺地，用材为碎瓷片、破缸片、断砖、残瓦等，虽不过瓦砾，然形状颜色，变幻无穷，信手拈来，都成妙谛。镶奇嵌秀，铺成各吉祥图案，有以碎石摆成鱼鳞莲瓣，则尤废物利用之佳例。李笠翁所谓"牛溲马勃入药笼，用之得宜，其价值反在参苓之上也"[1]。这就是化腐朽为神奇。计成曾说："废瓦片也有行时，当湖石削铺，波纹汹涌；破方砖可留大用，绕梅花磨斗，冰裂纷纭。路径寻常，阶除脱俗，莲生袜底，步出个中来；翠拾林深，春从何处是。花环窄路偏宜石，堂回空庭须用砖。各式方圆，随宜铺砌，磨归瓦作，杂用钩儿"[2]。

"乱青板石，斗冰裂纹，宜于山堂、水坡、台端、亭际，见前风窗式，意随人活，砌法似无拘格，破方砖磨铺犹佳。"如此，不仅成为"东方美术地毯"，而且还营造出艺术意境。如用碎瓷片铺成折扇形，取"慈善""行善"谐音；用粗旷的碎石块在山石下铺成冰裂纹，组成饶有趣味的"山水"画面，产生水围山的盎然意境。

就地取材，植物主要采用本地花木，避免出现"水土不服"现象，又节约了运费。而且"多任自然，不赖人工，固不必倚异卉名花，与人争胜，只须'三春花柳天剪裁'"[3] 即可；同样地，叠石掇山之石材也都来自本地区，比如湖石都取自苏州太湖洞庭山的太湖石，色分白、清而黑、微黑青三中，石坚而脆，敲之有声。黄石假山石则取自苏州尧峰山。砖雕用苏州陆墓镇及苏州昆山锦溪镇（陈墓）的优质青砖烧制，石雕使用苏州盛产的天然石材青石（石灰岩）、金山石（花岗岩）、青石。

施工方式也因地制宜，如"苏州耦园地势平坦而地下水位低，因此挖了一道沟槽而处理成濠濮的形式"[4]，节省了土方，从而节约了劳动力。

"瀑布如峭壁山。理也，先观有坑，高楼檐水，可洞至墙顶作天沟，行壁山顶，留小坑，突出石口，泛漫而下，缠如瀑布。不然，随流散漫，不成，斯谓：'作雨观泉'之意"[5]。"作雨观泉"的瀑布设计，充分利用了天然雨水，节能而又自然。如环秀山庄，舫西，由边楼至问泉亭的曲廊凌水而过，将西北角分隔出一小空间，在西北角紧贴围墙设半壁山崖，即为客山，山崖耸立，临池

① 童寯：《江南园林志》，中国建筑工业出版社1984年版，第14页。

② 陈植：《园冶注释》，中国建筑工业出版社1988年版，第195页。

③ 童寯：《江南园林志》，中国建筑工业出版社1984年版，第11页。

④ 杨鸿勋：《江南园林论》，上海人民出版社1994年版，第25页。

⑤ 陈植：《园冶注释》，中国建筑工业出版社1988年版，第220页。

一面作石壁，上有摩崖"飞雪"二字，为飞雪泉遗址，壁下有泉，泉水清澈，取宋代苏东坡《试院煎茶》中"蒙茸出磨细珠落，眩转绕瓯飞雪轻"诗意。雨后瀑布奔腾而下，犹如飞雪。山涧有步石，极其险巧。拾级而上，可盘旋至山西侧边楼，原涵云阁有副对联："雨过仰飞流，疑分趵突一泉，恍揽胜大明湖畔；云来张画灯，认取天平万笏，讶探奇高义园前。"下雨时，屋檐滴水流注其下，飞雪泉水飞溅。

水榭，利用池水降温，如网师园濯缨水阁基部全用石梁柱架空，池水出没于下，水周堂下，轻巧若浮，幽静凉爽，临槛垂钓，依栏观鱼，悠然而乐，确有沧浪水清、俗尘尽涤之感。退思园菰雨生凉轩，背临荷池，原轩周植荷花菰蒲，芦苇摇曳，轩南植芭蕉、棕榈，夏秋季节，轩内凉风习习，荷香阵阵，都采架空在水池之上降低室温的绿色方法。

补园（现为拙政园西部）满轩为拍曲而建。馆平面为方形，厅内中间用纱扇与挂落分为大小相同的南、北两部分，好像两座厅合并而成，形同鸳鸯厅。其上的草架空间较大，对厅内隔热防寒有较好的作用，嵌菱形蓝白玻璃，卷棚屋顶，梁架采用四连轩而成，称满轩。"四连轩"即在四隅各建耳室一间，原作演唱侍候等用，四轩又称暖阁，既可解决进出风击问题，也可作为仆从听候差遣之处。四轩用"鹤胫弯椽"与"船蓬弯椽"，组成弯形轩顶，呈卷棚状，既寓鸳鸯命意，又使音响绕梁萦回，有极好的音响效果。

轩地下留空，与国外东正教大教堂底下埋设空缸，以追求唱诗音响效果一样，亦可助曲笛之声更美。鸳鸯厅地面方砖下设有地龙（仿北京故宫），冬天在厅外生火，将暖气送至地下，使全厅温暖如春，以迎宾客。[1]

① 张岫云：《补园旧事》，古吴轩出版社2005年版，第55—56页。

第三节

休闲心态

"休闲"，是人的生存整体的一个组成部分，颇具哲学意味的象喻，表达了人类生存过程中劳作与休憩的辩证关系，又喻示着物质生命活动之外的精神生命活动。从字源学考察，"休"在《康熙字典》和《辞海》中被解释为"吉庆、欢乐"的意思。"人倚木而休"。使精神的休整和身体的颐养活动得以充分地进行，使人与自然浑为一体，赋予生命以真、善、美，具有了价值意义。

《诗·商颂·长发》中释"休"为吉庆、美善、福禄。"何天之休"。"闲"，通常引申为范围，多指道德、法度。《论语·子张》："大德不逾闲。"其次，有限制、约束之意。《易·家人》："闲有家。""闲"通"娴"，具有娴静、思想的纯洁与安宁的意思。从词意的组合上，表明了休闲所特有的文化内涵。

英文"Leisure"一词来源于法语，法语来源于希腊语和拉丁语。在希腊语中"休闲"为"Skole"，拉丁语为"Scola"，意为休闲和教育，主要是指"必要劳动之余的自我发展"。① 泛指"学习活动"；马克思认为的"休闲"一是指"用于娱乐和休息的余暇时间"；二是指"发展智力，在精神上掌握自由的时间"；是"非劳动时间"和"不被生产劳动所吸收的时间"，它包括"个人受教育的时间、发展智力的时间、履行社会职能的时间、进行社交活动的时间、自由运用体力和智力的时间"。②

中国古代文人园居休闲生活方式别具一格，包括读书、雅集文会、收藏字画、篆刻临帖、弈棋鼓琴、栽花养鱼等；"心态"指的是心境，特指心境的调摄。通过休闲促使人对生活（生命）进行思索，有助于人的全面发展和个性的成熟，使人真正地走向自由，为人类构建意义的世界和守护精神的家园，使人类的心灵有所安顿、有所归依。显然，"休闲"一词区别于"闲暇""空闲""消闲"。

一、读书养生

"腹有诗书气自华"，读书能使生命诗化。网师园濯缨水阁悬有对联："于书无所不读；万物皆有可观。"翁同龢彩衣堂里的对联："绵世泽莫如为善；振家声还是读书。"苏州园林多书斋、吟馆，"书房，是精神的巢穴，生命的禅床"，一个园中往往有几个书斋。如留园有汲古得绠处、还我读书处、揖峰指柏轩等数个书房。网师园水池北自东至右的书房建筑有：五峰仙馆、竹外一枝轩、看松读画轩、小书房、殿春簃等。

《卫生格言》说"书籍为养心之资"。在石天基养生说中，将"读书"列为一大法门。曹庭栋养生学专著《养生随笔》中也专辟"书室"一章。

西汉文学家刘向说："书犹药也，善读之可以医愚。"文揆《医心》诗更直言"病亦不迎医，书卷养性命"。陆游70岁以后的"却老方"是"蝇头细字夜抄书"，"病需书卷作良医"。读书能使人的大脑产生形象思维和抽象思维、发散思维和收敛思维与灵感的综合效应，起到益寿作用。

园林环境优雅，花木葱茏，空气新鲜，负离子多，有益健康。吴宽将回到他在苏州的园林"东庄"时十分喜悦："折桂桥边旧隐居，近闻种树绕茆庐。如今预喜休官日，树底清风好看书。"③

---

① [法] 罗歇·苏:《休闲》，姜依群译，商务印书馆1996年版，第18页。

② 《马克思恩格斯全集》第二十六卷，第三分册，人民出版社1975年版，第287页。

③ （明）吴宽:《闻原辉弟东庄种树结屋二首》，见《匏翁家藏集》卷2。

俞樾的书斋花园曲园的书房"小竹里馆",庭院遍植方竹,用王维《竹里馆》诗境,"独坐幽篁里,弹琴复长啸。深林人不知,明月来相照"。意思是:一位世外高人独自坐在幽静青翠的竹林里,逍遥自在地弹琴、长啸,在这深林里没有人知道,只有那天上的明月,柔柔地来相照。描写诗人在一个完全属于自己的天地里,远离尘嚣,自居自乐自逍遥这样一种悠闲而又清雅的情趣。

宋人韩驹《李氏娱书斋》说:"惟书有真乐,意味久犹在。"清人石成金将"读书之乐"作为其长生秘诀。

元徐达佐于耕渔轩内"暇日挟册以学,思古人之微,以适于道,吾于是充然而有余,嚣然而自得,怡然以尽夫修年,而无所觊觎矣。因名居室曰'耕渔',所以寓吾志也"。[①]

读书,即使咫尺空间,也感到天地广博为我开!清代戈宙襄的书房仅三椽,茅屋纸窗,仅蔽风雨。左置长几,积书其上,下一小榻,倦即卧,中容方几短椅,供三四人坐,客来小饮,恒肩摩而趾错然;有书橱五,无他物。主人日夕独居其间,左图右史,前花后竹,校读之余,继以诗酒,兴趣所至,直不知天地之大、古今之远、宫室之盛、品物之繁,其心泰然自足,其身亦若宽然有裕,遂取孟夫子之意,名之曰"广居"。[②]

徜徉书海,心无旁骛,跳出三界,"寂然凝虑,思接千载,悄然动容,视通万里",能够全面激发心智,使大脑在恒动中保持机敏与活力,延缓中枢神经老化,带动血液循环,协调和控制全身功能,故书味深者,面自粹润。如孔子云"不知老之将至"!

网师园的读书养心之所名"集虚斋",出自《庄子·人间世》:"惟道集虚,虚者,心斋也"。意思是:充满杂念的内心,无法修持正道,只有那"道"集结于虚空的心中,心志纯一,排除杂念,才能臻至虚寂空明的境界,才能使自己成为真而不伪、善而不伐、美而不骄的人,也就是真善美统一、完全保持了自己本性的人,这就是心斋。

邓尉山庄主查世倓"夙擅经世才,而壮年乞养,早谢荣名,久切渊明三径之思焉",居吴之日,与友人买棹约同游,从容谈艺,"啸傲于湖山之表,息游于图史之林,日坐春风香雪中,与君衔杯促膝,重话京华旧事,恍若前生。彼驰逐名场者,又乌知栖隐林泉之乐有如是焉?"[③]

二、雅玩雅藏

文人园林"雅玩",诗酒联欢是其重要内容。苏州耦园大厅就名"载酒堂",堂后有"诗酒联欢"门楼。

宋代叶道卿侍读在小隐堂小园，蒋堂有《过叶道卿侍读小园》诗，说他是"却借吴侬作醉乡"！古代文人特别看不起那些"不解文字饮，惟能醉红裙"的粗俗之徒，"否则珠帘画栋徒酒肉场耳，曷足尚哉"！他们推崇的是魏晋文人的"兰亭""文字饮""竹林宴"一类的风雅。

元代常熟桃源小隐在虞山，"面山有堂曰致爽，堂前花石森植，一时公卿与夫四方游士过从琴咏之乐，殆无虚日"。主人徐洪居此，"日有诗书讲习之乐，山水鱼鸟之适，澹然自足，无求于世，固无愧乎武陵之人然"①。常熟南皋草堂主人，"读书养浩，不嗜势利，所交游悉瞿儒逸士，相与咏歌徜徉，以乐其乐，……忘情轩冕，偃仰草堂间，尽其湖山之胜概，优游怡悦，卒老于桑榆也"②。

明吴中文士雅集结友之风甚盛，如高启、徐贲、宋克等"北郭十友"，文徵明父子与袁表等的"闻德斋"客会，文徵明、陈淳等"东庄十友"等。

申时行乃嘉靖四十一年（1562）状元，官至礼部尚书兼文渊阁大学士，为内阁首辅九年，政务宽平，人称"太平宰相"。万历年间在苏州建宅园八处，分别题名为金、石、丝、竹、匏、土、革、木，庭前皆栽种白皮松，阶级皆用青石。又有适适圃（或为八宅园之一），园中有宝纶堂、赐闲堂、鉴曲亭、招隐榭诸胜。他在园中，"常聚故人，修绿野、香山之故事，赋落花及咏物之诗，丹铅笔墨，与少年词人争强角胜。每当除夕、元旦，与王穉登倡酬赋诗，二十余年不间断"。

沈周的祖父沈孟渊的"西庄雅集"也颇富盛名。孟渊在相城的西庄，"有亭馆花竹之胜，水云烟月之娱"，"凡佳景良辰，则招邀于其地，觞酒赋诗，嘲风咏月，以适其适"。永乐初年，他驰书诸友，在他的西庄雅集。与会者有青城山人王汝玉、耻庵先生金问、怡庵先生陈嗣初、中书舍人金尚素、深翠道人谢孔昭、瞿樵翁沈公济等约十人。后由沈公济作《西庄雅集图》，杜琼为之序。

沈周父亲沈恒吉、伯父贞吉，既能安守祖业，又能继承家风，于祖居附近创构有竹居，坚持高隐不仕，"日置酒款宾，人拟之顾仲瑛"。

沈周在有竹居"固喜客至，则相与燕笑咏歌，出古图书器物，摸抚品题，酬对终日不厌"，时徐有贞、刘廷美、文宗儒、吴宽等，皆有雅会于有竹居的诗咏。

刘廷美"致政归时，不修世事，惟筑山凿池于第中，日与徐武功、韩襄毅、祝恸轩、沈石田诸老游，号曰小洞庭，实寄兴于三万六千顷七十二峰间也。每集多联句之作，而先生为之图"。

明代武英殿大学士王鏊少子王延喆为其父修筑了怡老园。王鏊晚年在此园中，日与沈石田、吴文英、杨仪部结文酒诗社，苏州才子文徵明、祝枝山、唐伯虎等人也经常在园中写诗论文，前后长达十四年。

东山鳌舟园，据王鏊在园记中所说，名流一时云集，歌诗作

① （明）释妙声：《桃源小隐记》，见王稼句编注《苏州园林历代文钞》，上海三联书店 2008 年版，第 261 页。

② （明）季廌：《南皋草堂记》，见王稼句编注《苏州园林历代文钞》，上海三联书店 2008 年版，第 261 页。

绘，酬唱不绝。明代陆治《元夜宴集图》卷，后附文徵明、王守、彭年、文彭、王榖祥五人题诗。表现的是文徵明家的一次聚会，时在嘉靖丁未年（1547）正月十五元宵节，画面上庭园中花木扶疏、曲径幽曲，人在香径、屋宇、烛灯下晤谈，环境幽静而闲雅，有山水的意趣，"虽无丝竹管弦之乐，一觞一咏亦足以畅叙幽情"。

清顺治年间保宁知府陆锦筑"涉园"，取陶公"园日涉以成趣"之意，建得月之台，畅叙之亭。"谁知太守山林之乐，时有群贤觞咏其间"，为彼时园中名联。

清毛宗汉筑槃隐草堂在苏州灵岩山东，取《诗经·卫风·考槃》中"考槃在涧，硕人之宽"之诗意。"盘桓自得，觉草木泉石，无非乐意，斯殆无心高隐，而适符于隐者欤！且逸槎（毛宗汉字）和易乐群，每和风晴日，四方宾客来游者，常得休暇于此，而望衡对宇，时多素心，或弹琴，或对弈，或觞咏，即无事相接，清言竟日，极盘桓游衍之趣"[1]。网师园小涧有宋摩崖"槃涧"，即取其意。

清初苏州江村桥畔袁又恺的"渔隐小圃"，每于"春秋佳日，吴中胜流名士，复命俦啸侣无虚日，而远方贤士大夫过吴者，挐舟造访，填咽于江村桥南北，樽酒飞腾，诗卷参互"[2]。

留园中部东边水畔的"曲溪"门额，位于水池之东，五行属木，象征着春天，令人有曲水流觞的联想；归田园居有一泓曲水绕岛，犹存"曲水"之实景，正是当年"续修禊事"的最佳之地，看清顾诒禄写的《三月三日归田园修禊序》："维时春风方和，百物呈祥，绿草夹径，紫藤挂空，新荷舒钱，幽篁拂粉"，风景迷人，大家"坐危石，荫乔柯"，"解衣磅礴，散发咏歌，谈仙释之玄理，征古今之逸闻"，大畅其怀！"迨主客既醉，少长忘年，手掬悬溜，身卧落花"，放浪形骸之外，真可与当年王右军兰亭雅集齐观！

明清文人自由结社蔚然成风。文徵明和王宠等人结吟社于隐士徐政在横山西南的别业凝翠楼等处。

1886年，易顺鼎与郑文焯、张祥龄、蒋次香等创立吴社联吟。易顺鼎《吴波鸥语叙》云："今年（光绪十三年丁亥）春，与叔问、子苾、叔由（顺豫）举词社于吴，次湘（蒋文鸿）自金陵至。四子皆嗜白石深于余，探幽洞微，穷极幼眇……叔向所居小园，命之以壶……数人者非啸于楼，即歌于园……"

苏州鹤园开展的活动有词集、诗钟、诗谜之戏、曲会、春节团拜活动等5种，当年鹤园四面厅上，觥筹交错，壶樽并举，平均每月有五六次。文人们在此，皆放浪形骸之外，然也未尝有酣醉傲狎之状。

清怡园主人顾文彬工书，其子顾承、其孙顾鹤逸、曾孙顾

---

[1]（清）沈德潜：《槃隐草堂记》，见王稼句编注《苏州园林历代文钞》，上海三联书店2008年，第151页。

[2]（清）王昶：《袁又恺渔隐小圃记》，见王稼句编注《苏州园林历代文钞》，上海三联书店2008年，第100页。

公雄、公硕，均雅擅词章书画，收藏宏富。其时，百余年间，胜会多，如"画集""诗会""曲会""花会"等。光绪二十一年（1895），顾鹤逸与吴大澄、陆廉夫、王同愈、顾若波、金心兰、吴昌硕、费念慈、倪墨耕、郑文焯、吴秋农、翁绶祺等 12 人创"怡园画集"，每月聚会三次，"研讨六法，切磋艺事"，观赏鉴定名人墨迹、文物古玩，或当场挥毫作画。顾鹤逸故世以后，其从子、山水画家顾彦平追慕前人业迹，于 1931 年春又重新组织了"怡园画社"，参加的有 23 名著名画家，成为艺林美谈。

苏州南半园又有隐社、半园女诗社、女学研会等在此吟咏集会。

苏州园林主人中不少人嗜古成癖、雅好收藏，宋、元、明、清时更为风行。凡秦铜汉玉、周鼎商彝、哥窑倭漆、厂盒宣炉、法书名画、晋帖唐琴、文房器具等古物，都在雅藏之列。

他们在啜茗之余，摩挲钟鼎，鉴赏文玩，陶醉于鸟篆蜗书、奇峰远水之中："时乎座陈钟鼎，几列琴书，榻排松窗之下，图展兰室之中，帘枕香霭，栏槛花妍，虽咽水餐云，亦足以忘饥永日。冰玉吾斋，一洗人间氛垢矣。清心乐志，孰过于此。"[①]

明代杜堇（约 1465—1509）的《竹园品古图》（见图 4-1），仔细描绘了多种不同材质的器物，画面闲适逸乐，款识特别提到，玩古需要有探究的精神，通过古物的考证来获得对古代礼仪制度的认识。

文徵明曾两次为好友华夏绘制《真赏斋图》。华夏，字中甫，正德嘉靖间人，在太湖边修建了真赏斋用以收藏金石书画。他收藏金石书画凡四十余年，藏品极富，鉴定的水平也很精，时称"江东巨眼"。《真赏斋图》中精心描绘了一组太湖石，几占半幅。在紫薇修竹丛生，古桧高梧掩映着一幢草堂书屋，屋中主客隔案对坐，似乎在展卷交谈，旁边摆放着一案，上面放置着鼎、觚、石砚等，右室隔窗可见架阁上庋藏着古籍书画等古物。

文玩向来是文人收藏的雅好。北宋诗人苏子美曾赞美道："笔砚精良，人生一乐。"明清时，赏砚藏砚之风日盛，文人制砚，偕书画篆刻入砚，砚铭形式布局及刀法韵味与砚雕融为一体，名款之后还有钤刻印章者。包章泰历代古砚精品展上，展出明代文徵明题款的日月星随形端砚，砚体通长 18.5 厘米，最宽处 13 厘米，前高（砚额隆起处）3 厘米，后高 2.7 厘米，呈前窄后宽、砚堂宽广、中心微凹、前低后高之态，砚池凿成弯月状，右上角两道弧形起线内，有一大二小金黄色石皮，不施刀工，尽显良材之美，为砚堂实用需要，左右两边略作减地处理，而后端又刻意琢连绵弯曲的起线，后边缘保留下凹弧形状槽沟，整个砚面宛如一幅日、月、星和祥云齐聚蓝天、山川江河环绕广袤大地的山水画佳作。砚背右侧阴刻行书"挥毫自在"，落款"徵明"，书法淡雅，刻工精到。

---

① （明）高濂：《燕闲清赏笺》上卷总序。

图 4-1 仇英《竹园品古图》

收藏古书名帖，更为普遍。文徵明之父文林筑小园"停云馆"，文徵明勒所藏名帖为《停云馆帖》十二卷。

明末清初的钱谦益，年轻时即喜古书善本，不惜重赀购古本，以致"书贾奔赴捆载无虚日"，所藏多宋元旧刻。中年时构拂山山房藏其所收之书，晚年则藏于红豆山庄的绛云楼。曹溶《绛云楼书目题词》说："所收必宋元版，不取近人所刻及钞本，虽苏子美、叶石林、三沈集等，以非旧刻，不入目录中；一好自矜啬，傲他氏所不及，片楮不肯借出。"

吴铨晚年在宅第内构建的潢川书屋，藏书万卷，其中不乏孤本秘籍。第二代为吴铨长子吴用仪，其藏书多为宋元善本，最为著名的是宋本《礼记注疏》。次子吴成佐，藏书甚富。第三代为长孙吴泰来，吴用仪之长子。吴泰来才情明秀，为"吴中七子"之一，藏书更加丰富，多宋元善本，其中《礼记》和《前汉书》为稀世珍宝。其次孙吴元润、第三个孙子吴兰舟所藏图书也很丰富。第四代为曾孙吴志忠，是第三个孙子吴兰舟的儿子，继续收藏图书，尤擅长"目录校勘学"。清代吴氏四代藏书家博采广搜古籍善本，精本秘籍连楹充栋，因而遂初园书香盈盈。

清末苏州怡园主人顾文彬，一生殚精竭虑，多方搜求，积累书画墨迹达到数百件之多，自晋唐至明清，有不少为传世的赫赫名迹。筑私家藏书楼"过云楼"，晚年精选所藏书画250件，编纂成《过云楼书画记》十卷。世有"江南收藏甲天下，过云楼收藏甲江南"之称，自清同治以来，已超过六代，历经百余年清芬世守、递藏有绪，在中国收藏史上罕有其匹。

苏州有"留园法帖""怡园法帖"和狮子林《听雨楼藏帖》书条石。留园以淳化阁帖为多，又补入玉烟堂、戏鱼堂等帖，比他园为多，园中四个景区以曲廊作为联系脉络，廊长700多米。循长廊至中部的西南景区，沿壁嵌有历代名书法家石刻370多块。

苏州听枫园主人、金石学家吴云笃学考古，精通书法，好古精鉴，性喜金石彝鼎、法书名画、汉印晋砖、宋元书籍，一一罗致。所藏齐侯罍和齐侯中罍，前者又称"阮罍"，为阮元"积古斋"曾收藏的珍品，在听枫园内筑"两罍轩"以藏之。著《两罍轩彝器图释》和《虢季子白盘铭考》等金石书。

古人以为，俗人之玩，合当令其丧志。君子之雅，识性应可无忧。文人趋古旨在汲取文化之源，体察精神之变，探其古意堂奥，也就是说，物品是表象，而索其文化之脉，才是真意。

但苏州古典园林主人既尚古也追新，所谓"时玩"，就是时尚的玩物。"苏样"产品成为时髦的代名词。明文学家袁宏道称誉"苏郡文物，甲于一时。至弘、正间，才艺代出，斌斌称极盛"，直至清咸丰十年（1860）前，吴地号为"天下第一都会"，甚至如王士性《广志绎》所言："善操海内上下进退之权，苏人以为雅者，则四方随之而雅，俗者，则随而俗之。"

明清被誉为"吴中绝技"的还有"苏琢""苏雕"，时刘谂善琢晶、玉、玛瑙，仿古之作，可以乱真；贺四、李文甫和王小溪等，都善雕精巧小品。其中陆子冈最富盛名，《苏州府志》："陆子冈，碾玉妙手，造水仙簪，玲珑奇巧，花茎细如毫发。"子冈，技艺全面，设计奇妙，器型多变，所琢玉器，多铭文诗句，具浓郁书卷气韵，都为图章式印款，所选多为新疆青玉、白玉。

三、天和常乐

道家的自然主义是副镇痛剂，可以抚慰饱受创伤的中国人之灵魂。道家将自然作为"道"的"无为而无不为"的表现，因此，"法自然""法天贵真"，就是从人与自然的同一、人在自然中所获得的精神的慰藉与解脱去看自然山水美的，自然美与主体的"自喻适志"逍遥无为相联系，自然能唤起一种超越了人间世的烦恼痛苦的自由感，是体验自然与人契合无间的一种精神状态，进入"天和"、常乐的至境。

古人向往身心自由，"白云怡意；清泉洗心"。意思是白云愉悦心志，清泉荡涤杂念。保持心境的安宁，超然世外，寄情于山水，感受大自然的洁净与辽阔，体味到了人生的真谛。

因此，士人们向往庄子"无功""无名""无己"的"逍遥"和"无待"，追踪庄、惠问答，由垂钓观鱼唤起了一种超越了人间世事烦恼痛苦的自由感，表现出超然高远的情志：天平山庄的"鱼乐国"、沧浪亭的"濠上观"，留园冠云台"安知我不知鱼之乐"，都取义于《庄子·秋水》篇中庄、惠濠梁观鱼时的问答之意；指游者徜徉于仙苑之中，内心摆脱俗累，感到心灵获得了极大的自由和无比的愉悦。留园"濠濮亭"，则增加了《庄子》濮水钓鱼、视高官厚禄为无物的故事，将晋司马昱的"濠濮间想"融于一辞。

宋代枢密直学士蒋堂，两守吴，谢事，"雅得菟裘地，清宜隐者心"，筑"隐圃"，圃中辟十二景，如结庵池上，名水月宅；南小溪上结宇十余柱，名溪馆；筑南湖台于水中等。并自赋《隐圃十二咏》。《南湖台》："危台竹树间，湖水伴深闲。清浅采香径，方圆明月湾。放鱼随物性，载石作家山。自喜归休早，全胜贺老还。"时时"独曳山屐往，无劳俗驾寻。湛然常寂处，水月一庵深"。

怡情草木花树，自古就是文人雅士返回纯净状态、寻觅生命本源的美好途径，看花、问竹、听松，俯仰于茂木美荫之间，涵养心性，生发智慧，随性适情，沉浸在诗化了的哲学审美意境中，忘却了人际伦常和名利功业，感受到"外适内和，体宁心恬"。

宋朱长文"当其暇，曳杖逍遥，陟高临深，飞翰不惊，皓鹤前引……种木灌园，寒耕暑耘，虽三事之位，万钟之禄，不足以易吾乐也"[1]。

明初高启在狮子林，见"清池流其前，崇丘峙其后……闲轩静室，可息可游，至者皆栖迟忘归，如在岩谷，不知去尘境之密迩也……余久为世驱，身心攫攘，莫知所以自释，因访公于林下……觉脱然有得，如病喝人入清凉之境，顿失所苦"[2]。

明顾大典筑谐赏园，将"江山昔游，敛之丘园之内；而浮沉宦迹，放之无何有之乡。庄生所谓自适其适……徐徐于于，养其

---

[1] （宋）朱长文：《乐圃记》，见王稼句编注《苏州园林历代文钞》，上海三联书店 2008 年，第 18 页。

[2] （元末明初）高启：《狮子林十二咏·序》。

天倪，以此言赏，可谓和矣"！①

明郑景行在他的南园，"日夕游息其间，每课童艺蔬之余，辄挟册而读，时遇佳客，以琴以棋，以觞以咏，足以娱情而遣兴。而凡圃中之百物，色者足以娱目，声者足以谐耳，味者足以适口，徜徉而步，徙倚而观，盖不知其在人间世也……"②

杜琼在"如意"园内"醉后抛书枕，梦回闻鸟啼"，"卷帘通紫燕，投饵钓金鳞"，"晚岁持方竹杖出游朋旧间，消遥自娱，号鹿冠老人。归则菜羹粝食，怡怡如也"。

清代彭启丰《网师小筑吟》曰："物谐其性，人乐其天……濯缨沧浪，蓑笠戴偏。野老争席，机忘则闲。"

清代先仕后隐的吴铨，在苏州木渎筑遂初园，"日取经籍训课其幼子，暇则登高眺远，览山色波光之秀，间行野外，遇樵夫牧竖相酬答，若忘乎曾为郡守者"。③高柳乱蝉多，鱼戏动新荷。悠然闲适，无事小神仙。惟在自家小园，等闲池上饮，林间醉。称心如意。剩活人间几岁。谁道洞天在尘寰外！这是宋代朱敦儒《感皇恩》词义。据《澄怀录》载："陆放翁云：'朱希真居嘉禾，与朋侪诣之。闻笛声自烟波间起，顷之，棹小舟而至，则与俱归。室中悬琴、筑、阮咸之类，檐间有珍禽，皆目所未睹。室中篮缶贮果实脯醢，客至，挑取以奉客。'"词人写的正是他晚年闲适生活的艺术化写真。

明代中后期，禅学极为兴盛，许多著名文人都有参禅的爱好，许多文人园林中都有静坐参禅的环境设计。李泽厚《华夏美学》尝言，佛教由下层百姓的信奉而日益占据了知识分子的心灵，使这心灵在走向大自然中变得更加深沉、超脱和富于形上意味的追求。审美表现上，禅以韵味胜，以精巧胜。又说：既然禅所追求的不是气势磅礴、高山仰止（儒）或扶摇直上九万里的雄伟人格，也不是凄楚执着或怨愤呼号的情感而是精灵透妙的心境、意绪，于是境界、韵味便日益成为后期古代中国美学的重要范畴和特色。

慧能创始的禅宗，自称"教外别传"，强调"我佛一体"、直心见性之学说，认为人人皆有佛性，"青青翠竹，尽是法身；郁郁黄花，无非般若（智能）"。其理论核心是讲"解脱"，而解脱的最高境界就是达到佛的境界，这个"佛"，已经不是释迦牟尼，因为"心外无佛"，这个"佛"在自己的精神世界里。修持方法实际上是"修心"，把宗教修证功夫变成对待生活的态度，它不但不否认人世间的一切，而且把人世间的一切在不妨害其宗教基本教义的前提下，完全肯定下来了。禅宗这一高度思辨化的佛教派别，宋代以后独步释门，成为中国佛教的代表，实际上包含伦理化、人情化、世俗化的三重改造。它缩短了此岸与彼岸之距离，宗教

① （明）顾大典：《谐赏园记》，见王稼句编注《苏州园林历代文钞》，上海三联书店 2008 年，第 204 页。

② （明）徐有贞：《南园记》，见《武功集》，台北"商务印书馆"影印文渊阁《四库全书》本，第 1245 册，第 165 页（上）。

③ （清）徐陶璋：《遂初园序》，见王稼句编注《苏州园林历代文钞》，上海三联书店 2008 年，第 149 页。

色彩大大淡化，也是天人合一精神的特殊体现。

狮子林的"问梅阁""指柏轩"、沧浪亭的"印心石屋"、网师园的"小山丛桂轩"、留园的"闻木樨香轩"等，都取自禅宗公案故事，禅师启发人打破偶像与观念的束缚，不受外在世界人事、物境的牵累，而从眼前之景中获得"悟"的契机，"自识本心"、发现"自家宝藏"，使人"蓦然心会"，领悟到人生和宇宙的永恒真理。

苏州园林中也有礼佛建筑，如天平山庄的"咒钵庵"、留园的"贮云庵""参禅处"等，旧时都为学佛之所，在此在家修行的"居士"，"玄入参同契，禅依不二门"（留园有亭额"亦不二"）

中国文人实际上都是三教合一的，以儒治世，以道养身，以佛修心。而且，实际上早期的道家本来宣扬的是一种"治国经世"的政治哲学，后来才偏重于修身养生之术，"和儒家传统的积极'入世'精神一样深深地植根于中国民族文化之中，成为中华民族的一种特有的心理特性"[1]。

"逃禅"既是文人无奈的选择，也不失为养生之法。在方丈石室揣摩无量佛法、拈花禅境（沧浪亭"印心石屋"），"禅依不二门"（留园"亦不二"亭），去寻觅禅宗"无住、无执"境界，心游空寂，无挂无碍，获得"大自在"（留园"自在处"），在月到天心处，风来水面时，领悟禅悦（网师园有月到风来亭）。

苏州太仓明代仅尚书文学家王世贞就有八园，王世贞《太仓诸园小记》说："余癖迂，计必先园而后居第，以为居第足以适吾体，而不能适吾耳目。""有八园，郭外二之，废者二之，其可有游者仅四园而已"，据现存文献记载，王世贞在太仓先后曾经居住生活的园林有麋泾园、离薋园、小祇园和弇山园。号为"东南第一名园"的"弇山园"占地70余亩，是其与当时造园高手张南阳合作的结晶，声闻东南。

弇山园初称"小祇园"，佛教有"祇树给孤独园"，是舍卫国的须达长者奉献给佛陀的一座精舍，是佛陀在世时规模最大的精舍，是佛教寺院的早期建筑形式。后因《庄子》《山海经》《穆天子传》有"弇州""弇山"，皆仙境，于是他自号"弇州山人"，亦改园名为"弇山园""弇州园"。弇山园的后门，榜曰"琅琊别墅"。

传统文化的最高境界是艺术与生命觉知的一致，是一种主张感悟与性灵的哲学，这在当代已残存不多。殊不知这种对自然万物的感恩与敬畏，谦卑与庄重，却支撑起我们的生命与灵魂，它主张竭力实现回归内心，驻守精神家园，最终实现的是自我人格的宽容博大。

[1] 汤一介：《佛教与中国文化》，宗教文化出版社2000年版，第175页。

第五章

心灵滋养

艺术一直都是人类精神体验及社会实践的创造物，而被创造的艺术品又以其丰富的表现形式和内在的精神丰富着人们的情感体验，滋养着人们的心灵。作为艺术品的苏州园林，是生活的境域，又是陶冶人文情操的场域，而陶冶更偏重于人的内心自觉，激发人的主动参与意识，它是通过审美活动对人们进行的一种情感教育。"目的在怡情养性，养成内心的和谐"[1]。

世间事物有真、善、美三种不同的价值，人类心理有知、情、意三种不同的活动。这三种心理活动恰和三种事物价值相当。朱光潜先生说：

> 真关于知，善关于意，美关于情……求知、想好、爱美，三者都是人类天性；人生来就有真善美的需要，真善美具备，人生才完美……于是有智育、德育、美育三节目。智育叫人研究学问，求知识，寻真理；德育叫人培养良善品格，学做人处世的方法和道理；美育叫人创造艺术，欣赏艺术与自然，在人生世相中寻出丰富的兴趣。[2]

苏州文人园林审美想象呈现为超脱现实功利的心理特征，因而人们可以通过审美，淡化物欲追求、纯化道德情操，以促进与他人之间的相互理解与尊重，从而实现各自的人格完善。

朱光潜先生说过，心理印着美的意象，常受美的意象浸润，自然也可以少存些浊念，一切美的事物都有不令人俗的功效[3]。

台湾学者贺陈词指出，中国文化是唯一把庭园作为生活的一部分的文化，唯一把庭园作为培育人文情操、表现美学价值、含蕴宇宙观人生观的文化，也就是中国文化延续 4000 多年于不坠的基本精神。

诚然，随着时代的进步，在建设中华民族精神家园的过程中，人们会自觉或不自觉地会对传统伦理范畴进行"创造性转换"，剔除其中蕴含的诸如绝对维护君权、父权的"愚忠""愚孝"内容而仅保留其中可以超越时代的价值观念，如个人对国家、对民族的纯粹的责任意识等。

① 《朱光潜美学文集》第 2 卷，上海文艺出版社 1982 年版，第 505 页。

② 《朱光潜美学文集》第 2 卷，上海文艺出版社 1982 年版，第 508～509 页。

③ 朱光潜：《谈美书简二种》，上海文艺出版社 1999 年版，第 115 页。

崇礼尚德

中国乃礼仪之邦，《晏子春秋·谏上二》："凡人之所以贵于禽兽者，以有礼也。故《诗》曰：'人而无礼，胡不遄死。'礼，不可无也。"

据完成于战国时期的《周礼》制定的礼制可知，影响到园林建筑和格局的主要是儒家的"以人合天"说和礼别尊卑说。

基于"天人合一"的道德观，"天"成为中华文化信仰体系的一个核心，中国文化主体儒道禅，儒家以人合天，道家以天合人，禅宗则兼融了儒道。儒家追求天道、天理，实质上是探求人的生命之道、生存之道，董仲舒讲，我们做人、做事、养生、治国，必须"循天之道"。"天"就是天然、自然，"循天之道"就是要遵循万事万物本性去做事情，这样才能成功；"礼"在中国古代是社会的典章制度和道德规范。夏、殷、周三代之礼，因革相沿，周公时代的周礼，已比较完善。对中华民族精神素质的修养起了重要作用。

据《论语·季氏》记载，孔子说："不学礼，无以立。"弟子颜回能自觉地以"礼"来规范自己的行为，"非礼勿视，非礼勿听，非礼勿言，非礼勿动"，汲汲于修养，"吾日三省吾身"（网师园对联出句"曾三颜四"）（见图5-1），有一套自律性的人生价值准则，礼仪使人"脱俗"或"免俗"，振其暮气、荡其浊气。

图 5-1
"曾三颜四"对联
（网师园·濯缨水阁）

苏州网师园砖刻家堂供奉的"天地君亲师"，正是中国帝制社会最重要的精神信仰和象征符号。祭天地源于自然崇拜，中国古代以天为至上神，认为天主宰一切，以地配天，化育万物，祭天地有顺服天意、感谢造化之意，象征神权；祭祀君王源于君权神授观念，象征皇权；祭亲也就是祭祖，由原始的祖先崇拜发展而来，先祖象征族权；祭师即祭圣人，源于祭圣贤的传统，具体指作为万世师表的孔子，也泛指孔子所开创的儒学传统，象征着思想统治。

一、宅乃礼之器

以中国的传统观念，家宅并不是简单的栖身之所，而是"阴阳之枢纽，人伦之轨模"，占据着生命的核心位置。它集生产和生活功能于一体，在内部完成生息繁衍所必需的物质资料和人自身的生产与再生产。

建筑作为一个多元化的艺术产物，不仅与人的活动息息相关，而且成为国家经济文化的符号与载体，传递着本民族的意识形态、审美取向。

冯友兰先生在《中国哲学简史》第二章中，曾对中西的地理水土进行过追根求源的考察。他指出，中国为大陆国家，民以农为本，以土地为生。土地是不动产，不仅死不能带走，而且生也难挪动。寒来暑往，祖祖辈辈，繁衍其上，也尽享其乐。与此相应，一套严整的家族制度便滋长出来，父子有亲、夫妇有别、长幼有序是其要义，国家社会不过是家的扩大，于是君臣义如父子，朋友信似兄弟。世人都尽五常之本分，便为爱人，天下也就达到了仁。

梁思成谈到的中国建筑在环境思想方面的特点之一，是"着重布置之规制"，他说："古之政治尚典章制度，至儒教兴盛，尤重礼仪。"礼"不仅决定了古代中国社会一系列的人伦关系、道德规范、是非标准等，还有一系列具体的规则。建筑礼制主要体现尊卑贵贱的等级秩序，强化天尊地卑的所谓宇宙秩序，从日常服饰、房舍到车舆、器用都受到"礼"的规范、制约。例如建筑形制、大小、高低等，都被列入国家颁布的营缮令法和建筑法式，强制性执行，僭越逾者属于犯法。侯幼彬在《中国建筑美学》中列出了系列等级礼制，诸如城制、组群规制、间架做法等级、装修、装饰登记；理性的列等方式，诸如"数"的限定、"质"的限定、"文"的限定、"位"的限定等，从而严重束缚了人们的建筑创新意识。[①]

讲究"以人合天"的儒家，视封建礼制为规范人们回归"天道"的金科玉律。古代宇宙论中的盖天说，即"天圆地方"说，极大地制约了园林的选址和布局。

《老子》有"万物负阴而抱阳"之说，但先秦时期还没有确立以面南为尊的意识，随着对皇权的推崇和神圣化，建筑格局上的"阳尊阴卑"等级秩序的强调也越来越严格，位尊者处于中央地位，面东、西者次之，面北者最低。

① 侯幼彬：《中国建筑美学》，黑龙江科学技术出版社1997年版，第163—170页。

龙庆忠曾指出：

中国建筑平面之布局中礼式布局，常为南面有中轴，取左右均齐之方式……其礼式之布局，不仅为用最广，且自古至今仍然不变，实为世界建筑中之奇迹也。此盖以我民族为有礼仪生活之民族，其能广用此种布局迄于今者，实不足为奇也。盖中国社会乃礼教社会，而居不可一日无礼也。礼为社会秩序之实现，乃中国人所共由之道也。而伦常又为中国社会所重视，如男女有别、长幼有序。礼式建筑乃为实现此等理想之工具也，亦即实现中国民族生活之容器也。[1]

苏州古典园林，以宅为主、园为辅，宅和园的位置，因地制宜，有前宅后园（留园）、左宅右园（网师园）、双园傍宅（耦园），亦有以小巷将宅园分隔（怡园），也有住宅、庭园、园林自西至东依次展开的（退思园）。住宅部分均为规则严谨的礼式建筑，建筑的大小、色彩、鸱吻的样式、门当户对、甚至门槛的高度等都严格按照帝制时代品级的规格。建筑格局采用中轴线结构，各类用房由南而北沿中轴线安排，一般结构为：厅房为主，开间、进深、高度、用料、工艺、装修规格最高，开间多为奇数[2]；门房为宾，两厢为次，父上子下，哥东弟西，哥高弟低，尊卑有序，长幼有节，"各居其所"。

为避内外，在住宅正屋旁侧辟一条长弄，从入门第一进贯穿到最后一进院落，称"备弄"，即《长物志》所说的"避弄"："忌旁无避弄，庭较屋东偏稍广，则西日不逼；忌长而狭，忌矮而宽。"供宅内女眷及大家庭各房进出，女眷避男宾；仆从不能穿堂入室，只能行走备弄。备弄也是宅内防火安全通道。

网师园是清代苏州世家宅园的典型，东宅西园，有序结合。住宅为一落三进的长廊型建筑，"落"为横向单位，"进"为纵向单位，沿中轴线依次展开，每一进都有称为天井的小园子，藏风纳气、聚景，各进的建筑高度是前低后高。大门内是轿厅，轿厅后为大厅，面南，位住宅正位，最尊，居中轴线之中，面阔五间，三明两暗，正中三间，宽敞明亮，是家庭礼仪场所，婚丧喜事、会客应酬均在此，西侧为书房；大厅后为女厅撷秀楼，专供女眷们交际应酬，规格较大厅为低。第三进为孩子活动的地方，用一庭院相隔，位于住宅最北。大门东侧"避弄"连贯门厅、轿厅、大厅三进，直通后花园。

拙政园东部住宅坐北朝南（东南），建筑纵深四进，有平行的二路轴线。主轴线由隔河影壁、船埠、大门、二门、轿厅、大厅和两进楼厅组成。大门偏东南，重门叠户，庭院深深，面阔五间的一间间厅室，衍伸出长长的一串景深。东侧轴线安排了鸳鸯

① 龙庆忠：《中国建筑与中华民族》，华南理工大学出版社1990年，第2—3页。

② 中国传统文化以奇数为阳，偶数为阴，阳大阴小。

花篮厅、花厅、四面厅、楼厅、小庭园等,是园主宴客、会友、拍曲、清谈之所。建筑前后布置山石花木,幽静雅洁,为宅中最富生趣部分。

留园的东宅,采用了"三落五进"的平面格局,主落居中,每落分门厅、轿厅、正厅、内厅和楼厅五进。

耦园中部的住宅,为一座沿南北中轴线四进三门楼的古宅院,依次为:沿河照壁、门厅、轿厅、主厅、楼厅及宅之前后码头。

美国学者克里斯蒂安·乔基姆在《中国的宗教精神》中说:

> 作为中国建筑基础的有关神圣空间的观念就被同心、南北轴心、东西对称这三条原则所统制,所以这些反映了中国人对宇宙秩序的理解。[1]

这种布局形制,实际上就是中国"天圆地方"的观念的具体化:中轴对称表示"天圆";四周围墙表示"地方"。礼式住宅的建筑格局,将崇礼明伦礼制观念物态化,故住宅乃可居住的"礼器"。

花园为杂式建筑,布局自由灵活,形象地反映了士大夫儒、道互补的人生哲学。

二、崇礼尚德

中国在殷商时代就出现了"德"字,儒家所遵从的周文化,更强调"敬德""明德"。拙政园门宕额:"基德有常",即立德有准则、常规。《左传·襄公二十四年》:"德,国家之基也。"追求"清芬奕叶",世代德行高洁。"德"和"福"紧密相联。《周易·坤卦》有:"地势坤,君子以厚德载物。"《国语·晋语六》:"吾闻之,唯厚德者能受多福,无德而服众,必自伤也。"耦园轿厅砖额"厚德载福",意为有大德者能多受福。厚德者,具有宽厚待人、团结群众、以"和"为贵的兼容精神。孟子推崇"以德服人"。

苏州园林崇礼尚德。沧浪亭面水轩有对联曰"仁心为质,大德曰生",《孟子·离娄上》:"今有仁心仁闻,而民不被其泽,不可法于后世者,不行先王之道也。"又《易·系辞下》:"天地之大德曰生。"意即天地化育为功,故万物得以生也。注曰:"施生而不为,故能常生,故曰大德也。"儒家是以山水作为道德精神比拟、象征来加以欣赏的,它和儒家诗论所讲的比兴密切相关。

《诗经·小雅·车辖》有"高山仰止,景行行止"。高山,比喻道德高尚;仰,仰慕;止,同"之";景行,大道,比喻行为光

①〔美〕克里斯蒂安·乔基姆:《中国的宗教精神》,王平、张广保、沈培、李淑珍译,中国华侨出版公司1991年,第99页。

明正大。崇高的德行，为后人景慕。有德之人，千百年来受到后人膜拜，四时致祭，沧浪亭"仰止亭"亭壁刻有乾隆御题文徵明像石刻，系乾隆十九年立，上刻："沈德潜持明人画徵明小像乞题句，徵明，故正士也，怡然允之：飘然巾垫识吴侬，文物名邦风雅宗。乞我四言作章表，较他前辈庆遭逢。"赐"德艺清标"四字赞扬文徵明。

苏州沧浪亭从嘉靖二十五年（1546）大云庵住持释文瑛因钦重苏子美，复子美之构于荒残灭没之余开始，沧浪亭的主题已经从沧浪濯缨变为对濯缨人的高山仰止了。清康熙二十三年（1684），江苏巡抚王新命于园西部建苏子美祠。三十五年（1696）宋荦抚吴，构沧浪亭于土阜之巅，从格局上变更了苏舜钦濯缨濯足隐逸尘外的主题，"门前对沧浪之水，座上挹先生之风"。乾隆三十八年（1773），于园西建中州三贤祠。道光八年（1828），巡抚陶澍于园南部增建"五百名贤祠"，咸丰十年（1860）毁于兵火。同治十二年（1873）布政使应宝时、巡抚张树声重建告竣，先后重建苏子美祠、中州三贤祠。门额直接变为"五百名贤祠"。可见，自宋荦改建沧浪亭之后，从景仰苏子美逐渐扩大范围到五百名贤，沧浪亭的门额改为"五百名贤祠"，成为在任官吏的公众性的休闲园林，要求地方官员以先贤为楷模，注意自我修养，务必清正廉洁，相当于在任官吏的教育基地。

苏州沧浪亭里特辟的"五百名贤祠"一区，东月洞门上刻砖额"周规""折矩"[①]，意谓五百名贤皆能恪守儒家的礼仪法度。祠中墙壁上还刻有"景行维贤"四字，再次明确了后人仰慕的是贤德之人。祠中大匾"作之师"三字，点明五百九十四位名贤乃乃上天所立之人师。

园中假山东西两侧分别为康熙、乾隆的诗碑亭。康熙诗碑亭上的诗是："曾记临吴十二年，文风人杰并堪传。予怀常念穷黎困，勉尔勤箴官吏贤。"含有告诫、鼓励、表扬地方吏治的意思。对联曰："膏雨足时农户喜，县花明处长官清。"康熙十分重视倡导地方官吏清廉的风气，亲任赏罚，整肃纲纪。乾隆诗碑上刻着《江南潮灾叹》七首。

别的园林也都高扬古圣贤人，如狮子林中建有文天祥碑额曰"正气凛然"，高度颂扬了堪为人臣表率的文天祥的"正气"，但这个"正气"的核心以三纲为宇宙和社会的根本："地维赖以立，天柱赖以尊。三纲实系命，道义为之根。"（文天祥《正气歌》）。碑上刻有文天祥身陷囹圄时寄梅咏怀的《梅花诗》："静虚群动息，身雅一心清；春色凭谁记，梅花插座瓶。"

艺圃第三任主人姜采，因直谏崇祯遭廷杖，几死，但他还念念不忘崇祯的不死之恩。种枣明志，枣甘甜而心赤，以表白自己对明王朝的赤胆忠心。其子为纪念父亲的"永怀嗜枣志"，在园内特筑"思嗜轩"，旁栽枣树。

苏州园林建筑上的大量雕刻、堆塑题材，其中不少取材于古

---

① 《礼记·玉篇》十三经注疏本。

代圣王和德才兼备的贤臣。如尧舜禅让的历史传说，体现了"以人为本，任人为贤"的思想，所以被千古颂扬；网师园门楼兜肚两侧的"文王访贤"和"郭子仪拜寿"，是对明君贤臣的追念。

姜子牙长须披胸，时已 73 岁，庄重地端坐于渭河边，周文王单膝下跪求贤，文武大臣前呼后拥，有的牵着马，有的手持兵器，浩浩荡荡。这里描写文王备修道德，百姓爱戴，是个大德之君，而姜子牙文韬武略，多兵权与奇谋，隐于渭水之畔的潘溪，文王出猎，果然遇姜子牙于渭河之滨，与语大悦，曰："自吾先君太公曰：'当有圣人适周，周以兴'，子真是邪？吾太公望久矣。"故号之曰"太公望"，载与俱归，立为师。奠定了伐纣兴周统一大业的基础。姜尚在汉代已被立祠祭拜。公元 760 年，被唐肃宗封为武成王，祭典与文宣王（孔子）比，受万民敬仰！文王以大德著称，姜子牙以大贤著名，"文王访贤"，喻意为"德贤齐备"。

郭子仪，为唐玄宗时朔方节度使，安禄山、史思明造反，唐玄宗西走，唐祚若赘旒。郭子仪忠贯日月，单骑见回纥，压以至诚，再造王室，建回天之功。史载他"事上诚，御下恕，赏罚必信。与李光弼齐名，而宽厚得人过之"。以一身而系时局安危者二十年，封汾阳郡王，德宗赐号"尚父"，进位太尉、中书令。年八十五薨，帝悼痛，废朝五日，富贵寿考，哀荣始终，完名高节，烂然独著，福禄永终，虽齐桓、晋文比之为偏。唐史臣裴垍称："权倾天下而朝不忌，功盖一世而上不疑，侈穷人欲而议者不之贬。"

许由和巢父是历史上有文献记载的最早隐士，并称"巢由"，陈御史花园的许由掬水洗耳、巢父牵牛的雕刻图案，追慕"巢由"结志养性、不慕荣利等高风亮节；拙政园"伯夷叔齐采薇图"上的伯夷、叔齐是孔子称赞的"古之贤人"，韩愈《伯夷颂》赞之为"昭乎日月不足为明，崒乎泰山不足为高，巍乎天地不足为容"，是后儒宁死不做贰臣的"万世之标准"，等等。

三、敦宗睦族

"中国以农立国，对天地自然界有深厚感情。故对家庭亦感情深厚。西方如古希腊，以商立国，重功利，轻离别，家庭情感较淡。"[1] 中国是以血缘关系为纽带的宗法社会，宗法制度重视孝悌观念，故有人称中国哲学为伦理哲学，中国文化为伦理文化。孝成为了中华民族的传统美德，对于加强家庭和谐，营造温馨的家庭气氛起了重要作用。

早在甲骨文中，就有"孝"字，故有人称中国哲学为伦理哲学，中国文化为伦理文化。中国传统知识分子的心灵建构，往往是介于儒家思想与道家思想之间的一个平衡体系，铸成灵魂的两

[1] 钱穆：《宋代理学三书随劄·附录·中国文化传统中之士》，生活·读书·新知三联书店 2002 年版，第 146 页。

面：儒道精神。儒家精神是群居时代交往法则；道家精神是个人的处事原则，二者缺一不可。

孔子开创的儒学价值观，以人文主义为基本取向，注重道德的完善和人格的提升，在伦理上强调尊亲、爱人、事孝、崇礼；在道德上强调"君子义以为上。君子有勇而无义为乱，小人有勇而无义为盗"，"三军可夺帅也，匹夫不可夺志也"；在学习态度上主张"三人行必有我师""学而时习之"，因此儒家总的来说所持的是一种积极向上的修身治国之学。

老子开创的道家的价值观，以自然主义为基本取向，注重天然的真朴之性和内心的宁静和谐，主张超越世俗，因任自然。强调：致虚极、守静笃，息心坐忘，我之为我自有我在。

苏州园林也宣扬孝义，有著名的"孝义园林"，如宋枫桥姚氏园亭，为家世业儒的孝子姚淳所居，姚淳以孝闻于里，先墓上有甘露、灵芝、麦双穗之异，故名堂曰三瑞。苏轼尝为赋《三瑞堂》诗，有"枫桥三瑞皆目见"，称其"隐居行义孝且慈"。[①]《吴郡志》还录有姚淳送香给苏轼一事。苏轼手书致谢："姚君笃善好事，其意极可嘉。然不须以物见遗，惠香八十罐，却托还之，已领其厚意。"

苏州清初的"逸园"，因孝而名。园主程文焕是清初表彰的孝子。文焕的祖父死了，他的父亲哀恸失明，他为父亲舔目眚，父亲五年而恢复视力。文焕的父亲死后，他又守庐墓长达30年。以孝养名义构园，清代的李果更是强调简朴之园与奉养之间的关联，"予自先君奄弃，劳苦二十余年，而乃得经营是屋，奉吾母鱼菽之养"。俞樾筑园"太夫人自闽北归，以所居隘，谋迁徙"。苏州朱长文"乐圃"等，直接在园林里雕刻"二十四孝"，将中华民族道德信仰等抽象变成可视具象，潜移默化进行教育熏陶，如拙政园、东山雕花楼都有"二十四孝"雕刻图样。[②] 取"二十四孝"中故事为园林或厅堂名者也不少，如苏州"莱园"、常熟"绿衣堂"都是取春秋时老莱子"戏彩娱亲"的故事：老莱子孝顺父母，以美味供奉双亲。为了取悦父母，他70岁还常常穿着五色的彩衣，手持拨浪鼓像小孩子那样戏耍，躺在地上学小孩子哭，逗年逾90的父母开心。

苏州表达怡亲、娱老的，如怡园、怡老园等。面积约9亩的苏州怡园，园主顾文彬于光绪元年十月十八日给其子顾承的信中说："园名，我已取定'怡园'二字，在我则可自怡，在汝则为怡亲。"怡，和悦、愉快。《论语·子路》："子路问曰：'何如斯可谓之士矣？'子曰：'切切偲偲，怡怡如也，可谓士矣。朋友切切偲偲，兄弟怡怡。'"孔子以为，朋友之间，互相批评，和睦共处，可以叫作"士"；兄弟之间，和睦共处，可以叫作"怡"。安适保养，延年益寿。园名取"自怡悦"和"怡悦父母亲"之意，闪烁

① （宋）龚明之：《中吴纪闻》卷2。

② 二十四人的孝行故事，可以劝喻世人，匡正世风，用训童蒙，遂演绎为历代宣扬孝道的通俗表述，也成为明清民间年画中的题材，流传基广。但其中也有像"郭巨埋儿""戏彩娱亲""庾黔娄尝粪"等不近情理；像"哭竹生笋""卧冰求鲤"之类不切实际。也就是鲁迅先生说的"以不情为伦纪，诬蔑了古人，教坏了后人"（鲁迅《朝花夕拾·二十四孝图》）的内容。

着东方人伦之美。园内还有家祠，据俞樾《怡园记》记载，原"入园有　轩，庭植牡丹，署曰：'看到子孙。'"今名"湛露堂"。

狮子林小方厅北东侧走廊墙砖刻"宜家受福"，"宜家"，即"宜其室家"之意，见《诗经·桃夭》："之子于归，宜其家室。"朱熹传曰："宜者，和顺之意；室者，夫妇所居；家，谓一门之内。"也是指家庭和睦，共享大福。

中国传统文化强调"修身齐家治国平天下"，家族新盖了房屋，就会演奏礼仪诗，用的是《诗经·小雅·斯干》："如竹苞（茂盛）矣，如松茂矣！兄及弟矣，式相好矣，无相犹（欺）矣。"说的是：竹子丛生，松叶隆冬而不凋，根基稳固而又枝叶繁茂。此诗本为成室颂祷之语，赞美宫室如同松竹一般根固叶盛。这里还含有家族兴旺发达、兄弟相亲相爱之意。这就是网师园女厅前院门宕上的"竹松承茂"（见图5-2）的意思。

古人认为祭祀乃"国之大事"，将其列为五礼之首。古代人们认为，祖先的灵魂经过祭祀仪式后可以附于神主牌位之上。南宋朱熹提倡家族祠堂：每个家族建立一个奉祀高、曾、祖、祢四世神主的祠堂四龛。

祠堂是族权与神权交织的中心，宗祠体现宗法制家国一体的特征，也是凝聚民族团结一心的场所。特别是自明清以来，祠堂是祖宗神灵聚居的地方，供设着祖先的神主，祭祀先祖是祠堂最主要的功能。

祠堂也是举办宗族事务、珍藏宗谱、纂修宗谱、议决重大事务的重要场所，

图5-2　竹松承茂（网师园女厅门楼）

还有助学育才、宣讲学教礼法的功能。其中谱牒文化里的一些优秀的家训、家乘、家规、家礼等文献中，有关立志、勉学、修身养性、待人接物的训诫和爱家、爱族、爱国的思想，在普及传统文化，规范人们生活和行为方式，提高人们的文化教育教养，整齐家风，以至协调社会稳定方面起到重要作用。要好儿孙，须从尊祖敬德起；欲光门弟，还是读书积善来。

祠堂除了宗教意义外，主要就是作为标志性建筑，它的建筑规模就是这个家族地位显赫与否的标志。

苏州园林大多有家庙、祠堂。如留园有盛氏家庵，为盛家参禅礼佛之处，以园主盛康之别号"待云"名。庵南有"亦不二亭"，"亦不二"，佛教语，言直接入道、不可言传的法门。

商人经商致富后，往往修园林，建祠堂，购置族产和族田、建义庄。贝理泰在 1936 年写的《族贤捐留馀义庄惠族记》中道："自古施惠者不望报，而受惠者不忘德，此民俗所以敦厚也。"

购狮子林建贝家祠堂的是"颜料大王"贝仁元（按照族谱和家族内的关系，贝仁元应是贝聿铭的远房堂叔祖）。

贝仁元 13 岁丧母，靠族人救济生活，16 岁到上海颜料行当学徒。他为人忠厚，勤奋敬业，28 岁任颜料行经理。经过努力，赢得了"颜料大王"称号。

1918 年，贝仁元购得狮子林后，先后投资银圆 80 万元，历时九年改筑修复了狮子林。他认为"以产遗子孙，不如以德遗子孙，以独有之产遗子孙，不如以公有之产遗子孙……"，即着手在花园旁建祠堂。据说，贝仁元的目的是建祠归宗，但前提是一要建义庄，二要建族校，方能分支建祠。于是，贝仁生建祠堂、贝氏承训义庄赡养、救济族人合建族校。

今狮子林入口为原贝氏家祠前庭院，门厅东西两廊砖刻：景范、仰韩。对宋代名臣范仲淹景仰，北宋范仲淹最早在苏州设立了范氏义庄，救助赡养族人；仰慕宋丞相韩琦赈灾资政的义举。韩琦（1008—1075），河南安阳人，为官刚正，宝元三年（1040）出任陕西按抚使，与范仲淹共同防御西夏，时人将两人并称为"韩范"。

贝仁元效法前贤，捐资赈灾，资助辛亥革命党人，救济湖北灾情。出资修建了苏州火车站南面的跨河大桥"梅村桥"（梅村是贝润生父亲的名字）和部分主干道，梅村桥就是今平门桥，现今仍为火车站通向市区主要途径。为报答族人对他少年贫寒时的资助，1916 年他捐资 12500 元创建了苏州第一家公立幼稚园——吴县城东幼稚园。他一生乐善好施，济贫帮困，热衷公益。

祠堂大厅里供奉列祖列宗，外廊两侧砖额"敦宗""睦族"，要求家族内部都应该和睦相处，为人要忠厚、诚实。后进楼即民俗博物馆部分楼供奉列代祖母。现在的狮子林管理处办公室是原先的族校，新中国成立后成为工艺美校。

苏州是义庄的策源地，清道光二十一年《济阳丁氏义庄碑记》载："苏郡自宋范文正公建立义庄，六七百年，世家巨室踵其法而行者指不胜屈。"据民国《吴县志》记载，清末苏州府所属吴县、长洲、元和三县共有义庄 62 家，义田 7 万多亩，直到 1949 年，苏州还有义庄 23 家。

潘儒巷王惇的裕义庄，是苏州民俗博物馆的北区部分，为清同治十二年进士王笑山所建。门楼上"敦睦成风"的字样依然清晰，鲤鱼跳龙门和凤凰牡丹的石雕还很精致，后院两层民国风格的小楼已经被修缮一新，显示出当年这里主人的显赫与富贵。

苏州怡园主人顾文彬，光绪三年（1877）建春荫义庄，置田 2408 亩，以田租济助贫苦族众；义庄内建祠堂，东为怡园。1949 年初春荫义庄尚有田 1200 余亩。

第二节

崇文重教

"家家礼乐，人人诗书"的大吴胜壤滋育出苏州园林这枝东方风雅之花，园林中处处留下崇文重教的痕迹，随处都能读到一篇篇情味隽永的劝学篇。留园"五峰仙馆"北厅有苏州状元陆润庠一幅著名的崇文楹联："读《书》取正，读《易》取变，读《骚》取幽，读《庄》取达，读《汉文》取坚，最有味卷中岁月；与菊同野，与梅同疏，与莲同洁，与兰同芳，与海棠同韵，定自称花里神仙。"作者选取了五部有代表性的著作，用"正""变""幽""达""坚"五字概括了五书精髓，从中获取无穷乐趣，可谓善读书者。对句借咏花喻指人品格高洁脱俗，心志不凡。用"野""疏""洁""芳""韵"五字概括了五花的独特花姿，并与人的品格道德一一对应，借以咏志。读来琳琅在目，清香满口，花美人亦美。

历史上的文化名人故事和风流韵事，是苏州园林建筑木雕和堆塑的重要题材，反映了吴地崇文重教的优秀传统和文化风尚。

一、园实文，文实园

陈从周先生在《中国诗文与中国园林艺术》中说：

南北朝以后，士大夫寄情山水，啸傲烟霞，避嚣烦，寄情赏，既见之于行动，又出之以诗文。园林之筑，应时而生。续以隋唐、两宋、元、直至明清，皆一脉相承。自居易之筑堂庐山，名文传诵。李格非之记洛阳名园，华藻吐纳。故园之筑出于文思。园之存，赖文以传。相辅相成，互为促进，园实文，文实园，两者无二致也……文人园林与文学创作，盘根错节，难分难离。

以诗文构园是中国古典园林的特色，苏州园林向来称为"文人园"，是"地上的文章"。"虽仅咫尺天地，却有清流碧潭、千岩万壑、亭台楼阁之胜，兼有曲径通幽、柳暗花明之趣，恍入婀娜仙境、世外桃源。更有满园诗境、纵横意象：靖节诗的恬淡、辋川诗的冷寂、屈赋的幽情。超逸、空灵、虚融、淡泊，令人神驰、令人忘俗"[1]。

人们优游倘佯于园林中，仿佛置身于深山幽谷、穿行于桃源阡陌，沉浸在中国古典诗词所创造的艺术氛围中，如闻古典词曲的芬芳。

如退思水园园景，除了朦胧迷人的水乡情调外，还洋溢着宋人姜夔《念奴娇·闹红一舸》的词境：旱船"闹红一舸"；"水香榭"，"嫣然摇动，冷香飞上诗句"；"菰蒲生凉"轩，"翠叶吹凉，玉容销酒，更洒菰蒲雨"；园西九曲回廊上九个塑窗镶嵌着新石鼓体"清风明月不须一钱买"九字，用唐李白《襄阳歌》中"清风朗月不须一钱买，玉山自倒非人推"的诗意，形容园内醉人景色。

苏州园林通过诗境营造、诗性品题、书条石等艺术手段创造出氤氲文气。在王国维《人间词话》所说的词家多以景寓情……不知一切景语皆情语的环境中，"朝则诵羲、文之《易》，孔氏之《春秋》，索《诗》《书》之精微，明《礼》《乐》之度数；夕则泛览群史，历观百氏，考古人是非，正前史得失。当其暇也，曳杖逍遥，陟高临深，飞翰不惊，皓鹤前引，揭厉于浅流，踌躇于平皋，种木灌园，寒耕暑耘。虽三事之位，万锺之禄，不足以易吾乐也"[2]！

宋代罗大经《鹤林玉露》说："绘雪者不能绘其清，绘月者不能绘其明，绘花者不能绘其馨，绘泉者不能绘其声，绘人者不能绘其情。夫丹青图画，原依形似；而文字模拟，足传神情。即情之最隐最微，一经笔舌，描尽殆写。"雪清、月明、花馨、泉声、人情等，固然很难用绘画的方法表现出来，所以中国画要用文字题识的方式，也即罗大经所说的通过笔头或者舌尖，就足以将心中最隐藏和最微妙的情感淋漓尽致、毫无所遗地表现出来。

苏州园林都没有专职设计师，参与造园设计的多书画艺术家；参与指导施工的人物也多艺术大师和能工巧匠。他们精心地将士大夫的社会理想、人格价值、宇宙观、审美观等融入园林，且善于"取前人名句意境绝佳者，将此意境缔构于吾想望中"[3]。这些"前人名句"，撷自古代经史艺文，在园林中作为诗性品题的语言符码，恰似罗大经所说的"笔舌"，意在借助其原型意象来触发、

---

[1] 曹林娣：《姑苏园林——凝固的诗》，中国建筑工业出版社2011年版，第1页。

[2]（宋）朱长文：《乐圃馀稿》卷6。

[3]（清）况周颐：《蕙风词话》卷一，人民文学出版社1984年，第9页。

感悟意境，构园艺术家就这样以诗心去营构着纯净优美的诗境。同时流诸清言、小品。以至"读晚明文学小品，宛如游园，而且有许多文字真不啻造园法也"[1]！诗文乎，园境乎！

画家、诗人是用艺术形象立意。"诗者情也，情附形则显"[2]，园林中的物质建构包括建筑、植物、山水、内外檐装饰以及空间组合，是"情"所附之"形"，是诗情之物化。其中之意，如"盛唐诸人，惟在兴趣，羚羊挂角，无迹可求。故其妙处，透彻玲珑，不可凑泊"[3]。盛唐的诗人着重在诗的意趣，有如羚羊挂角，没有踪迹可求。所以他们诗歌的高妙处透彻玲珑，难以直接把握，好像空中的音响，形貌的色采，水中的月亮，镜中的形象，言有尽而意无穷。这样，园林中，一切景语皆情语。

别林斯基有句名言"批评是哲学意识，艺术是直接意识"，"哲学家"，西方近世专指那些善于思辨、学问精深者，也就是我们常说的"古圣先哲"，如孔子、孔门十哲、老子、庄子等。哲学就是用简单的说话来体现出隐含深层意义的道理，让人们去思考和体会。而意识是"人所特有的一种对客观现实的高级心理反映形式"，是包括感觉、知觉、思维在内的一种具有复合结构的最高级的认识活动，思维在其中起着决定性的作用。

苏州园林是由人工将植物、山水、建筑艺术地组合成多种功能的立体空间综合艺术品，既承载着文人对社会、人生的"哲学意识"，又有诉之于人形象的"直接意识"，组成了陈继儒所说的"筑圃见文心"的"文心"，"文心"即"诗境"。凑泊如严羽《沧浪诗话》所称的空中之音、相中之色、水中之月、镜中之像，言有尽而意无穷。

二、膜拜名贤

膜拜历史文化名人的风雅韵事，成为苏州园林构园的一大文化母题。

如魏晋文人风流：如竹林七贤、陶渊明爱菊、王羲之爱鹅、王子猷爱竹等，前文已有涉及。此仅举晋"山中宰相"陶弘景一例。《南史·陶弘景传》载，他"特爱松风，庭院皆植松，每闻其响，欣然为乐"。明拙政园三十一景中就有"听松风处"一景（见图5-3），文徵明《拙政园图咏》曰："听松风处在梦隐楼北，地多长松。疏松漱寒泉，山风满清厅。空谷度飘云，悠然落虚影。红尘不到眼，白日相与永。彼美松间人，何似陶弘景。"画面上五株长松，一士坐松间，似在聆听松篁之声。"风入寒松声自古"，诗客骚人均爱听松风。唐代皮日休诗云："暂听松风生意足，偶看溪月世情疏。"李白诗曰："风入松下清，露出草间白。"秋风入松，万古奇绝。宋代苏轼《定惠院寓居月夜偶出》诗说："自知醉耳爱

[1] 陈从周：《品园》，凤凰出版传媒股份有限公司、江苏文艺出版社2016年，第50页。

[2] （清）叶燮：《已畦文集》卷8《赤霞楼诗集序》。

[3] （宋）严羽：《沧浪诗话·诗辨》。

图 5-3 一亭秋月啸松风（拙政园·听松风处）

松风，会拣霜林结茅舍。"拙政园频频易主，今此景仍存，并有"松风水阁"，悬额"一亭秋月啸松风"。怡园也置"松籁阁"一景。

唐宋文人风雅也是苏州园林置景或建筑雕刻的题材。

如大唐诗仙李白醉酒，写的是抱着政治幻想的李白当了翰林院待诏，唐玄宗李隆基与宠妃杨玉环在沉香亭赏花，召翰林李白吟诗助兴，李白即席写就《清平调》三首。李隆基大喜，赐饮。大太监高力士地位显赫，天子称他为兄，诸王称他为翁，驸马、宰相还要称他一声公公，何等神气！但李白借着醉酒，竟令高力士为他脱靴！陈御史花园裙板上的高力士为李白脱靴图中，高力士脱靴，杨贵妃捧砚，李白醉态可掬。

李白"醉酒戏权贵"后，浪迹江湖，终日沉饮，人称"醉圣"。开元二十五年（737年），李白到山东，客居任城，时与鲁中诸生孔巢父、韩沔（一作韩准）、裴政、张叔明、陶沔在徂徕山，日日酣歌纵酒，狂妄而不可狎近，时号"竹溪六逸"。"竹溪六逸"有着隐士与逸民的心理特征，性之所至，高风绝尘。他们寄情于山水林泉，桀骜不驯，放旷不羁，柴门蓬户，兰蕙参差，妙辩玄宗，尤精庄老，那是一种悠然自在的文化态度，更是一种理想而浪漫的生存方式。狮子林"竹溪六逸"图，刻画的就是"竹溪六逸"的放逸风范，他们在竹林溪边的敞轩中，三人在地毯上或扶几手持大蒲扇，或昂首站立，或团坐沉吟；三人行走纵谈，其中一人背手持扇，神情专注，甚为生动。

李白性情旷达，嗜酒成癖，史载其"每醉为文章，未少差错，与不醉之人相对议事，皆不出其所见"。杜甫《饮中八仙歌》赞道："李白斗酒诗百篇，长安市上酒家眠。天子呼来不上船，自称臣是酒中仙。"忠王府有两幅李白醉酒雕刻图：画面上的李白醉卧在一大酒坛旁，豪饮和醉态表现得淋漓尽致。另一幅"李白醉饮"图中，李白举杯似在邀月同饮。陈御史花园的李白醉酒图中，喝得酩酊大醉的李白，正扶着小童的肩膀回屋休息。

李白和杜甫被誉为中国诗歌灿烂星空中的双子星座。他们生活在唐朝由全盛到逐步衰退的时期，坎坷的生涯和颠沛流离的生活，使他们有了共同的语言。天宝三年（744）李白离开朝廷，与杜甫在洛阳相见，尔后同往开封、商丘游历，次年他们又同游山东，"醉眠秋共被，携手日同行"，亲同手足。李白比杜甫年长11岁，但对杜甫非常敬重。杜甫盼望与李白"何时一樽酒，重与细论文"。忠王府裙板上有一幅李白杜甫"重与细论文"的雕刻图，图上日已西沉，两人"论文"正酣，颇为传神。

宋代理学大兴，理学是十分精致的哲学，思理见性的理学，形成了"濂洛风雅"。"洛下五子"之一的周敦颐是其中的代表人物之一。

周敦颐"雅好佳山水，复喜吟咏"，酷爱雅丽端庄、清幽玉洁的莲花，曾筑室庐山莲花峰下小溪上。知南康军时，在府署东侧挖池种莲，名为爱莲池，池宽十余丈，中间有一石台，台上有六角亭，两侧有"之"字桥。写了情理交融、风韵俊朗的《爱莲说》，对莲做了细致传神的描绘：

> 水陆草木之花，可爱者甚蕃，予独爱莲之出淤泥而不染，濯清涟而不妖，中通外直，不蔓不枝，香远益清，亭亭净植，可远观而不可亵玩焉……莲，花之君子也。

赞美了莲花的清香、洁净、亭立、修整的特性与飘逸、脱俗的神采，比喻了人性的至善、清净和不染。周敦颐以"濂溪"自号，把莲花的特质和君子的品格浑然熔铸，实际上也兼融了佛学的因缘，构成后世园林中远香堂、藕香榭、曲水荷香、香远益清等园林景点意境。

盛夏周敦颐双手背在后面，漫步濂溪池畔，欣赏着清香缕缕、随风飘逸的莲花，口诵《爱莲说》，小童紧随其后，为他打扇，这是狮子林裙板上和陈御史花园裙板上雕刻的"周敦颐爱莲"图画面；狮子林裙板上另一幅爱莲图上，周敦颐坐在濂溪边枫树下的石岩上，手持葵扇，濂溪中的荷花亭亭玉立，小童采了一枝美丽的荷花给周敦颐看。留园的周敦颐爱莲图中，小童在濂溪边兴奋地指画着，周敦颐坐在溪边岩石上，手持葵扇朝荷花池指画着，似乎和小童在交谈。陈御史花园也有多幅周敦颐爱莲图。

宋人已经从消极避世的"隐于园"的观念，转向珍重人生的"娱于园""悟于园"。

林和靖是北宋著名的隐逸诗人，隐于杭州西湖孤山，足不及城市近二十年，不娶妻子，唯在居室周围种梅养鹤，人称他"妻梅鹤子"。

梅花的神清骨爽、娴静优雅，与遗世独立的隐士姿态颇为相契，深合崇雅绌俗的宋人时代心理，宋文人爱梅赏梅，蔚为风尚，他们托梅寄志，以梅花在凄风苦雨中孤寂而顽强地开放，执着、机敏、坚韧，孤芳自赏，象征不改初衷的赤诚之心。文人雅客赏其醉人心目的风韵美和独特的神姿。林和靖的《山园小梅》诗曰："众芳摇落独暄妍，占尽风情向小园。疏影横斜水清浅，暗香浮动月黄昏。霜禽欲下先偷眼，粉蝶如知合断魂。幸有微吟可相狎，不须檀板共金樽。"尤其是"疏影横斜水清浅，暗香浮动月黄昏"两句，写尽了梅花的风韵，成为咏梅绝唱。

天平山垂脊上的"林和靖爱梅"（见图5-4）堆塑，林和靖手持拐杖，旁有枝干虬曲的梅花，怀里拥一个笑吟吟的天真可爱的孩子。留园的"林和靖爱梅"图上，一小童肩扛一枝梅花，林和靖在梅花树下；忠王府的"林和靖爱梅"图，一小童肩扛一枝梅花，林和靖挂杖相迎。陈御史花园裙板上刻的林和靖头戴斗篷，站在梅花树下，一小童肩扛一枝枝干虬曲的梅花枝。

图5-4　林和靖爱梅（天平山庄·逍遥亭堆塑）

宋代沈括《梦溪笔谈·人事二》："林逋隐居杭州孤山，常畜两鹤，纵之则飞入云霄，盘旋久之，复入笼中。逋常泛小艇，游西湖诸寺。有客至逋所居，则一童子出应门，延客坐，为开笼纵鹤。良久，逋必棹小船而归。盖尝以鹤飞为验也。"林和靖爱逾珍宝。清代陆隽《竹枝词》："林家处士住孤山，双鹤飞飞去复还。懊恨儿家不如鹤，梅花香里一身闲。"留园"活泼泼地"裙板上，小童在逗鹤，而鹤张开翅膀翔舞在林和靖前面，林则俯身趋前，似乎在和鹤交谈。忠王府裙板上的仙鹤，背似龟背，正昂头伸脖，似乎也在和林和靖面谈。

"一肚皮不合时宜"的宋代大文学家苏轼，特别爱梅花，因为梅花也是"尚余孤瘦雪霜枝"，寒心未肯随春态"，梅格和苏轼的人格太相似，苏轼赏梅，独赏其清韵高格，他写有四十多首咏梅诗词，均能写其韵，赞其格。如赞白梅"洗尽铅华见雪肌，要将真色斗生枝"，冰清玉洁；赞红梅"酒晕无端上玉肌"，撩人之心。赏梅人也植梅，苏轼曾手植宋梅。留园裙板雕刻着"苏轼植梅"图，苏轼一手持折扇，一手在指挥小童往梅花上浇水。

忠王府和陈御史花园裙板上都刻有"苏轼夜游赤壁"图，明月当空，山腰祥云舒卷、梅枝倒垂、松树挺立，山崖下，浪花拍岸，苏轼坐在船上，面对摇桨的人，再现了苏轼《赤壁赋》的意境：

> 壬戌之秋，七月既望，苏子与客泛舟游于赤壁之下。清风徐来，水波不兴。举酒属客，诵明月之诗，歌窈窕之章。少焉，月出于东山之上，徘徊于斗牛之间。白露横江，水光接天。纵一苇之所如，凌万顷之茫然。浩浩乎如冯虚御风，而不知其所止；飘飘乎如遗世独立，羽化而登仙。

文房四宝之一的砚，为文人宝爱，苏轼平生爱玩砚，对砚颇有研究，自称平生以"字画为业，砚为田"。曾在徽州获歙砚，誉之为涩不留笔，滑不拒墨。对龙尾砚也情有所钟，写有《眉子砚歌》《张近几仲有龙尾子砚，以铜剑易之》《龙尾石砚寄犹子远》等诗歌。忠王府和陈御史花园的裙板上都刻有"苏轼玩砚"图：松石下，小童持砚，苏轼俯身细看；另一幅竹下、篱边，小童和苏轼各持一砚，苏轼神情专注地欣赏着砚台。

石崇拜是地景崇拜的产物，但将崇拜之石作为审美对象点缀在园林中盛行在唐，至宋达到巅峰。文人给天然奇石涂抹了浓浓的人文色彩，开创了中国赏石文化的全新时代。

宋徽宗时的书画学博士米芾，性格乖僻，极爱清洁，人称"米颠"；他爱石成癖。据《梁溪漫志》等笔记小说记载，米芾在担任无为军守的时候，见到一奇石，大喜过望，特令人给石头穿上衣服，摆上香案，自己则恭恭敬敬地对石头一

① （明）孙克弘：《题云林画》引沈周语。

拜至地，口称"石兄""石丈"，被时人传为美谈。陈御史花园"米芾拜石"图中，米芾对着奇石弯腰几近90度，拱手下拜，一童侍立在侧。

"元四家"中的佼佼者倪瓒（1306—1374），字元镇，号云林，绘画体现了元画"高逸"的最高峰，而他的"逸笔草草""聊以写胸中逸气"，也最能道出元代绘画的精神，明代中期"云林戏墨，江东之家以有无为清浊"①。倪瓒爱洁如癖，甚至"一盥颒（洗手洗脸）易水数十次，冠服数十次振拂"，"斋阁前植杂色花卉，下以白乳甃其隙，时加汛濯。花叶坠下，则以长竿黏（粘）取之，恐人足侵污也。"据明人王锜《寓圃杂记·云林遗事》记载：

> 倪云林洁病，自古所无。晚年避地光福徐氏……云林归，徐往谒，慕其清秘阁，恳之得入。偶出一唾，云林命仆遶阁觅其唾处，不得，因自觅，得于桐树之根，遽命扛水洗其树不已。徐大惭而出。

梧桐，又名青桐，青，清也、澄也，与心境澄澈、一无尘俗气的名士的人格精神同构。自此，洗桐成为文人洁身自好的象征。元末常熟曹善诚慕其意，在宅旁建梧桐园，园中植梧百本，居然朝夕洗涤，故又名"洗梧园"。狮子林和留园

图 5-5
倪云林洗桐图（狮子林）

都有"倪云林洗桐"（见图5-5）雕刻，留园的倪云林洗桐图上，水桶放在梧桐树下，倪云林站在一旁，一小童用勺子舀水正往梧桐树上浇水。留园另一幅洗桐图上，长髯飘飘的倪云林坐在岩石上手指着梧桐树，指挥小童认真地观察着梧桐，并往树上浇水。狮子林的洗桐图，梧桐树两三棵，倪云林坐在树旁岩石上，一伙计手拿抹布仔细地洗擦着树干，大水盆放在梧桐树下，树旁栏杆清晰可见（见图5-5）。

三、品题劝学

"卓荦观群书""从容养余日"，苏州园林是文人读书吟赏、挥毫命素的地方，书斋、吟馆众多，其品题成为耐人寻味的劝学词，是格言、经验、感悟，给人以深刻的启迪。

读书要心无旁骛，跳出三界，回归自然，这说的是学习的环境，更是一种纯净的心境。耦园的"无俗韵轩"，取自东晋陶渊明《归园田居》五首之一："少无适俗韵，性本爱丘山。"园主沈秉成辞去了"黄歇浦"上海苏松太道正四品之职，擢升四川按察使（正三品）亦以病辞未赴，夫妇相与啸咏其中，有终焉之志，寄情山水，有一种"久在樊笼里，复得返自然"的超脱感、轻松感。

网师园的"殿春簃"以殿春风的芍药花命名，网师园"看松读画轩"以古柏苍松命名，畅园"桐花书屋"以圣雅高洁之梧桐命名，都是以人化植物题名，以情悟景，使景物人格化，景物皆着"我"之情。这些植物的外形与内质，都蕴含着与人的品格美相对应的道德、品性，寄寓着园主的人品标格。

石为大自然的精灵，崇拜石头即崇拜大自然。留园的书房面对庭院湖石"独秀峰"，随取宋代朱熹的《游百丈山记》中名句"前揖庐山，一峰独秀"名"揖峰轩"，一个"揖"字，将湖石人情化，人与湖石若宾主相对，发生着感情的交流，透露了文人对湖石的热爱。

渔樵耕读，是古代文人的理想生活模式，陶渊明式的"既耕亦已种，时还读我书"的耕读隐逸生活，使无数文人欣羡不已。留园的"还我读书处"和半园的"还读书斋"，均取此意。

坐对青山读异书，何其清雅！耦园西花园的书房"织帘老屋"，效法的是南朝齐吴兴人沈驎士，他家贫如洗，然笃学不息，在陋室内一边织帘，一边诵读诗书，口手不息，负薪汲水，并日而食，经笥满腹，志节昂昂，终身隐而不仕。"织帘老屋"南对湖石假山，西、东、北三面都联缀湖石石峰，树木苍翠，花开四季，环境清雅，象征园主沈秉成夫妇笃学守节、深山读书的心志。

读书也要有宗教家般修行的虔诚，"住心观净""主静去欲""知止而后能定，定而后能静，静而后能安，安而后能虑，虑而后能得"，三者合一。沧浪亭书房

"闻妙香室"得个中三昧，取意于大诗人杜甫的《大云寺赞公房》："灯影照无睡，心清闻妙香。"妙香，特指佛寺所用的令人脱俗的香料。杜诗描写的是肃穆的古寺之夜，灯光烛影，照着打坐未睡的诗人，周围静谧宁馨，阵阵特妙的香气扑入鼻中，心中尘气灭，俗念顿消。这是个香气寂然、遗世脱俗的空寂境界。在此读书修行，真会产生方外之感。

读书求教要有禅宗二祖慧可的"立雪"之诚。他在初次参见菩提达摩（中国佛教创始人），夜里适逢雨雪交加。但他从师心切，不为所阻，恭候不懈。至天明，积雪已没及膝盖。菩提达摩见其求道诚笃，终于收他为弟子，授与他四卷《楞伽经》。又传慧可还自断手臂，终于感动了达摩，达摩为其安心。唐代方干《赠江南僧》诗有"继后传衣钵，还须立雪中"诗句，狮子林的"立雪堂"即取其意。

读书有恒心、苦心，视苦如饴，乐在其中，具有高度的自觉。

留园房名"汲古得绠处"道出了其中哲理：《荀子·荣辱》篇："短绠不可以汲深井之泉，知不几者不可与及圣人之言。"《说苑》载："管仲曰：短绠不可以汲深井。"这里的"绠"即绳子，短绳难以汲取深井之水，这是生活常理。故唐韩愈《秋怀》诗之五有云："归愚识夷涂，汲古得修绠。"谓钻研古人学问，必须有恒心，要下功夫找到一根线索，方能学到手，这和汲深井的水必须用长绳一样。

孟子谓，"天将降大任于斯人也，必先苦其心志，劳其筋骨"。退思园读书台名"辛台"，"辛苦"之台，历练心志也，在此读书犹如辛勤耕耘，一分汗水一分收获，来不得半点虚假，颇富深意。曲园乐知堂俞樾撰书对联说："积累譬为山，得寸则寸得尺则尺；功修无幸获，种豆得豆种瓜得瓜。""滴水石穿，非一日之功"，知识的获得、功业的成功，都非一朝一夕能达到的，需要经过长期的努力、不懈的奋斗，才能有所收获，一分耕耘一分收获，为不刊之论。

精神食粮的匮乏，无疑如精神之残废。苏州艺圃主人山东人姜埰取最爱吃的"餔饦"为名，餔，吃饭，《方言》第十三："饼谓之饦。"北魏贾思勰《齐民要术·大小麦》："（青稞麦）堪作麨及饼饦，甚美。"清代潘荣陛《帝京岁时纪胜·元旦》曰：汤点则鹅油方补，"猪肉馒首，江米糕，黄黍饦。"视读书如吃饭一样也是人生第一需要。

春夏秋冬，坐拥书城，左图右史，这就是四时读书乐。元代翁森力挽耕读之风，写《四时读书乐》诗，写徜徉书海的四季之乐，脍炙人口，对后代影响甚广。明代画家文徵明曾以这首诗为题材作《四时读书乐》画，明艺圃原有四时读书乐楼。

今存苏州大石头巷吴宅内一座建于乾嘉年间的砖雕门楼，上枋板"麟翔凤游"，左右兜肚分别刻有"柳汁染衣"（见图5-6）和"杏花簪帽"的典故，写的是"金榜题名时"的十年寒窗结果。

图 5-6　柳汁染衣（苏州吴宅"麟翔凤游"砖雕门楼）

下枋雕镂正是按翁森《四时读书乐》诗意所雕，可略见四时读书的风采。

春诗曰："山光照槛水绕廊，舞雩归咏春风香。好鸟枝头亦朋友，落花水面皆文章。蹉跎莫遣韶光老，人生唯有读书好。读书之乐乐如何？绿满窗前草不除。"舫形小轩内，两人一坐一立，吟哦对句。轩外蔓草铺地，鸟鸣高树，后曲廊小池，廊外花树处两个书僮亦在倾听评点。玲珑的太湖石上镌着"绿满窗前草不除"。

夏诗曰："新竹压檐桑四围，小径幽敞明朱曦；昼长吟罢蝉鸣树，夜深烬落萤入帏。北窗高卧羲皇侣，只因素稔读书趣；读书之乐乐无穷，瑶琴一曲来薰风。"花墙上辟圆月门，门后方亭，从春景里流来的涧水汇成小池，池上水榭内长几横陈，上有书籍一函、弦琴一架、香炉一只，主人倚阑数鱼。湖石上镌刻"瑶琴一曲来薰风"！

秋诗曰："昨夜庭前叶有声，篱豆花开蟋蟀鸣。不觉商意满林薄，萧然万籁涵虚清。近床赖有短檠在，对此读书功更倍。读书之乐乐陶陶，起弄明月霜天高。"梧桐一株，主人和一老妪看童子篱下折菊，卷棚式小轩桌上，书一函、灯一盏。湖石上镌刻"起弄明月霜天高"！

冬诗曰："木落水尽千崖枯，迥然吾亦见真吾。坐对韦编灯动壁，高歌夜半雪压庐。地炉茶鼎烹活火，四壁图书中有我。读书之乐何处寻，数点梅花天地心。"小道蜿蜒，柴门虚掩，一株寒梅怒放，树木萧疏，庭园书斋内，主人正在伏案读书，丫鬟正搧炉煮茶。书斋山墙上镌有"数点梅花天地心"！

冬天读书，书斋外白梅吐蕊，暗香飘逸，体会到翁森"读书之乐何处寻，数点梅花天地心"的境界，这就是沧浪亭书房"见心书屋"的立意。

四、古贤典范

榜样的力量是无穷的，苏州春在楼有著名的二十八贤木雕。贤，古指德才兼备之人。取材于历史上著名的二十八早慧少年的故事，他们大多有"神童"美誉，具有先天禀赋高、后天环境好又重视教育等共性。他们个个聪慧敏捷，有超强的记忆力和求异思维能力，且求知欲旺盛，勤奋好学，各方面成熟较早。

特点之一是勤奋刻苦。《文心雕龙·事类》："是以属意立文，心与笔谋，才为盟主，学为辅佐；主佐合德，文采必霸，才学褊狭，虽美少功。夫以子云之才，而自奏不学，及观书石室，乃成鸿采。"才固然为学之主，但学亦能使才增益。天才出于勤奋。如唐大诗人李白，少读书，未成，弃去。道逢一老妪磨杵的故事；北宋名臣、大文学家范仲淹（989—1052），小时候家境贫寒，寄住在长白山寺庙里读书，不顾饘冷的故事；汉代孙敬闭户读书，"头悬梁"的苦学典故；唐代名臣狄仁杰，从儿童时代起就酷爱读书，他说，读圣贤书，就像与圣贤相对讨论学问一样；五代桑维翰铁砚示志的故事；宋胡瑗布衣时，与孙明复、蔡守道为友，读书泰山，粗衣陋食，夙兴夜寐地攻读，不展家书；晋车胤"囊萤读书"、南朝齐江泌"随月读书"都是天才出于勤奋的典型故事。

特点之二是推重德才兼备的少年。古人重人品、才情，尤其推重德才兼备之人。他们往往少有令名，为时人所称。儒家以孝行作为仁之本，修身齐家，方可治国平天下。如"龙驹凤雏"，赞西晋陆云，六岁能属文，性清正，有才理，幼时吴尚书广陵闵鸿见而奇之，曰："此儿若非龙驹，当是凤雏。"人号"张曾子"的汉张霸，三四岁时就知道孝顺父母长辈，礼让兄弟姐妹，言行举止，出入饮食，都自然合礼；"步追惠连"的南朝陈谢贞，七岁懂得孝道；三国时常林年方七岁，因客人失礼，"字父不拜"。

特点之三：早慧而才思敏捷。"宁馨之儿"王衍从小就聪慧异常，明悟如神，还有"九岁通玄"的杨雄的儿子杨乌、"七岁及第"的唐刘晏等。早慧神童都能应口成诗，文不加点；善于"思接千载""视通万里"，异想天开，有很强的求异思维能力，因而妙语如珠。

如北宋寇准八岁三步便随口吟出一首五言绝句："只应天在上，更无山与齐。举头红日近，回首白云低。""请面试文"说曹操面试曹植，写《铜雀台赋》，曹植援笔立成，斐然可观，曹操惊奇不已。

应口成诗者更多，东汉黄琬的"对日食状"、东晋明帝的"对日远近"，则反映少年变异应对能力。宋王禹偁的"过鹦鹉对"、明何孟春的"论语两句"都属于"巧对"对联。

聪明的孩子面对皇帝也是毫无怯意，而且能瞄准皇帝的心理，应对自如，令人击掌！初生牛犊不怕虎，与长辈宿儒、宾客戏谈，能不卑不亢，自然得体。如

"天子万年""万寿无疆""坐中颜回""与客戏谈"等。

综上，苏州园林"劝学"内容异常丰富，而且都是寓教于乐，生动直观，既有学习氛围的烘染，又有人物故事的宣导，成为生动的劝学教科书。

当然，苏州园林中还有"连中三元""杏花簪帽""柳汁染衣""状元游街""鲤鱼跳龙门"等以科举入仕勉人读书的雕刻，春在楼选择的二十八贤人物，大多也是通过科举获得了功名，且不说科举制度不论出身选拔人才具有相对公平性，二十八贤长大后的建树足为一证，此不赘论；但不可忽视的是，"岂为功名始读书"，也是苏州园林"劝学"的一大内容。

第三节

崇美育德

苏联教育家苏霍姆林斯基说："美是一种心灵的体操，它使我们精神正直、良心纯洁，情感和信念端正。"

园林是由山水、植物、建筑等构成的物质空间，但它也是人化、情境化了的"物境"组成的艺术空间，并非仅仅是负载着狭义使用功能的物质空间，因而是美的载体。园林以生动直观的美的形象饴人，使人在对丘壑溪水、亭台楼阁和山花野鸟的欣赏中获得快乐，潜移默化地陶冶着性灵、培养了情操，得以涤胸洗襟，甚至达到"从心所欲不逾矩"的自由境界，将宇宙和心灵融合一体，精神境界得以升华，与"礼"协同一致地达到维系社会的和谐秩序。

"万物静观皆自得"，会心不在远，在于庄子般的"化蝶忘机"，天地与我为一，这样，一切都浸润着"静照在忘求"的哲学精神和美的风神，一切均幻化出美的光彩，便会感翳然林水、鸟兽虫鱼，自来亲人了！

一、仁山智水

"有若自然"的苏州文人山水园林，出现在山水审美意识觉醒的南朝，聚石引水，寄寓的是一种啸傲风月于山水间的情致，林下正始之风成为苏州园林追求的永恒的风雅。

山，在中华先人自然崇拜的光环中，昆仑为世界之中，为天帝之下都、地仙之洞天；随着自然崇拜的烟雾逐渐散去，博大仁厚的山体，成为人们的精神拟态。

图5-7　云冈石山（网师园）

孔子"知者乐水，仁者乐山。知者动，仁者静。知者乐，仁者寿"①成为园林欣赏的重要美学命题。

追求山林仁德，主张将"情""志"融入山水之间，将山水作为道德精神的比拟象征，"日涉成趣"的园林假山，皆由深谙画理者创作，是"搜尽奇峰打草稿"，或括天下之胜，"天台、匡庐、衡岳、岱宗、居庸之妙，千殊万诡，咸奏于斯"②，或为"马一角""夏半边"，再通过"一峰则太华千寻"的写意手法，将险峰佳境、千仞万壑浓缩于方丈、尺寸之间，以满足文人士大夫寄意丘壑的隐逸情思。

苏州园林选用空灵剔透的太湖石、巉岩透空的昆山石、性坚险怪的宜兴石、古挫质坚的黄石等叠成岩、峦、洞、穴、涧、壑、坡、矶。园山、厅山、楼山、阁山、池山、内室山、峭壁山等，造得盘道透迤，山势险峻，重峦叠嶂，有时还有茂树浓荫、深壑幽涧，一派山林气氛。

环秀山庄的太湖石假山，水盈似带；耦园的黄石假山，怪石嶙峋；沧浪亭上多石少假山，古树浓荫，箬竹被覆，藤萝蔓挂，野卉丛生，蹬道盘纡曲折，俨如真山野林；网师园云冈石山（见图5-7），从"竹外一枝轩"月洞门南望，恰似镶嵌在团扇上的山水盆景。

网师园琴室的峭壁山，更如一幅有生命的图画……

石为山之骨，"爱此一拳石，玲珑出自然。溯源应太古，坠世又何年"，"石令人古"，就具有了"永恒"的文化品格。爱石、品石、咏石，赋石以人格，以石为友，是文人风雅之所在，石是文

①《论语·雍也》，见杨伯峻《论语译注》，中华书局1963年版，第66页。

②（清）金天羽：《颐园记》，见王稼句编注《苏州园林历代文钞》，上海三联书店2008年版，第23页。

图 5-8
洞天一碧（留园）

人寄情抒情之物。

　　宋徽宗时的书画学博士米芾无疑是其中之最，米芾性格乖僻，极爱清洁，人称"米颠"。他爱石成癖。据《梁溪漫志》和《石林燕语》等笔记小说记载，米芾在担任无为军守的时候，见到一奇石，大喜过望，特令人给石头穿上衣服，摆上香案，自己则恭恭敬敬地对石头一拜至地，口称"石兄""石丈"，被时人传为美谈。米芾也就由此被称为"米颠"。士大夫对此举却津津乐道，认为"唤钱作兄真可怜，唤石作兄无乃贤。望尘雅拜良可笑，米公拜石不同调"！陈御史花园"米芾拜石"图中，米芾对着奇石弯腰几近90度，拱手下拜，一童侍立在侧。

　　米芾把他最珍重的一块太湖石称为"洞天一碧"（见图5-8），洞天乃道教中的神仙世界，意思是这灵石出自仙窟灵域，所以，"米芾拜石"也称"洞天一碧"。

　　"米芾拜石"成为风雅符号，颐和园的石丈亭、怡园的"拜石轩"、留园的"揖峰轩"、狮子林的"揖峰指柏轩"都效米芾拜石。

　　米芾还发明了品石的四个标准："瘦、皱、漏、透"。这几乎成为后世品评石头的圭臬。

　　"瑞云峰""绉云峰""玉玲珑"号为"江南三大名峰"。童寯《江南园林志》说："李笠翁云：'言山石之美者，俱在透、漏、瘦三字。'此三峰者，可各占一字：瑞云峰，此通于彼，彼通于此，若有道路可行，'透'也；玉玲珑，四面有眼，'漏'也；绉云峰，孤峙无倚，'瘦'也。"

　　以石峰著名的留园，在明时就有徐泰广搜奇石，其中便有他从湖州其岳父家运来的宋代花石纲遗物瑞云等五峰，尤以"瑞云"峰"妍巧甲于江南"。清乾隆时刘恕（蓉峰）亦爱石成癖，搜罗聚奇石十二峰于园内，名奎宿、玉女、箬帽、青芝、累黍、一云、印月、猕猴、鸡冠、拂袖、仙掌、干霄，自号为"一十二峰啸客"。又有晚翠、独秀、段锦、竞爽、迎辉等湖石立峰和拂云、苍鳞松皮石笋。光绪年间，盛康又从他处觅得冠云、岫云、瑞云（系盛康另选峰石沿用旧名）等

图 5-9　冠云峰（留园）

石峰，尤以冠云峰（见图 5-9）为最。

古人将缅邈的水域看作神仙出没居住的灵境。水是园林的血脉，无水不成园。园林水，诠释着孔子"智水"的哲理；象征着与"魏阙"相对的"江湖"，可以是渔父所歌之"沧浪水"，抑或庄子钓鱼的濮水和观鱼的濠下水。

古代哲人往往能从自然得出深沉的事理体悟，对于万物"生而不有，为而不恃，长而不宰"，这才是最高的德行。水是一种普通的自然之物，滋养着人的生命，水追求下位而安于卑贱，不与物争，所以不会引起纷争和失败；同时又善待万物，促成万物生长，因而深得众物喜爱。故老子曰："上善若水！""善者，吾善之；不善者，吾亦善之，德善矣！"《论语》中有言"子在川上曰：逝者如斯夫！"哲人由对山水的热爱与情怀，引申出了生活的哲理与大道，挥洒和描摹出了中国人骨子里儒释道的独特风采，真正使自然之水具有了精深的文化内涵，并因此成就了一种博大恢宏的智慧。

山水结合，阴阳相生，在园林中还别具寓意：

　　　　一曰海中仙山，自神仙思想盛行的秦汉开始，池山结合、山绕水围，相沿不绝。明计成《园冶·掇山》说："若大若小，更有妙境……莫言世上无仙，斯住世之瀛壶也！"

苏州拙政园中部水中，自西至东安置了三岛（见图5-10）：荷风四面亭、雪香云蔚亭和待霜亭；中岛土山最大，平面椭圆形，野水回环，以石护坡，坡度平缓，一亭踞上，名"雪香云蔚亭"；其西南方有六角小亭"荷风四面亭"，"柳浪接双桥，荷风来四面"；东侧一小土山平面略成三角形，上筑"待霜亭"：荷风四面亭、雪香云蔚亭和待霜亭三岛大小参差、高低错落，既令人产生蓬莱、方丈、瀛洲三神山之遐想，又得四季季相变化之美色。

苏州留园中部清池中则仅以一"小蓬莱"岛象征三岛，岛在两座曲桥中间，犹飞落一泓碧水之中，满架紫藤，紫藤架下仙鹤正翩翩起舞，渲染强化了紫气东来的仙境氛围，青霞缥缈，碧波漾荡。清代园中的小蓬莱在西部假山上，园主得意地宣称："仿佛蓬莱烟景，宛然在目！"

二曰桃源仙境。留园西部假山南环以"之"字形小溪，潺潺绿水，通过小桥，流向西南，两岸植以桃柳，小溪尽头壁上嵌有"缘溪行"三字，陶渊明《桃花源记》中武陵渔人见到的世外桃源意境油然而生。

二、花木移情

植物蕴藏着中国文化精神，规范着人们的审美创造；花卉丰富的艺术形态，也反过来改造和陶冶着人们的心灵。花木移情，若没有花木精神，便无所谓园林意境。

清人张潮《幽梦影》有"梅令人高，兰令人幽，菊令人野，莲令人淡，春海

图 5-10　世之瀛壶（拙政园）

棠令人艳，牡丹令人豪，蕉与竹令人韵，秋海棠令人媚，松令人逸，桐令人清，柳令人感"之说。

植物是园林中唯一具有生命力的构成要素，苏州园林讲究一年无日不看花，根据花木的季相特点，设四季之景。如拙政园海棠春坞、远香堂、待霜亭、雪香云蔚亭。怡园，冬有赏梅花的南雪亭，取杜甫《又雪》诗"南雪不到地，青崖沾未消"诗意。"雪"指梅花；秋天赏桂花，金粟亭匾"云外筑婆娑"，撷唐韩愈《月蚀》诗"玉阶桂树闲婆娑"之意。夏有赏荷花的"藕香榭"，取杜甫"棘树寒云色，茵蔯春藕香"诗意。退思园还有坐春望月、菰雨生凉、天香秋满、岁寒围炉等景。

另外，在花木品种的选择和配置上，在科学性的前提下，要求"悦目赏心"，重在精神情感上的享受。根据花木的生态习性、色彩、同音或谐音等，往往赋予花木以特定的象征意义，如忍冬，又叫"金银花"，花为金黄色和白色；枇杷，色黄如金，有"摘尽枇杷一树金"之说，均为大吉大利之物，园林中种植较多；紫荆树叶子呈"心"形，有同心、团结等意；枫杨因种子呈元宝状，以喻富贵；榆钱似一串串铜钱，以喻财富；石榴美好的形姿和独特的果味，使它集圣果、忘忧、繁荣、多子和爱情等吉祥意义于一身。

槐是公相的象征（见图5-11）。槐花、槐木都呈黄色，种子圆形，均有高贵之象。《周礼·秋官·朝士》："朝士掌建邦外朝之法，面三槐，三公位焉。"郑玄作注曰："槐之言怀也，怀来人于此，欲与之谋。"三公即太正大臣、左大臣和右大臣。因称三公为"三槐"，称三公家为槐门。如网师园宅前庭南植盘槐两株，表示"槐门"之第。

图 5-11　面三槐，三公位焉（网师园）

"门前一棵槐，不是招宝，就是进财"。有公断诉讼之能。《春秋纬元命苞》云："树槐听讼其下"。戏曲《天仙配》也有槐荫树下判定婚事，后又送子槐下的情节。《抱朴子》云："此物至补脑，早服之令人发不白而长生"。《名医别录》云："服之令脑满发不白而长生"。槐树益人，绿化常用，亦为风水布置所不可少。《花镜》云："人多庭前植之，一取其荫，一取三槐吉兆，期许子孙三公之意"。槐与文人学士的关系，大致都与科举入仕有关。宋代学士院第三厅学士阁，当前有一巨槐，素号槐厅，旧传居此阁者，多至入相。唐代李淖《秦中岁时记》载："进士不第，当年七月复献新文，求拔解，曰：'槐花黄，举子忙'。"正值考试季节，唐时科举考试有所谓"温卷"习俗，即将自己的文章、文集编好后，呈送给主考官或素有硕望的名公大人，以留下深刻印象或求举荐，为正式考试做准备。

苏州狮子林燕誉堂，庭院置有花坛、花坛上植一枝垂丝海棠、白玉兰、丛植牡丹，石峰峭立，每到春天，构成一幅华丽的立体图画，其题意为"玉堂富贵"，且如石般永恒。

苏州网师园"清能早达"大厅南庭院植两株玉兰。后庭院植两棵金桂，合"金玉满堂"之意。

住宅前后所植树木，有"前榉后朴"的习惯，"榉"与"举"谐音，"榉"，即中举，中举，即享荣华富贵，"朴"即仆人，后（旁）朴（仆人），就有仆人伺候。

紫藤树，有攀附向上之势，还有"紫气东来"的寓意，园东常见。基于"蟠中折桂"的典故，书房周围种桂花。海棠、棠棣之花比喻兄弟和睦，古木交柯连理是吉祥，古代往往当重要情况上报皇帝，写入史册，故宫连理树很多。留园中也古木交柯。

① （明）陆绍珩：《醉古堂剑扫》卷七。

"静赏有诗情，坐观有画意"，植物配置的诗情画意，是苏州文人园林的鲜明特色。

苏州园林以植物命名的景点，约占总景点的四分之一，而"栽花种草全凭诗格取裁"①，即以诗文为依据，从历史上积淀的审美经验中，借鉴古典诗文的优美意境，创造浓浓的诗意。游人徜徉园中，在赏心悦目之时，会产生"心中之又一境界"，即意境。

松柏，耐寒、常青，寓意抗击环境变化、保持本真、坚强不屈的品格。《礼记·礼器》曰："其在人也……如松柏之有心也……故贯四时不改柯易叶。"

孔子有"岁寒，然后知松柏之后凋也"的著名格言，《庄子》言"天寒既至，霜雪既降，吾知松柏之茂"，园林中以松为主题的有拙政园"得真亭""听松风处"、怡园"松籁阁"、退思园"岁寒居"等。

竹，秀逸有神韵，品格虚心能自持，品德高尚不俗，生而有节，被古人视为气节的象征。淡泊、清高、自持、正直，即是中国文人的人格追求。沧浪亭五百名贤祠南一片竹林，象征名贤的高风，与仰止亭相呼应，是很成功的植物造景。

竹子又是佛教教义的象征，所以，带有佛教色彩的景点一定植竹，如沧浪亭看山楼周、狮子林修竹阁、留园贮云庵周。

梅花风韵迷人，品格高尚，节操凝重，耐严寒、报早春，有清香。自宋开始，文人爱梅赏梅，蔚为风尚。王安石赏其耐寒："墙头数枝梅，凌寒独自开。"陆游美其节操："零落成泥碾作尘，只有香如故。"林和靖爱其神姿风韵："疏影横斜水轻浅，暗香浮动月黄昏。"狮子林的暗香疏影楼、虎丘的冷香阁、沧浪亭的数点梅花天地心，都以梅花立意。

芍药为花中宰相（见图5-12），花大色艳，形态富丽、香浓，堪与牡丹媲美；"多谢化工怜寂寞，尚留芍药殿春风。"殿春的品格受人倾敬。网师园殿春簃便植有芍药。

同一植物，在不同的环境中因时因地，形成了不同的氛围，造成特定的意境，使情景交融，

图5-12 尚留芍药殿春风（网师园·殿春簃）

引发游者审美联想，领悟其妙境。如荷花为花中"君子"，宋周敦颐《爱莲说》犹一曲不朽的"莲花颂"，从此，荷花被定格在"君子"的位置，"香远益清"成为它的品格特征。荷花还被推为"六月花神"，每年农历 6 月 24 日为观莲节。同一种荷花，在夏日，则荷风扑面，香远益清（拙政园"远香堂"），感发诗兴，"冷香飞上诗句"（避暑山庄"冷香亭"）；秋天，则取唐李商隐《宿骆氏亭寄怀崔雍崔衮》诗中的"秋阴不散霜飞晚，留得枯荷听雨声"诗歌意境。（拙政园"留听阁"），为园居生活提供丰富多彩的审美对象。

植物，创造园林意境。如"深柳疏芦"配置在"江干湖畔"，成为江南水乡风貌；拙政园"劝耕亭"旁几枝芦苇摇曳，给人以乡野之感。

有些植物含有特殊文化意蕴，如留园的"闻木樨香轩""无隐山房""小山丛桂轩"等园林意境，取自禅宗公案故事：《罗湖野录》曾载："黄鲁直从晦堂和尚游时，暑退凉生，秋香满院。晦堂曰：'吾无隐：闻木樨香乎？'公曰：'闻。'晦堂曰：'香乎？'尔公欣然领解。"《五灯会元》卷十七《太史黄庭坚居士》所载同此。说的是晦堂以启发弟子黄庭坚脱却知见与人为观念的束缚，体会自然的本真，生命的根本之道就如同木樨花香自然飘溢一样，无处不在，自然而永恒。借物明心的理趣和用语意语言来暗示精深微妙境界的表达方式，很有山水写意味道。此后将木樨的香味作为悟禅的契机，成为三教教门中常用的典故。

植物配置必须符合国画的原理和技法。园林植物以形姿有画意者为上选。植物以古、奇、雅、色、香、姿为上选，特别是古、奇，形态古拙、奇特，富有画意。古树因为时代久远，饱经风霜，大都具有奇特的形象，耐人观赏。

如网师园里的古柏，是南宋万卷堂遗物，已经历了 800 多个春秋了，顶梢早枯，饱经历史沧桑，但三根侧枝却枝叶扶疏，依然葱郁，给人以勃勃生机之感。

宋代开始，人们品赏梅花，有"横斜、疏瘦、老枝奇怪"的"三贵"之说，实际上是用品画的标准来品梅花，以有无画意为取裁标准。

植物配置讲究以少胜多，深得写意山水画之神韵，王维《山水诀》云："咫尺之图，写百千里之景，东西南北宛尔目前，春夏秋冬写于笔下。"

拙政园"海棠春坞"小院，一共才植两枝海棠花。枇杷园也只有十几枝枇杷。

北宋韩拙《山水纯全集》论一年四季所画的植物基本形貌是"春英、夏荫、秋毛、冬骨"。春天叶细而花繁，宜种迎春、连翘、紫荆、绣球等花；夏天叶密而茂盛，宜植广玉兰、枫杨树；秋天叶疏而飘零，宜种枫、乌柏、柿树；冬天叶枯而枝槁，宜以种落叶树为主。画理谓"宾者皆随远近高下布置"，丛植的植物，都是俯仰有姿、主宾分明，株间高下相间，距离不一。树木往往种在山腰石隙之中，参差蟠根镶嵌于石缝，"林麓者山脚下有林木也""林峦者山岩上有林木也"。低山不栽高树，小山不配大木，避免喧宾夺主。对面积小，但非得在山巅配置树木者，也是用峰石将树根遮住，符合"远树无根"之画诀。

荆浩的《山水赋》说："楼台树塞。"意指园林中的亭阁楼台必有树木相衬，"好花须映好楼台"。

树姿耸立而凌云的高树，或培养成"欹斜探水状的悬崖式"。在楼阁庭园等小空间点缀的花木，"借以粉壁为纸，以石为绘也。理者相石皱纹，仿古人笔意，植黄山松柏、古梅、美竹，收之园窗，宛然镜游也"[1]。"虚实相生，无画处皆成妙境。"

有"花墙头"之称的园林花窗，具有漏光、透气、聚景、框画等功能。阳光、月光、灯光，诡谲变幻，晨昏不一，昼夜分明，四时异调，经由漏窗进入庭园，就成了受控之光、人为之光、艺术之光、可观之光，明光本无价，入窗无限景。花窗"聚景"，框中空如，红杏、荷蕖、芭蕉、翠竹，皆成佳景，成为天然图画。

"粉墙洁白，不特与绿荫及漆饰相辉映，且竹石投影其上，立成佳幅。……且往往同一漏窗，徒以日光转移，其形状竟判若两物，尤增意外趣矣！"[2]

留园的"花步小筑"，一株爬山虎苍古如蟠龙似的攀附在粉墙上，天竺、书带草伴以湖石、花额，似一帧精雅的国画；网师园的峭壁山，紫竹和书带草点植，俨然一幅立体画。

"窗虚蕉影玲珑""移竹当窗"，使窗前、门外都有花木成景，如李渔所说的"尺幅窗"和"无心画"，以替代屏条、立轴。典型代表有网师园殿春簃和小山丛桂轩的窗景。

拙政园的"海棠春坞"（见图5-13），以丛竹、书带草、湖石和墙上书卷形题款，组成一帧国画小品。

① （明）计成：《园冶·峭壁山》，中国建筑工业出版社1988年版，第213页。

② 童寯：《江南园林志》，中国建筑工业出版社1984年版，第14页。

图5-13 海棠春坞（拙政园）

以白粉墙当纸，前植名卉嘉木，可清楚地看到由阴面白色粉墙衬托出来的花影，姿态优美，光彩艳丽。如拙政园"十八曼陀罗花馆"南面天井中，靠南白粉墙种有十八株山茶花，花有粉红、深红、白色，花期仍很绚烂。还配置两株白皮松，东角有假山一座，构成一横幅由松、山茶、假山组成的实物的立体画面。

高低树俯仰生姿，落叶树与常绿树相间，这种种都成为画家们的无上粉本。

三、建筑陶情

苏州园林建筑将审美功能与实用功能巧妙结合，具有虚无之美、造型之美、韵律之美、意境之美和文化之美等美学特征。如戗角欲飞，"如鸟斯革，如翚斯飞"，四宇飞张；柱间微弯的吴王靠、状若飞动的廊桥、云墙、水廊，无不给人以飞动轻灵之美感。屋顶有歇山、硬山、悬山、攒尖等形式。

真正杰出的建筑，是有思想的。它所渲染的，是一种感情，一种格调，一种思想，一种心灵的震颤。

如果说，轮廓是建筑的形体，材料是建筑的生命，光影是建筑的表情，细节是建筑的品位，那么意境，便是建筑的思想，建筑的灵魂。有风骨的建筑，往往具有鲜明的精神性和指向性，甚至会深刻地影响一个民族的精神内核和文化灵魂。

诚如吴振声先生所言："它们能对每一观众显示出它们的美、力和精致，以及完美感的平衡，和最优美的比例，而且，除了它们的艺术本质以外，依我所见到的，每件中国艺术（装饰）作品，本意上都带有某种意义的象征，可谓每件描绘的图像都含蓄一个理想，这个理想，这个意义，直给予我们对中国五千余年历史文化问世的一种透视，以及对其国民的某些希望、恐惧、企求、热望和信仰等等的某些了解。"[1]

"儒家的建筑左右均衡、对称、中高旁低、尊卑有别，体现了儒家'依仁'的中心思想，达到中庸和谐之美。"而道家建筑则不拘一格，要求气要流通，体现大象无形，天人合一。

唐、宋之后，融入了儒家理学的说法，形成了禅宗佛寺。佛寺建筑通常四面有门，顶部为尖状，代表修行到一定程度后就会超脱尘世。[2]

苏州园林建筑服务于主题，如耦园建筑服务于爱情意境，半园建筑体现了事不求全的哲理。艺圃的"思嗜轩"，寄托了园主姜垓之子安节对父亲的怀念之情，阐扬其父对明朝廷、国家的赤胆忠心，也含有"永怀嗜枣志"之意。是园中的主要建筑之一，原思嗜轩筑在园之西南角，清初徐崧《百城烟水》中以"思嗜轩"设目，并附有施闰章、汪琬等诗人的作品，可见此轩之地位。

① 吴振声：《中国建筑装饰艺术》，台北文史哲出版社1980年，第5页。

② 王学涛：新华网，2012—10-15 09：32：58。

园林的"建筑意",意味深永。如苏州园林旱船都有文人灌注的"精神",具有哲学意味的超功利的美的人生境界,正如《庄子·列御寇》中所说的逍遥不系之舟,飘若野鸥,泛同江苇。如苏州洽隐园(俗称惠荫园)旱船,即名"渔舫",有李翰章跋语,云:"颜其水榭曰渔舫,异日得遂初服,临流而渔,当不减濠梁之乐也。"渔舫门联对句说:"幸城郭依然渔隐,但消闲钓舫,何异绿蓑青笠,荡入吴天。"

旱船作为抒情载体,与水的洁净功能联系起来,获得人格净化意义。如苏州畅园船厅名"涤我尘襟",洗涤尽世俗的灰尘,也就是襟怀澄澈,获得了完美的人格。

苏州拙政园的旱船,南依黄石假山和树丛,东、西、北三面环水。夏天荷花绕舟,因名"香洲",即芳洲,是地名,近水。《述异记》中载:"洲中出诸异香,往往不知名焉。"杜若是香草,唐代徐坚《相和歌辞·棹歌行》云:"香飘杜若洲。"徐诗典出《楚辞·九歌·湘君》:"采芳洲兮杜若,将以遗兮下女。"盖香草所以况君子也。乃为之铭曰:"撷彼芳草,生洲之汀;采而为佩,爰人骚经;偕芝与兰,移植中庭;取以名室,惟德之馨。"屈原用"善鸟香草以配忠贞",把内在的诉之于理智的善的内容化为外在的诉之于感觉的美的形象来感染读者,把善提升到了鲜明强烈、色彩缤纷的美的境界。这里是把池中的千叶莲花比作香草。人们从八角门到露台,回首东望"香洲",宛如画舫正徐徐行驶在烟雨茫茫、波浪翻卷的宽阔水面上,故悬额"烟波画船",使人联想到"朝飞暮卷,云霞翠轩;雨丝风片,烟波画船"的良辰美景。

似舟非舟的船房,还有一个雅号"张融舟",象征着官员的清廉、高洁。查元偶《复园十咏·虚舟》云:"牵船住岸百花中,何逊张融!"南齐吴人张融,形貌短丑,早有令名,精神清澈。"融假东出,世祖问融住在何处?融答曰:"臣陆处无屋,舟居非水。"后日上以问融从兄绪,绪曰:"融近东出,未有居止,权牵小船于岸上住。"[1]拥翠山庄形同小舟的"月驾轩"对联:"在山泉清,出山泉浊;陆居非屋,水居非舟。"上联集杜甫《佳人》诗句,下联即用张融之典,表示清贫寡欲,不尚荣利,进一步强化了月驾轩这一船形建筑的情感主题;沧浪亭"陆舟水屋",用的也是"张融舟"的典故。清李斗《扬州画舫录·工段营造录》在谈到"船房"时引了全椒金絜斋榘诗:"启闭竞穿蒋栩径,入室还住张融舟。"张融舟与蒋栩径并提,意为超然物外,清心寡欲。司空图以"屋小如舟"方"人淡如菊","湖天重屋小于舟,日日忘机对白鸥"[2],舟成为清廉寡欲的形象载体。

形如折扇的扇亭,初称蝙蝠扇,有"福善"之意。又虞舜作五弦琴,歌《南风》的传说,蕴含帝王像舜那样关心黎民百姓、"扇披皇恩,体恤民心"的意蕴。相传晋代文学家袁宏得官上任前,谢安在袁宏赴任前赠送给他扇子一把,并说:"愿君多施仁政,扬

① 《南齐书·列传》第22卷。

② (明)郑真:《荥阳外史集卷91·赋野航》。

仁义之风。"宏心领神会，马上应声道："我一定奉扬您的仁风，去抚慰那里的百姓。"

拙政园西部有扇亭，张氏后裔张岫云女士在《苏州日报》撰文《补园扇情》说："补园内山涧南假山上有圆形小亭名'笠亭'，山东南方临水有一扇状小轩名'与谁同坐轩'（见图5-14），分开看，没有什么特别，实际上，这是张履谦造园时精心策划、刻意安排的一景。从波形廊南端观望笠亭和与谁同坐轩，可以发觉，笠亭的顶部恰好可以嵌入与谁同坐轩的屋顶，笠亭的锥形屋顶瓦楞好似一道道扇骨，宝顶形成柄端，与谁同坐轩的屋顶展开成扇面，两侧脊瓦为侧骨，一起构成了一幅完整的、倒悬的大折扇图形。当观察位置有变动时，它们又各自成为一把团扇、一把折扇的形状。……张履谦的祖父原籍山东济南，是一个平民，工手艺、善制扇，还擅长书画，曾在济南城山东巡抚衙门附近摆扇摊为生。……张履谦建造笠亭、扇亭，是表示他不忘张氏祖先制扇起家的经历，而且扇亭又置于几个景点的联结部位，成了一个独特的标志，让人们随时都能注意到它们的存在，作为一种纪念。"

方向随宜的奇亭巧榭等杂式建筑，都是建筑自然化的典型建筑，吐纳槛外行云、镜中流水，崇尚自然，既蕴含着老庄"道法自然"的命题，又寓意着《周易》"观天法地"的思想，这两种"自然"观虽各有侧重，但又相互补充，洗山色之不去，送鹤声之自来，使山水园和苑景区建筑魅力无穷。

耦园山水间垂脊堆塑不仅精致，而且图案主题与建筑内涵融成一组美的群体：垂脊有松鼠偷葡萄堆塑（见图5-15）。鼠为十二生肖之首，鼠最活跃的时候是晚上11点至凌晨1点，属"子时"，鼠多子，葡萄也象征多子，寄托着园主孩子绕膝的殷殷厚望；生活理想的美感，伴以屋畔乔松，是那么浑然得体，精思巧构，使人们在举目仰首之中，都有不尽的美扑入眼帘。

西侧山花处堆塑着双鹤和松、竹、梅，象征着永恒忠贞的爱情。鹤为纯情之鸟，雄鹤主动求偶，声闻二三千米，并引颈耸翅，叫声不绝；雌鹤则翩翩起舞，给予回应。双方对歌对舞，你来我往，一旦婚配成对，就偕老至终。雌鹤产卵卧窝孵化时，雄鹤左右不离以警戒；雌鹤出巢觅食时，雄鹤则代替雌鹤孵卵，浪漫而恩爱。据王韶之《神境记》载：古时，荥阳郡南郭山中有一石室，室后有一高千丈、荫覆半里的古松，其上常有双鹤飞栖，日夕偶影翔集。相传乃一对俱隐于此的数百岁夫妇所化；由竹梅可以联想到李白青梅竹马的爱情诗。东侧山花处堆塑"柏鹿同春"，"柏""百"谐音，鹿为长寿之物，寄托夫妇白首偕老的愿望。

水阁东南的"听橹楼"和"魁星阁"，均作重檐歇山卷棚式，下有连廊，上有阁道相通。互相依偎，恰似一对情侣佳偶，与"耦"合意。

听橹楼原来为护园人所住，朝北山墙上堆塑着向下俯冲的雄鹰。鹰，是专食小动物的凶猛的大鸟，飞行速度快，眼睛能看清楚十几公里外一只小鸡的一举一

图 5-14 与谁同坐轩（拙政园西部）

图 5-15
松鼠吃葡萄戗角（耦园）

动，狡诈而凶残异常，但猎人们设法用网将它诱捕活捉，将其驯化成为人类效命的抓捕能手。"神鹰梦泽，不顾鸱鸢，为君一击，鹏抟九天"，鹰雄健敏捷，鹰与"英"谐音，雄鹰单脚独立，寓意英雄独步天下，驰骋江山。雄鹰高踞屋脊，象征着凶悍、勇猛和力量，对盗贼等具有震慑作用，是"镇宅神英"。

朱光潜先生尝言：

> 艺术是人性中一种最原始、最普遍、最自然的需要。……嗜美是一种精神上的饥渴，它和口腹的饥渴至少有同样的要求满足权。美的嗜好满足，犹如真和善的要求得以满足一样，人性中的一部分便有自由伸展的可能性。泪丧天性，无论是真、善或美的方面，都是一种损耗，一种残废。[①]

徜徉在山水花木之间，享受到自然真趣，就会如宋代的苏舜钦，"洒然忘其归，箕而浩歌，踞而仰啸，野老不至，鱼鸟共乐，形骸既适则神不烦，观听无邪则道以明；返思向之汩汩荣辱之场，日与锱铢利害相磨戛，隔此真趣，不亦鄙哉！"[②]

---

① 《朱光潜美学文集》第 1 卷，上海文艺出版社 1982 年版，第 128 页。

② （宋）苏舜钦：《沧浪亭记》，见《苏舜钦集编年校注》，巴蜀书社 1990 年版，第 625 页。

第六章

艺术品格

苏州园林是熔文学、哲学、绘画、书法、建筑、园艺、手工艺等艺术于一炉的综合艺术，全面反映了苏州文化艺术水平。

"水木匠业，香山帮为最……"[①]，这是一个集木匠、泥水匠、漆匠、堆灰匠（堆塑）、雕塑匠（木雕、砖雕、石雕）、叠山匠（假山）等古典建筑全部工种于一体的综合性建筑群体。园林中丰富多姿的楼台亭阁、飞檐戗角、木雕挂落、红木槅扇、砖雕门楼、青石石雕、花岗石石雕等，精美绝伦。

仅冠以"苏"字头的苏州工艺就有：苏作（家具）、苏式盆景、"苏帮"泥塑、苏州丝绸、苏扇、苏绣、苏裱、苏装、苏琢、苏雕、苏灯，乃至陆墓金砖、虎丘泥塑、桃花坞木刻年画……按现行的手工艺分类为24个大类，苏州独占22个，各类品种达3000多种，在国家级"非遗"项目中工艺美术占一半以上，在省级和市级"非遗"项目中均为三分天下有其一。

苏州艺匠，薪火相传，高手如云：刘永晖精造文具、"陆子冈之治玉，鲍天成之治犀，周柱之治嵌镶，赵良璧之治梳，朱碧山之治金银，马勋、荷叶李之治扇，张寄修之治琴，范昆白之治三弦子，俱可上下百年保无敌手"[②]。更有朱勔子孙、张涟父子、巧匠詹成、蒯"鲁班""国能"计成、姚承祖，乃至虎丘花农、香山艺人……奠定了苏州园林精雅的艺术格调。

苏州园林有法无式的创造性、精雅工巧的美丽造型和回环往复、小中见大的布局分隔艺术，造就了歌德所说的东方"梦幻艺术"的极致。

① 苏州博物馆、江苏师范学院历史系、南京大学明清史研究室：《明清苏州工商业碑刻集》，江苏人民出版社1981年版，第122页。

② （清）张岱：《陶庵梦忆·吴中绝技》。

第一节

有法无式

明末清初，园林的大众化、广泛化，降低了某些造园师的水平，加上当时造园活动中出现了许多墨守成规、蹈袭窠臼的现象："乃至兴造一事，则必肖人之堂以为堂，窥人之户以立户，稍有不合，不以为得，反以为耻"。特别是一些通侯贵戚"掷盈千累万之资以治园圃，必先谕大匠曰：亭则法某人之制，榭则遵谁氏之规，勿使稍异"，以事事皆仿名园而自鸣得意。

针对这种程式化泛滥的现象，当时李渔即大声疾呼，要求构建园亭，必须"自出手眼，标新创异"。

"苏作""苏派""苏意"这类文化创意商品，曾经引领华夏文明的发展方向和脉动潮流。晚明宁波文人薛冈谓：

> "苏意"，非美谈，前无此语。丙申岁，有甫官于杭者，笞窄袜浅鞋人，枷号示众，难于书封，即书"苏意犯人"，人以为笑柄。转相传播，今遂一概希奇鲜见动称"苏意"，而极力效法，北人尤甚。

崇尚独创、创异思变正是苏州园林永葆青春、魅力无限的生命密码。今天苏州香山工坊营造工程有限公司，立足香山帮传统技术优势，锐意进取、积极开拓，公司与南京工业大学紧密合作，开发研究现代型胶合木结构生产，推广发展绿色、节能、低碳建筑应用技术，建成了胥虹桥，此桥成为目前世界第一大跨度的木结构虹桥。

一、构园无格

构园有成法，"法"指总的艺术规律及原则。诸如"巧于因借，精在体宜"；"顺应自然"；"山贵有脉，水贵有源，脉理贯通，全园生动"等均是。仅以叠山为例：

有三要旨：以少胜多、小中见大；有真为假，做假成真；耐人寻味、宛然如画。

二宜：一宜造型朴素自然，不宜矫揉造作；二宜手法简洁明了，不宜烦琐拖沓。

三远：即高远、深远和平远。

四不可：即石不可杂，纹不可乱，块不可均，缝不可多。

六忌：忌如香炉蜡烛，忌如笔架花瓶，忌如刀山剑树，忌如铜墙铁壁，忌如城郭堡垒，忌如鼠穴蚁洞。

十要：一要有宾主，二要有层次，三要有起伏，四要有曲线，五要有凹凸，六要有顾盼，七要有呼应，八要有疏密，九要有轻重，十要有虚实。[1]

---

[1] 崔晋余主编：《苏州香山帮建筑》，中国建筑工业出版社2004年，第124~125页。

但"构园无格",有法而无程式,"式"是指呆板机械的规则图式,全在于营构者的因地制宜,给历代匠师无限的创造空间。

园林必须要具有自己的独特个性,才能让人感到颇饶别致,产生美感。即使是"容身小屋及肩墙",依然可以在其中"窗临水曲琴书润,人读花间字句香"。

因地制宜为其要诀,虽然都遵循"地可池则池之;取土于池,积而成高,可山则山之;池之上、山之间,可屋则屋之"[①]的原则,但山麓园、滨湖园、城市山林自是不同。即使是同以"水"立意的园林,其风貌也各不同:沧浪亭、网师园都取意《楚辞·渔夫》歌,都表示要潇洒太湖岸,摇首出红尘,去做渔夫,园林中必备潋漾夺目的山光水色,尤其是"水"元素,但沧浪亭的水园内只有一潭,渺远的水都在园外;清初的网师园,"水面文章风写出,山头意味月传来",园内之水,"沧波渺然,一望无际";时至今日,虽几经变迁,水园中依然有一泓清波。虎丘就山势而筑的台地园"拥翠山庄",为扬名"憨憨泉"而集资若干万元而修筑,同样以"水"立意:"于泉旁笼隙地亘短垣,逐地势高亻居,错屋十馀楹,面泉曰'抱瓮轩',磴而上曰'问泉亭',最上曰'灵澜精舍',又东曰'送青簃',而总其目于垣之楣,曰'拥翠山庄'。杂植梅柳蕉竹数百本,风来摇飔,戛响空寂,日色正午,入景皆绿。凭垣而眺,四山溢蔚,大河激驶,遥青近白,列贮垣下,相与酾酒称快。"[②]园内却滴水全无,全凭"抱瓮轩""问泉亭""月驾轩""灵澜精舍"等含蕴水意的命名及"青蛙"等水栖动物铺地,使其处处显"水意"。

[①]（明）王心一:《归田园记》,见《吴县志》卷39中。

[②]（清）杨岘:《拥翠山庄记》,见山庄内书条石。

图6-1　香稻啄馀鹦鹉粒（残粒园一角）

拙政园和留园都为大型园林，但拙政园中部以池水为中心，楼阁轩榭建在池的周围，池水渺然，加上远借北塔，更显旷远，清空骚雅；枇杷园、听雨轩、海棠春坞等园中园，又颇现"奥如"。

留园则用中、东、西、北四区分割为山水风光、曲院回廊、田园菜畦（盆景）和山林野趣等各色风貌，联以七百米长廊，给人以"庭园深深深几许"的强烈感受。

小仅140多平方米的"残粒园"（见图6-1），取唐杜甫句"香稻啄徐鹦鹉粒"意，依然精致有序：一条曲径通向满月门洞，湖石当门，是为障景。园西北角依山墙叠起嶙峋的湖石假山，括苍半亭翼然山巅。假山空灵有石洞，入洞循石级盘空而上亭。此亭为园内唯一木建筑，两面临池，一面依住宅山墙，侧门西通花厅，从内宅楼层可通花园。括苍亭内部处理巧妙，后部因下有石级处理成坑床形式，侧面为书架和博古架，设坐榻、壁柜、鹅颈椅等。

园中参差石驳岸围起小天池一泓，小径环池，蜿蜒起伏，池边有树干斜曲的百年桂树，枝叶覆盖一角池水；卵石铺地，鹤舞翩翩；粉墙当纸，花木为绘。园西粉墙上镌刻着"锦窠"二字。沿墙置花台，种桂树、榆树、蜡梅、蔷薇等花木，壁面亦布满藤萝。园内建筑、山水、花木，乃至铺地、障景、景石一应兼备，结构紧凑，充分利用空间，比例确当，真可谓"小有亭台亦耐看"！

精雅的苏州园林，大至数亩，小只咫尺，皆看吞吐，逡巡数尺，全在因地制宜，各具胜概。所以陈从周先生尝以词境品苏州诸园之异：

> 网师园如晏小山词，清新不落套；留园如吴梦窗词，七宝楼台，拆下不成片段；而拙政园中部，空灵处如闲云野鹤，去来无踪，则姜白石之流了；沧浪亭有若宋诗，怡园仿佛清词，皆能从其境界中揣摩得之。[1]

二、制式新翻

计成主张"制式新番，裁除旧套"[2]。"苏州古典园林中的建筑，不但位置、形体与疏密不相雷同，而且种类颇多，布置方式亦因地制宜，灵活变化。"[3]

吴地的气候决定了建筑的封闭性要求不高，但对通风要求较高，因此园内厅堂建筑多采取回顶、卷棚、鸳鸯诸式。

建筑类型有厅、堂、馆、轩、楼、阁、亭、廊等，建筑形制不拘泥于法式而是根据环境、建筑造型的需要，灵活处理，独具匠心。童寯先生在《江南园林志》中写道：

[1] 陈从周著：《品园》，凤凰传媒股份有限公司、江苏凤凰文艺出版社2016年，第50页。

[2]（明）计成：《园冶·园说》，中国建筑工业出版社1988年，第51页。

[3] 刘敦桢：《苏州古典园林》，中国建筑工业出版社2005年，第32页。

吾国官民营造，历朝更张，布置丰杀，代有不同，木作石工，由简变繁。惟园林亭榭，可以随意安排，结构亦不拘定式，虽厅堂亦不常用栱。①

平面开间不都为奇数，有两开间、两开间半；正间和次间面阔的比例也不是一成不变；屋顶形式也灵活多样。

《园冶》卷一说："凡家宅住房，五间三间，循次第而造；惟园林书屋，一室半室，按时景为精。方向随宜，鸠工合见。"

园林建筑灵活多变，李渔在《闲情偶寄》中也提到了："创造园亭，因地制宜，不拘成见，一榱一桷，必令出自己裁……"

如厅堂，根据梁架形式的不同可分为扁作厅、圆堂、鸳鸯厅、花篮厅、花厅、四面厅、楼厅、对照厅、回顶及卷棚。厅堂内的天花普遍用轩，即用椽子做成各种形式，有茶壶挡轩、弓形轩、一枝香轩、船篷轩、菱角轩、鹤胫轩等。根据室内不同部位，可形成高低、形式不同的轩，使室内空间显得主次分明、形式丰富。轩同时还有着隔热防寒、隔尘的作用。

鸳鸯厅是在厅内用屏门、罩、纱槅将厅分为平面、空间大小相同的前后两部分，好像两座厅合并而成。南半部宜于冬春，北半部宜于夏秋。厅前后两部分的梁架一为扁作，雕饰精美，一为圆作，形式简炼，由此形成对比，如同鸳鸯，故名。

留园林泉耆硕之馆，厅南梁架为五界回顶圆作，厅北圆作为五界扁作，正间为银杏木屏门，次间为精美的圆光罩，边间为纱槅，用以分隔南北。两侧山墙上辟景窗，南为八角形，北为方形。厅平面五开间，周围有回廊，歇山顶。

狮子林燕誉堂厅南部梁架为五界回顶扁作，椽为菱角形；厅北部梁架为五界回顶圆作，椽为鹤胫形。厅南、北用屏门和纱槅挂落分隔，两侧山墙有水磨砖墙裙，厅前后有外廊。

鸳鸯厅也有变格，如清光绪年间姚承祖设计建造的苏州怡园可自怡斋，建筑造型呈四面厅形式，四周设有围廊，卷棚歇山灰瓦屋顶，内部却分隔为南、北二厅，分别为三界和五界回顶圆作，呈鸳鸯厅形式。

拙政园的三十六鸳鸯馆是"重轩的鸳鸯厅"的形制，称为"满轩"，即"梁架采用三轩或四轩相连而成，轩之间有花篮柱相隔，轩梁可等高或高低相连"。

花篮厅的梁架形式别致，前步柱或前后步柱不落地，柱下端雕刻成花篮形。其结构主要是依靠两端搁在两侧山墙上的通长枋子，枋须用坚实的硬木，枋与吊柱用铁件联系。如狮子林水池北主厅为花篮厅"水殿风来"，面阔三间，有外廊，为一枝香轩，内前为三界回顶鹤胫轩，中为五界回顶，后为三界回顶船篷轩，梁架均为扁作贡式。

听香深处——魅力

---

① 童寯：《江南园林志》，中国建筑工业出版社1984年，第12页。

图 6-2　涤我尘襟（畅园·旱船）

　　也有兼有数种结构形式特点的厅堂。如拙政园住宅东花厅：厅南、北两部分平面大小相同，均有纱槅挂落相隔，南部梁作为扁作，椽呈菱角形和鹤胫形，北部梁架为圆作，椽呈船篷形，具鸳鸯厅的特色；厅南、厅北梁架均有轩和内三界，如同轩、馆；前后步柱不落地，又是花篮厅的做法。

　　畅园船厅"涤我尘襟"（见图 6-2），临湖满装象征画舫舷窗的和合窗，下部则按水榭的一般处理，安设通长的鹅颈椅，为防止与局促的湖面比例失调，特采取写意手法，避免具象，在体形上不作画舫楼船的组合，而是采取单一屋盖，在纵长的东立面处理成歇山山面。[1]

　　楼也不拘一格。留园曲溪楼位于中部东侧，其北侧西楼稍后退，两楼一前一后，一长一短，一高一低，组成主次分明而又统一的整体。曲溪楼底层设有门洞和空窗，上层中间为半窗，两边为白粉墙上设砖框景窗，上下层形成虚实对比，建筑形象鲜明。尤其巧妙的是屋顶的处理，曲溪楼和西楼底层功能主要作为通道，进深较浅，如按常规，屋顶为两坡顶，必然觉得屋顶高度低和墙体不协调。现屋顶为一面坡，将屋顶高度提高了一倍，使建筑整体比例十分得体，手法灵活巧妙。

　　沧浪亭看山楼位于园东南隅，楼架在黄石堆叠的假山洞上，宛如一体（见图 6-3）。为使整体造型和谐，处理成楼前一层，后为二层，高低屋檐交错，飞檐翘角，外形别致，富有动态。

　　小亭更为灵动，不拘一格，有的一亭兼数式，如狮子林的真趣亭，亭平面长方形，卷棚歇山顶，嫩戗发戗。亭内前二柱为花

① 杨鸿勋：《江南园林论》，中
国建筑工业出版社 2011 年版，
第 284 页。

图 6-3　无言卧看山（沧浪亭·看山楼）

篮吊柱，后用纱隔成内廊，亭内天花装饰性强，略似花篮厅；扁作大梁，上为菱角轩和船篷轩，如厅式做法；雕梁画栋，彩绘镏金，鹅颈椅短柱，柱头为座狮，独具风格。

　　苏州园林建筑装饰小品如脊饰、门洞、亭式宝顶、花窗等也都花式多样，如洞门，计成《园冶》称之"门空"，是我国古代建筑中一种形制特别的门，兼具装饰性与实用性。与园中景色互为映衬，是苏州古典园林不可或缺的装饰小品。苏州古典园林洞门形式"有圆、横长、直长、圭形、长六角、正八角、长八角、定胜、海棠、桃、葫芦、秋叶、汉瓶等多种，而每种又有不少变化。如长方形洞门的上缘，除作水平线外，又有中部凸起，或以三、五弧线连接而成。洞门上角，简单的仅作海棠纹，复杂的常加角花，形似雀替；或作回纹、云纹，构图多样"[①]。

　　空窗因其形制小巧，纯属空明，其变化更为自由灵活，式样除常规的圆、方、六角、八角、汉瓶、贝叶、葫芦等形式外，还有菱花、扇形等更为活泼灵动的小品，点缀功能更突出。

　　苏州园林漏窗图案制式不断新翻，异彩纷呈，图案细节变化千姿百态，笔者收集不同漏窗千余式，选出近七百式，今收进《苏州园林园境系列——透风漏月·花窗》一书。窗框有菱形、圆形、多边形、折扇形、倒挂金钟、如意、灯笼、宝瓶形、桃形、石榴、荷花等，窗芯花样更是变化多端，卍字、六角景、菱花、书条、绦环、套方、冰裂、鱼鳞、钱纹、球纹、秋叶、海棠、葵花、如意、波纹……

① 刘敦桢：《苏州古典园林》，中国建筑工业出版社 2005 年，第 45 页。

造型精美的堆塑（又称灰塑）是以静态的造型表现运动的独特装饰艺术，是"凝固的舞蹈""凝固的诗句"。它是以雕、刻、塑以及堆、焊等手段制作的三维空间形象艺术。

苏州园林屋脊两端用的纹头、吻样有龙吻脊、鱼龙吻脊、哺龙脊、哺鸡脊、凤头脊、纹头脊、雌毛脊、甘蔗脊、游脊等多类，每一类式样还有变化，如纹头脊有围纹纹头、藤茎纹头、香柚纹头、石榴纹头、桃子纹头（果子纹头）和蝙蝠纹头、云雷纹头等式样，脊上还点缀着各种水藻、暗八仙等图案。脊饰有人物、动物、植物，如陶渊明爱菊、林和靖爱梅、凤栖牡丹、松鼠吃葡萄、松鹤等。植物有灵芝、梅花、寿桃、杨叶、禾穗，千姿百态（见图6-4）。

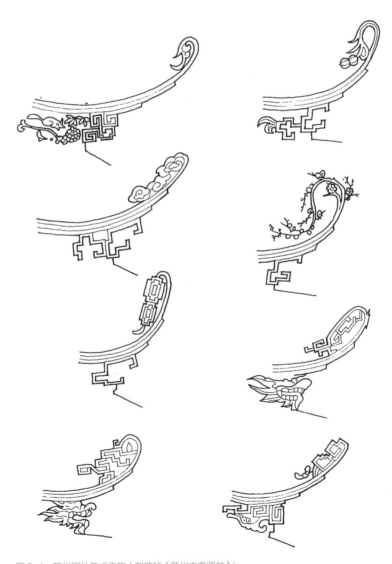

图6-4　苏州园林各式脊饰（刘敦桢《苏州古典园林》）

三、力避重样

一园之中，楼无同式，山不重形、水不重样，花木栽植也不对称。这是苏州园林营造的基本理念。

如桥梁，姚承祖《营造法原》曰："南方园囿较小，池沼较狭，不若北京三海、颐和诸园，水面辽阔，环境富丽，远山近树，悉可借景，而拱桥叠连，反见华丽得当也。故梁式桥则常见于南方园庭，以其平坦简单，适合环境。梁式桥之小者，仅设一石板，跨于溪面，板形平直，或稍上弯，其简朴特甚。"

苏州园林廊桥有拙政园小飞虹、曲桥、小拱桥、假山巅飞梁等，位置、形态都不同。

如艺圃在水池东南、西南略分小水湾，并于水口之上各架形制不同的低平曲折的石桥两座：东南平弧形小石板拱桥"乳鱼桥"，三块石板为修复时从池中捞出的明代原物；沿池南绝壁西行至西南角曲折板桥"渡香桥"，桥卧于水上，人行其上，如凌波踏水。

苏州网师园池周三桥，一为微型小拱桥引静桥，架在彩霞池与槃涧交界处，体态小巧，桥顶刻有一拟日纹浮雕，两侧雕刻的 12 枚太极图案，将园中之水隔成一大一小两体，形成旷奥不同境域，增加了整个中部园区的构筑层次和审美深度；一为曲桥，位于西北角；一为未经雕琢的黄石条，架于轻灵的濯缨水阁与东侧厚重的石山之间。

处在同一立面上的水戗戗头装饰也不重样，如站在网师园濯缨水阁朝东北角望，映入眼帘的有哺鸡头戗、如意头戗和凤头戗。

同一园林中花窗的图案拒绝相同，仅沧浪亭一处小园，就有花窗 108 式。同一内涵的装饰图案，施之花窗、砖雕等部位，在同一园中的造型也有异。亦以网师园为例，如"吉庆有余"，都采用八音之一的"磬"挂着双鲤鱼的造型，花窗上的"吉庆有余"（图6-5），以线条勾勒出"磬"和双鲤鱼，显得抽象；撷秀楼前兜肚砖雕上的"吉庆有余"（图6-6）则十分精细写实。

苏州园林各园理水根据水面大则分、小则聚的原则，分为：比较规整，呈几何型池塘，如曲园的"曲水池"、天平山庄的"鱼乐国"；驳岸起伏凹凸、湖面贴岸的湖泊，如拙政园、网师园中部；不规则带型分岔水体，以状写江河景色，如拙政园东部曲水、留园西部的"之"字形小河等；带形曲折的水面与山峦形成的山溪，如苏州拙政园西部塔影亭和艺圃南斋小院一带的溪流；谷涧，自然幽谷，如耦园东园黄石假山中的"邃谷"；溪流不断的山涧，如留园"闻木樨香轩"侧的溪涧；网师园的"槃涧"；水位较低的狭长水面与山形成的濠濮，如耦园东部的假山东侧宛虹；空间狭窄而深邃的水面渊潭，如沧浪亭"流玉潭"；模拟大自然中的天然水池的"天池"，如苏州残粒园写意小天池；还有瀑布，或利用屋

图6-5 "吉庆有余"花窗（网师园） 图6-6 "吉庆有余"砖雕（网师园）

顶雨水，或为人工瀑布等。各园理水手法不同，水池形态各异，各园之间无一雷同。

文化创意是艺术的生命，但正如俄裔法国画家、艺术理论家康定斯基（1866—944）在《论艺术的精神》中所说，任何艺术作品都是其时代的产儿，同时也是孕育我们情感的母亲。每个时代的文明必然产生其时代的艺术，并且是无法重复的。试图复活过去的艺术原则，至多产生一些犹如流产婴儿的作品……尽管这样的作品会流传于世，但它们永远没有灵魂。

给今天一些热衷于克隆苏州园林经典的设计者以启示和警示。

第二节

精雅工巧

苏州园林工程，涉及木作、泥水作、石作、砖雕、木雕、石雕、彩绘油漆、叠山、理水等多种建筑工种。精雅工巧是其突出特点。陈从周先生在《梓室余墨》中说苏南建筑"轮廓线条之柔和、雕刻之精致、色彩之雅洁、细节处理之认真，皆他处建筑所不能及者。至于榫卯一节，当推独步，国内无有颉颃者。次者如扬州、浙东，终略逊耳"。苏州园林建筑是苏南建筑的典范。

"自来造园之役，虽全局或由主人规划，而实际操作者，则为山匠梓人，不着一字，其技未传。"^①苏州数千年的造园实践，造就了一批专业的造园师，除了著名的如明周秉忠父子、计成、清初的张涟（南垣）父子、戈裕良外，还有叠山种花的"山子""花园子"，如朱勔后裔，"因其误国，子孙屏斥，不与四民之列，只得世居虎丘之麓，以重艺垒山为业，游于王侯之门，俗称花园子"。《姑苏志》载："虎丘人善于盆中植奇花异卉，盘松古梅，置之几案，清雅可爱，谓之盆景。"沈朝初在《忆江南》词曰："苏州好，小树种山塘，半寸青松虬干古，一拳文石藓苔苍，盆里画潇湘。"

"从来叠山名手，俱非能诗善绘之人。见其随举一石，颠倒置之，无不苍古成文，迂回入画"^②。

一、精细工巧

最能体现苏州园林工艺精细的是雕刻工艺。南方气候潮湿，北方干燥，建筑装饰上向有"南雕北画"之说。如砖雕、木雕、石雕，"无雕不成屋，有刻斯为贵"，绮纹古拙，玲珑剔透，妙在自然，堪称"雕梁"。

《营造法原》说："南方房屋属于水作之装饰部分，其精美者，多以清水砖为之。"砖雕就是用凿子和刨子在质地细腻的磨细清水砖复面上，采用平面雕、浮雕（包括浅浮雕、深浮雕和浑面浮雕）、透空雕和立体形多层次雕等技法，雕凿出各种图案，中部列横贯式砖雕兽额，以阳文刻出四字一组之题词。

苏州园林的地穴、月洞、门景、垛头、包檐墙、细照墙、墙门、门楼等处均有雕砖装饰。砖雕分为窑前和窑后两种雕法。窑前雕将砖坯阴干，先雕刻成形，再置窑中烧制，造型细腻，线条柔和，层次剔透，称透雕（镂空雕）。但烧制时容易变形，砖色不易掌握。窑后雕，即以细砖烧制后再雕刻，需要高超的技艺，否则容易一刀坏，雕出的作品刚劲有力，轮廓分明，不走样。一般圆雕、浮雕多见采用此法。

雕刻前"先将砖刨光，加施雕刻，然后打磨，遇有空隙则以油灰填补，随填随磨，则其色均匀，经久不变。转料起线，以砖刨推出，其断面随刨口而异，分为亚面、文武面、木脚线、核桃线等"。

砖雕以门楼最为精工，是装修中"南方之秀"的代表作之一。仅苏州古城区尚存 295 座砖雕门楼，如果包括吴县各乡镇，数量多达 800 余座。

制成于清乾隆年间网师园藻耀高翔门楼，精美绝伦，有"江南第一门楼"之誉。

砖细门楼的幅面广阔而庄重，高约 6 米，雕镂幅面 3.2 米，雕镂运用平雕、浮雕、镂雕和透空雕等技艺在细腻的青砖上精凿而成，为江南一绝。

---

① 童寯：《江南园林志》，中国建筑工业出版社1984年，第7页。

② （清）李渔：《闲情偶寄·居室部·山石》第五。

砖细鹅头两个一组，12对精美鹅头依次排列有序，支撑在"寿"字形镂空砖雕上，鹅头底部两翼，点缀细腻轻巧的砖细花朵，几道精美的横条砖高低井然，依次向外延伸，鹅头上昂，气势伟岸，风雅秀丽，好一幅优美的立体画。

门楼上枋横匾是以牡丹为原型的实雕缠枝花草纹，泛称蔓草牡丹图案，蔓草又叫吉祥草、玉带草、观音草等，"蔓"谐音"万"，蔓蔓不断，形状如带，"带"又谐音"代"，蔓草由蔓延生长的形态和谐音引申出"万代"寓意，牡丹象征富贵，与牡丹在一起谓富贵万代。

横匾两端倒挂砖柱花篮头，雕有狮子滚绣球及双龙戏珠，飘带轻盈。横匾边缘外，挂落轻巧，整个雕刻玲珑剔透，细腻入微，令人称绝。中枋东侧兜肚砖雕：周文王访姜子牙。姜子牙长须披胸，时已73岁，庄重地端坐于渭河边，周文王单膝下跪求贤，文武大臣前呼后拥，有的牵着马，有的手持兵器，浩浩荡荡。

西侧兜肚砖雕"郭子仪拜寿"（图6-7）：郭子仪端坐正堂，胡须垂胸，慈祥可亲；文武官员依次站立，有的手捧贡品，有的手拿兵器，厅堂摆着盆花，门前石狮一对，好不气派。

中枋正中砖额阳刻："藻耀高翔"，取自《文心雕龙·风骨》篇，藻，水草之总称。藻纹是水草和火焰之形。因其美丽文采，古时用于服饰。古代帝王皇冠上系玉的五彩丝绳亦谓之藻，象征美丽和高贵。冕服上的十二章纹中亦有藻纹，以其表示洁净。藻绘呈瑞，象征美丽的文采，文采飞扬，标志家、国的兴旺发达。

图6-7 郭子仪拜寿（网师园门楼兜肚）

人类追求福禄寿的理想，尽在不言中。

下枋横匾饰以祥云、卍字、蝙蝠、向日葵及三个团寿。古人常以云气占吉凶：若吉乐之事，满室云起五色。

石雕是使用天然石材雕琢出优美图案。苏州盛产青石（石灰岩）、金山石（花岗岩），早在春秋时期已经开采青石，唐代开始在青石上雕刻图案；六朝开采金山石，元代已经能够把金山石雕刻做细，清代几乎替代了青石。苏州园林石雕建筑装饰，主要用在建筑物的基台、露台、柱础、磉石及砷石、桥梁、石幢、栏杆、牌坊等方面。苏州石雕根据雕刻的高低深浅可分为直线凿雕、花式平面线雕、阳雕、阴雕、浮雕、深雕、透雕等七类。石雕图案有龙、狮、海兽、凤、云头、莲花、蝙蝠、牡丹、如意、仙佛人物、水波、暗八仙等。

苏州的木雕技艺在明代以"精、细、雅、丽"名闻遐迩，清代创造出嵌雕组合和贴雕两种形式，更加炉火纯青。施之园林梁、枋、柱础、雀替、插角、门罩、门楣、门窗裙板、夹堂板、字额、栏杆、飞罩、挂落、围屏等处，有采地雕、贴雕、嵌雕、透雕等多种工艺形式，刻工精细，风雅秀丽。

苏州有两座"雕花楼"，即西山徐氏仁本堂雕花楼，分别建于清乾隆和咸丰后期；建于20世纪20年代的苏州春在楼（雕花楼），全面展示苏州香山帮砖雕石雕、木雕技艺。梁、柱、窗、栅，无所不雕，无处不刻，代表了江南地区满堂雕的水平。仅梁头就刻着几十幅《三国演义》场面，窗框上雕了全二十四孝图。整个大厅中有86对形态各异的凤凰，只因苏州话里，"八六"发音为"百乐"，寓意"百年快乐"。梁头上浮雕出三国故事，多以连环画的形式展现；门窗格扇浮雕出二十四孝故事以及《西厢记》片段等，图案古拙典雅、雕刻细致精巧，十分生动。整个木刻艺术达1587个画面，木刻大小花篮102只、凤凰172只，皆出自香山帮木刻名匠陈桂芳、陈庆梁父子、史洪祥、史云芳父子、朱永祥之手。

苏州能工巧匠善于"巧思"。被捧为香山帮祖师的明代蒯祥有妙造"金刚腿"的故事。建于元代的虎丘二山门，外形结构是单檐歇山式，脊椽由左右两段接合而成，檐端轮廓从中间两柱开始，向两侧逐渐升高，形成圆弧曲线，给人以轻灵之感，俗称"断梁殿"，且全殿不用金属构件作紧固，只用竹、木钉。

木雕高手香山冯家巷的冯某，曾为某大刹造佛龛，四柱上雕刻的盘龙，"奴（奴手）云握爪，弩目窥人"，龙的两须能无风而飘动，以致人们都怀疑不是木头雕成的，亲自审视后才叹服："其巧之出人意表，类多如此！"

出于清康熙年间香山名匠徐振明之手的环秀山庄的海棠亭，状如海棠，四面窗栏亦海棠形势建造，钩心斗角，雕镂精细，东、西两门都能自动开合。人要登亭，距离亭子一步，门即豁然洞开，进入后门即砰然关闭，不烦人用手；人出来也是如此，人们"四顾谛审，莫知其机关何在"。

苏州光福香雪海梅花丛中的梅花亭，形如梅花，亭内所有装饰也尽是梅花，铺地为梅花纹，藻井为层层梅花，梅制花石柱、石栏，屋瓦也全作梅花瓣形。亭高两丈有余，上下错采，如翚斯飞，玲珑典雅，亭顶是无数朵小梅花烘托着一朵大梅花，顶置一铜鹤，使人联想到宋代以"梅妻鹤子"闻名于世的高人林和靖的风采，意境尽出，鹤下置轴承，风吹鹤转，生气昂然，真假莫辨。

二、古朴典雅

明清文人大多参与园林设计、品评，文人和工匠的密切合作，审美风尚濡染，使苏州园林文气氤氲，古朴典雅。

如前所述，园林装饰题材古雅，中华文化名人风雅韵事诸如上古逸士贤人、晋人风流、诗仙风采、宋人雅赏、云林逸韵等，都是苏州园林建筑装饰的重要母题，成为苏州园林凝固的风雅。

陈设古雅。园林是古代士大夫的居所，所用物品，较之民间一般的日用物品，要高档精雅。明代苏州文人热衷于家具的研究和设计，他们推重简（造型简练，收分有致）、线（线条为主，不尚华丽）、精（精雕细作，结构适用）、雅（典雅素净，和谐大方），浸透着中国古典美学内涵，表现出浓厚的东方文化韵味。

文震亨《长物志》详细地记载了园林中日常生活起居用具，园居雅器。清代的"苏作"，传承了明式家具的风格、造型轻巧雅丽；有别于中西合璧的"广作"、雍容华贵的"京作"和海纳百川摩登时尚的"海作"。

"苏作"家具尤其喜欢刻书画、诗和铭文。如在靠背刻梅、兰、竹、菊四种图案，象征"四君子"，或诗句，如留园"活泼泼地"藤面靠背椅子上刻有"桃花浅深处，似匀深浅妆"，用的是唐元稹的《桃花》诗中句，描写桃花之美，如西子，淡妆浓抹总相宜。

今天美国大都会博物馆的"明轩"收藏着明代吴地书画家文徵明、祝枝山、周天球等名家题词的椅子。如文徵明在椅背上题刻文字："门无剥啄，松影参差，禽声上下，煮苦茗啜之，弄笔窗间，随大小作数十字，展所藏法帖笔迹画卷纵观之。"其弟子周天球刻在紫檀木文椅上的"无事此静坐，一日如两日，若活七十年，便是百四十"的座右铭，文气盈盈。

建筑构件风雅，如竹为儒、释、道三教共赏之物，文人尤爱其清雅有节，建筑构件和家具也离不开它的身影，如网师园撷秀楼鹤胫状竹节纹斜撑、春在楼竹节形的柱子、沧浪亭翠玲珑竹节形家具等。

留园林泉耆硕之馆，意思是退隐林泉的年高而有德望的名流游憩之所，裙板上，分别雕刻着八匹神情各异的骏马，是周穆王"八骏图"的分解，寓意人才济济，恰与此馆的寓意相得益彰。

化俗为雅，运用文学修辞如比喻、借代等艺术手段及自然物象的寓意、谐音双关、传统戏文的内涵、历史人物的生平等，寓福、禄、寿、喜、财等俗念于美丽可人的形象之中：如乐器磬加上双鲤鱼，以示吉庆双利（余）（鲤鱼）；官帽形花篮上一朵菊花，希望做官、长寿；十头形态各异的鹿，寓意"食禄"做官，鹿为长寿之物，亦寓长寿。表现了吴文化委婉、细腻、幽默和含蓄的特色。

三、寓美于用

中国古建没有一种构思是为了纯粹的装饰，而是寓功能于其中，并使装饰形态巧妙地隐藏在建筑结构之中，即装饰的结构化。龙庆忠说：

> 构架之呈材，房顶之自然，毫无掩盖，以示其构造之纯正，此质之为壮者也。至于再于其上作种种形态之变化（如斗栱之衬托，房盖之重檐），或作种种雕饰之点缀（如雕梁画栋，刻角丹楹），以示匠心之富丽，此乃文之为丽者也。其中盖说明我国民族文质并重之好尚也。[1]

建筑各部位的装饰构件，几乎都起结构作用，与建筑本身构件相结合。功能性与装饰性的统一，是其根本特点。

如斗栱，在立柱和横梁交接处，从柱顶上加的一层层探出呈弓形的承重结构叫栱，栱与栱之间垫的方形木块叫斗，合称斗栱，也作枓栱、枓栱。

斗栱位于柱与梁之间，由屋面和上层构架传下来的荷载，要通过斗栱的栱、翘、吊等构件，逐渐集中到柱上，再由柱传到基础，因此，它首先起着承上启下、传递荷载的作用。其次变相缩短了短梁、桁等构件的跨度，增强了建筑的使用寿命。由于斗栱的使用，使来自自然界的地震、台风等对建筑的损害减少。

斗栱向外出挑，可把最外层的桁檀挑出一定距离，使建筑物出檐更加深远，造型如盆景，似花兰，优美、壮观。

古建筑中两个屋面相交而成屋脊，为了使屋面交接处不漏水，屋脊就需要用砖、瓦封口，高出屋面的屋脊做出各种线脚就成了一种自然的装饰，两条脊或三条脊相交必然产生一个集中的结点，对结点进行美化处理便成了各种式样的鸱吻和宝顶。

其他诸如梭柱、起拱的横梁、富有弹性的月梁、尖瓣形的瓜柱、弯曲的扶梁，驼峰状的垫木、兽形斜木、几何形的撑栱和牛腿，梁枋穿过柱子的出头，被加工成菊花头、蚂蚱头、麻叶头、门钉，木板拼门，在后面加上横向串木，用铁钉将木板与横串木固定的铁钉钉头。

门簪是固定连楹木与门柱的木栓头，饰以葵花。门下的石礅，

---

[1] 龙庆忠：《中国建筑与中华民族》，华南理工大学出版1990年，第2页。

为承受门下轴的基石，露在门外面的部分可加工为狮子或只作简单的线脚处理，或雕成圆鼓形即抱鼓石。还有须弥座、石柱础、窗格等都具有保护大门不受强力的碰撞，支撑枋柱和保证柱子不遭受腐蚀、不下沉等功能，因而都为建筑功能上的需要。

清代官式建筑的鸱尾上有把利剑，传说是仙人为了防止能降雨消灾的脊龙逃走而剑插入龙身，也源于建筑功能上的需要，脊龙背上需要开个口以便倒入填充物，剑靶是作为塞子用来塞紧开口的。只是把这个塞子似的构件附会脊龙的象征而做成了剑靶的形象而已。体现着理性与浪漫的交织。[1]

门钉来源众说纷纭：或曰："殷以水德王，故以螺着门上。则椒图之形似螺，信矣。"[2] 或曰：春秋时为防止敌方火攻，在木构城门上包上铁板（一说涂上泥），并用戴帽的门钉固定。或曰：门钉源自墨子所说的"涿弋"，长二寸，见一寸，即钉入门板一寸左右。当初用来提防敌人用火攻城，所以在涿弋上涂满了泥，起防火作用。从隋唐（581—907）以来，就在大门上施用门钉了。

宋代程大昌说："今门上排立而突起者，公输般所饰之蠡也。《义训》曰：'门饰，金谓之铺，铺谓之𨰜。𨰜音欧，今俗谓之浮沤钉也。'"[3] 同鲁班发明铺首的传说搅在一起，但都有取其五行中属"水"的吉祥内涵，将青砖拼砌在木板上，应该有防火的实用功能。而门钉（包括门环）一般用金属制品，蕴含"金生水"的意味。实际都可以归结为实用之需，大门往往要由若干块板子拼起来，这样时间一久就容易散开。为了避免散落，就在门板里头穿上带，又怕带不结实，于是再用门钉加固。钉帽外露不雅，遂将钉帽打成泡头状以美化。

明代以前，门钉使用的数量，无明文规定，到了清代，才把门钉数量和等级制度联系起来。

网师园"集虚斋"二楼俗称"小姐楼"，屋脊两端设的是凤头鸱吻，也表达了对女儿们美满婚姻的期待和祝福。凤凰是传说中的一种鸟，为鸟中之王，凤本为雄性，与雌性的凰相匹，耦园门楼东侧的凤展开了美丽的翅膀，呈现出"凤求凰"的态势。自唐武则天自比于凤，并以匹帝王之龙，自此，凤成为龙的雌性配偶、封建皇朝最高贵女性的代表。凤凰也是婚姻美满的象征。

---

[1] 侯幼彬：《中国建筑美学》，黑龙江科学技术出版社 1997 年，第 72-73 页。

[2] （南朝·宋）范晔：《后汉书·礼仪志》。

[3] （宋）程大昌：《演繁露》。卷 6。

第三节

曲折藏露

苏州园林虽然亦有大至百亩者，但大多遵循"一峰若太华千寻，一勺若江湖万里"的空间美学思想，"闲意不在远，小亭方丈间"[1]，甚至小仅一百多平方米，不过是"覆篑土为台，聚拳石为山，环斗水为池"[2]，但只要"多方胜景，咫尺山林"，一湾清泉，几条幽径，起几处亭台，片石勺水，"三竿两竿之竹，一寸二寸之鱼"亦能收尽春光，占尽风情，因此，明祁彪佳颇为自信地说："众妙都焉，安得不动高人之欣赏乎！"[3]

苏州园林之所以成为在咫尺天地里再造乾坤的典范，在于其园内景物曲折藏露，恰到好处：

构园者胸中有丘壑，意在笔先。苏州园林在构园前"必以纸骨按画，仿制屋几间，堂几进，衙几条，廊庑几处，谓之烫样""或烫样不合意，再为商改"[4]。和中国山水画一样，先"将疏密虚实，大意早定，洒然落墨，彼此相生而相应，浓淡相间而相成，拆开则逐物有致，合拢则通体联络。自顶及踵，其烟岚云树，树落平原，曲折可通，总有一气贯注之势。密不嫌迫塞，疏不嫌空松。增之不得，减之不能，如天成，如铸就，方合古人布局之法"[5]。"造园如作诗文"[6]，不合意者自然需反复修改。清初画家王时敏的"乐郊园"，请的是"巧艺直夺天工"的泰斗级构园名家张南垣，自"庚申经始，中间改作者再四，凡数年而后成。蹬道盘行，广池潋滟，周遮竹树蓊郁，浑然天成，而凉堂邃阁，位置随宜，卉木轩窗，参错掩映，颇极临壑台榭之美"[7]。这泰斗级名家与画家合作的艺术结晶，尚且反复修改四次！

再营构三境界："第一，疏密得宜；其次，曲折尽致；第三，眼前有景。"[8]

一、欲扬先抑

中国的艺术都讲究含蓄美，避免直露，而是欲扬先抑，渐入佳境。苏州文人山水园特别注意"蕴秀"，将秀丽的景色积聚、蓄藏起来。类似于《文心雕龙》所说的"隐秀"，十分含蓄。园门都设在小巷，山水园门每每低矮，仿佛不让人见，绝无典雅堂皇的大牌坊。

---

① （唐）白居易：《病假中南亭闲望》。《白居易集笺校》，上海古籍出版社1988年，第277页。

② （唐）白居易：《山草堂记》同上，第2736页。

③ （明）祁彪佳：《寓山注》，《祁彪往集》卷下。

④ （清）钱泳：《履园丛话·艺能·营造》。

⑤ （清）沈宗骞：《芥舟学画编卷一布置》。

⑥ （清）钱泳：《履园丛话二十》。

⑦ （清）王时敏：《乐郊园分业记》，《王烟客先生集·遗训》，见王稼句编注《苏州园林历代文钞》，上海三联书店2008年，第253页。

⑧ 童寯：《江南园林志》，中国建筑工业出版社1984年，第8页。

入口处理颇费匠心。如拙政园中部原入口是一条狭窄的巷道，驻足其间犹如步入绝境，这是个封闭的小空间。进腰门，一座苍古的黄石假山，是谓"障景"，遮挡园中景色，这又是一个封闭的小空间。需要游园者绕过两边的抄手游廊，跨过小桥，绕到假山之后，或穿越山岩下曲折的山洞盘旋而出，方见眼前一泓清水，正北面远香堂挡住了视线，左右两边透出了诱人的景色，这是半开敞的小空间。扩展了园林空间，延长了游览的时间。到达主体建筑四面开敞通透的远香堂后，步上堂北面宽敞的平台，眼前豁然开朗：广池曲岸，垂柳拂水，池中错落二座青葱的假山，面水而筑的亭台楼阁奔聚眼前，一派怡人的山水美景。这是个最为突出的开敞大空间。一放一收，欲扬先抑，使人在进入园林的主体空间之前，先经过一段相对闭塞的空间或空间序列。这样，当主体空间突然展现时，由于强烈的对比而获得扩大空间之感，从而使人得到更强烈的视觉感受。

苏州留园入口是先抑后扬的典型实例。留园此门很小，高不过 2.8 米左右，宽不过 1.7 米左右，朴素典雅，体现了苏州园林含蓄不事张扬的个性特色。从石库门入口至园中部"长留天地间"腰门一段曲廊，长仅 50 余米，一路曲折，空间或敞或幽，敛放得宜，并利用"蟹眼天井"，明暗交替，廊引人随，渐入佳景，引人入胜。"开卷可千古，闭门即深山"，进入中部山水园，这里空间处理堪为佳绝：门宕前方长廊依然深邃北延，廊西侧漏窗光影泻地；正北面一字六孔漏窗，孔孔为吉祥图案，挡住了中部山水美色，但"青山遮不住；素壁写归来"，从洞门洞窗望西，唯见"庭园深深深几许"。通过曲廊的开阖与庭院空间的流线布局，大小、明暗、起伏等对比手法的运用，起、承、转、合，犹如一部时而委婉动人，时而浅酌低唱、抑扬顿挫、引吭高歌的乐章，使游园者的视线不断变化，不断调整，延至山水园主景，构成一幅楼台参差、花树繁荫的园庭长卷。

二、柳暗花明

英国建筑理论家查尔斯·詹克斯在《中国园林之意义》中说：

> 中国园林是作为一种线性序列而被体验的、使人仿佛进入幻境的画卷，趣味无穷……内部的边界做成不确定和模糊，使时间凝固，而空间变成无限。显而易见，它远非是复杂和矛盾性的美学花招，而是取代仕宦生活，有其特殊意义的令人喜爱的天地——它是一个神秘自在、隐匿绝俗的场所。[1]

[1] [英] 查尔斯·詹克斯：《中国园林之意义》，赵冰译，载《建筑师》1987 年第 27 期，第 205 页。

日本学者横山正在《中国园林》中描述：

> 花园也是一进一进套匣式的建筑，一池碧水，回廊萦绕，似乎以至园林深处，可是峰回路转，有时一处胜景，又出现了一座新颖的中式中庭，忽又出人意料地出现一座大厦。推门而入，又有小小庭院。像这里已到了尽头，谁又知出现一座玲珑剔透的假山，其前又一座极为精致的厅堂……这真好似在打开一层层的神秘的套匣。①

"神秘的套匣"靠的是巧妙的隔景。苏州园林讲究曲折藏露，用围墙、土岗、假山、树木、复廊等作为间隔，形成"曲径"，曲径长于直线，景的掩映，物的错综，增加了景象层次，扩展了空间深度，提高了空间利用率，使"步移景异"，增加了审美享受的时间。所以，美学家认为，"径莫便于捷，而又莫妙于迂"②，"景贵乎深，不曲不深"。清初网师园"石径屈曲，似往而复"③。

苏州园林常常采取虚实映带、层层相套的布局，山穷水尽处，一折而豁然开朗，"青山缭绕疑无路，忽见千帆隐映来"，如留园，当人们驻足于"涵碧山房"，沿着中部爬山廊欣赏山水秀色，又沿着爬山廊南行至拐角处，突见一极低矮之小门，上刻"别有天"，信步走进小门，曲折前行，果见偌大一处山林景区，土石假山上浓荫掩映，溪流潺潺，原来已来到西部景区，产生了强烈的审美惊喜。所以沈复说："若夫园亭楼阁，垒石成山，栽花取势，又在大中见小，虚中有实，或藏或露，或浅或深，不仅在周回曲折四字。"④

苏州园林还善于把景物美的魅力蕴含在强烈的对比之中，景物奥旷交替，造成境界层深，若不可测。奥是幽僻曲折，旷是平远疏朗。

拙政园中部，建筑系列主次分明，"远香堂"居中心主位，位于中园南北向主对应线和东西向对应线上，并以南北东西向的平行次对应线烘托，其他建筑香洲、荷风四面亭对之呈宾主揖拱之势。回廊曲桥，紧而不挤。远香堂北，山池开朗，池中三岛东西排开，展高下之姿，兼屏障之势。疏中有密，密中有疏，弛张启阖，两得其宜，⑤给人以旷远之感。

从远香堂西行通过倚玉轩曲廊折西，到达一个曲折变化的水院，有小飞虹、小沧浪、旱船。这是半开敞的小空间。

出拙政园旱船"香洲"后舱门，过西半亭，步上"柳阴路曲"，到"见山楼"，这是一个高视点的观赏点，"赖有高楼能聚远，一时收拾与闲人"，在此，可纳千顷之汪洋，收四时之烂漫，这也是一个开敞的大空间。

① 《美学文献》编辑组：《美学文献》第1辑，书目文献出版社1984年，第425页。

② （清）李渔：《闲情偶寄·居室部》房舍第一途径。

③ （清）钱大昕：《网师园记》，《苏州园林历代文钞》，上海：三联书店2008年，第26页。

④ （清）沈复：《浮生六记》卷二。

⑤ 童寯：《江南园林志》，中国建筑工业出版社1984年，第8页。

"见山楼"东侧，过一座三曲桥，来到北部后山花径，这里芦苇摇曳，溪水潺潺，具有水乡特色，是个封闭的小空间。

绕过溪水向南，从"梧竹幽居亭"渡桥西行，折入池中陡而高的北部假山主山"雪香云蔚"，居高临下，又一个高视点，中园景色一览无余。这又是一个开敞的大空间。

入"远香堂"东侧圆洞门，走进"枇杷园"，折进"听雨轩""海棠春坞"等连续几个封闭式的小院空间，旷如奥如，交替相间，极富节奏感和抒情色彩。

明唐志契《绘事微言》云：

> 丘壑藏露，更能藏处多于露处，而趣味无尽；盖一层之上，更有一层，层层之中，复藏一层。善藏者未始不露，善露者未始不藏，藏得妙时，便使观者不知山前山后、山左山右，有多少地步……若主露而不藏，便浅而薄……景愈藏，景界愈大，景愈露，景界愈小。

网师园深得藏露之妙。进山水园"网师小筑"小门，曲廊轩馆，小山丛桂轩、蹈和馆和琴室、牡丹园一区，建筑体量都比较小，空间狭窄封闭，走廊蟠回宛转，环境幽深曲折，是为藏景。

循廊北上，经一段低小晦暗的"樵风径"达中部，池水荡漾，顿然开朗，以暗衬明，欲歌先敛。

再从爬山廊北端进"潭西渔隐"，又见一封闭式"殿春簃"小园；循小园东侧边廊往东，逐一走进"看松读画轩""集虚斋""五峰书屋"，都为幽闭式的静谧空间。直到从五峰书屋循廊回到竹外一枝轩，中部之景再次凸现。

难怪清人钱大昕感叹道："地只数亩，而行纡回不尽之致；居虽近廛，而有云水相忘之乐。柳子厚所谓'奥如旷如'者，殆兼得之矣。"[1]

"虚中有实，实中有虚"。"推窗如临石壁，便觉峻峭无穷……虚中有实者，或山穷水尽处，一折而豁然开朗……实中有虚者，开门于不道之院，映以竹石，如有实无边也"[2]。如入网师园山水园小门，右侧一小窄溪，溪壁凹凸错落，壁间嵌一方宋时石刻"槃涧"，这是水园东南角，水池尽头，但涧中设水闸一座，上方石上摩刻"待潮"二字，似乎水深湍急，源流不尽，即实中有虚的手法。

三、顾盼生姿

计成《园冶·借景》中说："夫借景，园林之最要者也。如远借、邻借、仰借、俯借、应时而借。然物情所逗，目寄心期，似意在笔先，庶几描写之尽哉。"

又说："园林巧于因借……因者：随基势高下，体形之端正，碍木删桠，泉流石注，互相借资……借者：园虽别内外，得景则

---

① （清）钱大昕：《网师园记》，同上。

② （清）沈复：《浮生六记》卷2。

无拘远近，晴峦耸秀，绀宇凌空；极目所至，俗则屏之，嘉则收之，不分町畽，尽为烟景，斯所谓'巧而得体'者也。"

借景，可保持空间视线通畅，使园内各部分内外呼应，融为一体，封闭中有开放，围而不隔。

远借是借园外之景。园林中高视点的楼阁，都可借眺远景。网师园的"撷秀楼"，当年"凭槛而望，全园在目，即上方浮屠尖亦若在几案间，晋人所谓千崖竞秀者，俱见于此，因以撷秀名楼。"（俞樾撷秀楼跋）木渎羡园北临田野，登楼可远眺天平山，近望灵岩山，极游目骋怀之致。

阊门外冶芳浜内的清华园，"登清华阁，左右眺望，吴山在目，北为阳山，南为穹窿，浮屠隐见知为灵岩夫差之故宫也；虎阜崎后，参差殿阁，阖闾穿葬所也；其他天平、上方、五坞、尧峰诸属，俱可收之襟带"[①]。木渎羡园之危亭敞牖，玩灵岩于咫尺。

阊门外新桥之北的徐氏园林，"登斯楼也，左城右山，应接不暇，而虎丘当北窗，秀色可摘，若登献花岩顾瞻牛首山然，俯而视之，则平畴水村，疏林远浦，风帆渔火，荒原樵牧，日夕异状，命之曰寰胜……"[②]

明徐泰时东园之后乐堂，"堂之前为楼三楹，登高骋望，灵岩、天平诸山，若远若近，若起若伏，献奇耸秀，苍翠可掬。"[③]

常熟市的赵园，临池北望，可仰眺园外"青天一角见高山"，俯视槛前"一桁青山倒碧峰"，将远出高耸的峰峦、佛塔映显于园池之中，甚得远借俯借之妙谛。

"倘嵌他人之胜，有一线相通，非为间绝，借景偏宜"[④]，可称邻借。如清代沧浪亭将"双塔"之胜嵌入、拙政园将"北寺塔"之胜嵌入（见图6-8）。补园"宜两亭"，把隔墙拙政园中部之景尽收眼底。

苏州园林多城市山林，园内之景，通过时空融合，景景互纳，互相借资，可以大大扩大美的空间。

苏州园林千姿百态的漏窗、洞门、空窗、透空屏风、槅扇等，形成隔而不隔、丰富多彩、跌宕起伏的园林空间序列，还能将美的对象间隔起来，构成天然的取景框，接纳"山之光、水之声、月之色、花之香"等虚景和山水人物等实景，组成宗白华先生所说的形、景、情三层艺术结构，"使片景孤境自织成一内在自足的境界，无求于外而自成一意义丰满的小宇宙"。

如洞门、空窗后面放置湖石、栽植丛竹芭蕉之类，恰似一幅幅小品图画。拙政园"梧竹幽居"方亭的四面白墙上，都有一个圆洞门，透过这些圆洞门望中部景物，通过不同的角度，可以得到无数不同的画面。狮子林将怪石嶙峋的多孔石峰"九狮峰"镶嵌进海棠形"探幽"门宕，成为一幅绝妙的框景。

① （清）沈德潜：《清华园记》，《吴县志》卷三十九（上），见王稼句编注《苏州园林历代文钞》，上海三联书店2008年版，第98页。

② （明）张凤翼：《徐氏园亭图记》，见王稼句编注《苏州园林历代文钞》，上海三联书店2008年版，第49页。

③ （明）江盈科：《后乐堂记》，见王稼句编注《苏州园林历代文钞》，上海三联书店2008年版，第50页。

④ （明）计成：《园冶·相地》，中国建筑工业出版社1988年版，第56页。

窗是中国建筑艺术的"呼吸器官"和"视觉器官"。如计成所说："刹宇隐环窗，仿佛片图小李；岩峦堆劈石，参差半壁大痴"①，意思是刹宇隐现于圆月窗，如小李将军李昭道的片图小景；壁石堆砌成岩峦，如元代大痴道人的半壁山水。

窗外一丛修竹、一枝古梅、一棵芭蕉或几块山石、一湾小溪，乃至小山丛林、重崖复岭、深洞丘壑，配上窗框图案，皆可成为"尺幅画""无心画"的题材。这种"画"在苏州园林中举目可见。

图 6-8 借景北寺塔（拙政园）

如留园石林小屋两旁的六角形小窗，收入窗外芭蕉竹石，俨然如两幅六角形的宫扇画面。

园林中厅堂建筑布局的原则之一是"四通八达，处处有对景"。

拙政园的"远香堂"，是四面厅形式，四周设有玻璃花格的长窗，在室内逆光向外透视，这些窗格就成了一幅幅光影交织的黑白图案画。白天，落地长窗的一个个窗格，也仿佛成了一只只取景框，人们从厅内不同的角度都可以获得无数画面："远香堂北面正对雪香云蔚亭，东面正对绣绮亭，反之，从雪香云蔚亭南望，可畅览远香堂与倚玉轩一带（见图 6-9）。这种将建筑与建筑、建筑与景物交织起来融为一体的处理是苏州古典园林造园艺术的一种优秀手法。"②古诗所咏——涌至眼帘："窗前远岫悬生碧"（唐·罗虬）"满帘春水满窗山"（唐·李群玉）"栋里归白云，窗外落晖红"（六朝·阴铿），坐在厅堂之中，"水光山色与人亲"（宋·李清照），"云随一磬出林杪，窗放群山到榻前"（清·谭嗣同）。大自然峰峦湖沼吸收到庭户内，俨然一个小天地："天地入胸臆，吁嗟生风雷。"（唐·孟郊）感受到孟子"万物皆备于我矣，反身而诚，乐莫大焉"！真个是"四面有山皆入画，一年无日不看花"，人在画中游！

网师园殿春簃北墙正中有一排长方形窗户，红木镶边，十分精巧。窗后小天井中有湖石几块，另有翠竹、芭蕉、蜡梅、天竺，组成生机勃勃、色彩秀丽的画面。最妙的是以上画面，恰似镶嵌在红木窗框之中，横生趣味，装饰美和自然美交融成一幅天然画面。网师园"小山丛桂轩"北面是古拙雄浑的黄石假山的巨大岩体，假山一角镶嵌在窗户正中的太阳镜中，恰如一幅大斧劈皴石山的"马一角"（图 6-10）画！

拥翠山庄"送青簃"位于虎丘山腰，可以看到"一水护田将

① 刘乾先校注：《园林说译注》，吉林文史出版社 1998 年版，第 32 页。

② 刘敦桢：《苏州古典园林》，中国建筑工业出版社 2005 年版，第 33 页。

图 6-9　香远益清（拙政园·远香堂）

绿绕，两山排闼送青来"（宋·王安石）的美景！

　　苏州园林还采用镜借之法，使其产生"隔窗云雾生衣上，卷幔山泉入镜中"（唐·王维）、"帆影多从窗隙过，溪光合向镜中看"的意境。

　　"轩楹高爽，窗户邻虚，纳千顷之汪洋，收四时之烂漫"。美学家宗白华先生说："明代人有一小诗，可以帮助我们了解窗子的美感作用。'一琴几上闲，数竹窗外碧。帘户寂无人，春风自吹入。'这个小房间和外部是隔离的，但经过窗子又和外边联系起来了。没有人出现，突出了这个小房间的空间美。这首诗好比是一张静物画，可以当作塞尚（Cyzanne）画的几个苹果的静物画来欣赏。"

　　苏州园林通过"借景"诸法，使人于俯仰投目之间，皆能看到一幅幅画面。

图 6-10
参差半壁大痴（网师园窗景）

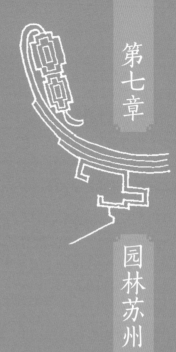

第七章

园林苏州

苏州园林是富贵风雅的"长物",却也是中华文化的载体,是农耕文明居住文化的积淀,是东方生存智慧的结晶。

苏州园林追求的天人和谐的生态设计智慧、真善美结合的艺术美的创作原则、艺术生活化、生活艺术化的审美追求,有法无式的创新活力,具有永恒的价值,成为苏州今天可持续发展的物质和精神的财富。

中华人民共和国成立以来,围绕国务院批复的《苏州市城市总体规划2011—2020年》中关于修复古典园林的要求和"保护为主,抢救第一""修旧如旧"的原则,对散落于古城内外的园林群体逐步整修恢复,使苏州这座"园林城市"的基本形态得以完好保存。

放歌今日,"低碳、节能、实用、美观"的苏州园林文化精神与"崇文、睿智、开放、包容、争先、创优、和谐、致远"的苏州精神无缝对接,正推动着苏州从苏州园林走向园林苏州:

苏州不负"园林之城"的美誉,始终将完善、保护古典园林作为重要文化任务,苏州文人园林的文脉,在当今再次得到延续……

苏州外城河绿色彩带、四角山水绿楔、山、水、城、林、园、镇为一体,将园林的艺术符号运用到城市的各个角落,园林城市实至名归!

苏州实践着循环经济,融世界制造高地、科技创新基地、环境管理示范区为一体,自然山水之美与人工科技之新水乳交融;金鸡湖畔的工业园区,是外商投资的热土、自主创新的前沿,在那里软件研发、电路设计、生物科技等众多高新技术企业,正实现着从"苏州制造"向"苏州创造"的跨越!

让世界读了2500多年的苏州,正是用古典园林的精巧,布局出现代经济的版图;用双面绣的绝活,实现了东西方的对接。

传统与现代并存,保护与开发互动,商业与文化共荣,环境与情致交融,诗性人文与理性精神兼有……古韵今风,风情万种,融成绵长绚丽的超时空隧道。赢得中国优秀旅游城市、全国文化模范城市、全国科技兴市工作先进市、国家卫生城市、国家环境保护模范城市、国家园林城市、2004年中国十大最具活力城市、2006年中国魅力城市第一、中国投资环境金牌城市、中国首届人居环境范例奖、世界著名的文化旅游和风景旅游基地、迪拜国际改善居住环境最佳范例奖、国际花园城市、第三届"李光耀世界城市奖""全国文明城市"、美丽山水城市等荣誉。

2014 年第三届"李光耀世界城市奖"提名委员会主席马凯硕表示：

> 苏州的领导人在城市规划方面着眼全局，并在规划早期就注重对历史文化遗产的保护。苏州在经济发展和古城保护中成功获得了平衡，成为一个宜居且充满活力的城市，具有令人自豪的城市特色。苏州对中国和世界其他国家的城市而言，都是一个值得学习的范本。

第一节

古园新貌

20 世纪 50 年代，吴黎平、匡亚明在《古老魅力的苏州园林名胜亟待抢救》中讲到苏州城内 188 处园林（指 1956—1959 年普查的总数），其中 46 处已属于全废，实际有尚存及半废园林庭园 142 处，加上 1982 年普查新增的 30 处，共 172 处。现存园林庭园 53 处（占原有数的 30.8%），被破坏数为 119 处（占原有数的 69.2%）。[①] 其中大型园林毁废不足 1/10，但中小园林则损失甚巨，如颇具艺术价值的蕙（惠）荫园、壶园、半园（南）、之园、晦园、芳草园、西圃、瑞莲庵等几沦为陈迹。

共和国成立之初的 1952 年，苏南文管会初步整修了拙政园；大规模整修始于 1953 年，其年 6 月成立了苏州园林整修委员会，由画家兼书法家谢孝思任主任，委员中除财政、建设、文管等部门负责人外，还有周瘦鹃、陈涓隐、蒋吟秋等专家、学者，后来又聘请了刘敦桢、陈从周两位教授为顾问。

苏州在对名园进行"修旧如旧"保护的同时，还提出了"恢复性""挖掘性""建设性""接轨性"等保护措施，使遭罹寇乱、荡灭于劫灰兵燹之余的各时期名园陆续得到修复，如：拙政园、留园、虎丘风景名胜、北寺塔、鹤园、曲园、听枫园、艺圃、环秀山庄、拥翠山庄、柴园、启园、畅园、北半园、春在楼花园（东山）、启园（东山）、盘门三景等。进入 21 世纪以来，苏州园林和绿化管理系统持续开展园林修复工作，又先后修复羡园、惠荫园、万氏庭园、朴园等。

留园、拙政园、网师园、环秀山庄与艺圃等，依然是绣椅凌波、碕岸陡出、曲槛雕窗，以其古、秀、精、雅、多而享誉世界，

[①] 1982 年园林名胜普查小组：《园林组普查小结》，见《苏州园林和绿化事业发展 60 年》，中共党史出版社 2010 年，第 421 页。

特别是其中九座园林，因其精美卓绝的造园艺术和个性鲜明的艺术特点被联合国教科文组织列为"世界文化遗产"名录！联合国教科文组织将苏州古典园林列入《世界遗产名录》时，就曾高度评价说："没有哪些园林比历史名城苏州的园林更能体现出中国古典园林设计的理想品质，咫尺之内再造乾坤。苏州园林被公认是实现这一设计思想的典范。这些建造于 11 至 19 世纪的园林，以其精雕细琢的设计，折射出中国文化中取法自然而又超越自然的深邃意境。"

一、修旧如旧，浴火重生

名园修复，皆细征文献图集，掌握每一园林特点、主题思想、艺术风格，力求修旧如旧。担任整修委员会顾问的陈从周先生坚持：

> 今不能证古，洋不能证中，古今中外自成体系，决不容借尸还魂，不明当时建筑之功能与设计者之主导思想，以今人之见强与古人相合，谬矣。①

如留园，经兵燹、寇乱，一片废墟，走廊、亭子全部倒塌，无一间完整的房屋，没一扇完整的门窗，满目凄凉，往日的琼楼玉宇、诗意画境，湮没殆尽。

对旧有建筑物，即使已经残破，仍尽力保存原结构，绝不轻易拆除或改变。留园以建筑结构丰富多彩为特点，大部厅堂、台榭已残破不堪，采取了扶直加固、接补移换的方法，这样修成后，保持了俞樾《留园记》中"焕馆凉台，风亭月榭，高高下下，迤逦相属"的特色。

已经坍塌尚留基址的原址予以复建，如涵碧山房西首爬山廊和冠云台、揖峰轩等处。对已经坍塌基址不详、无其他资料可依凭的另行设计布局，同时又以保持原风格、艺术特色为前提。如冠云峰、又一村，改建亭廊，留出基地，辟竹园，建造一处小型建筑群"小桃坞"，半封闭形式，以葡萄架代替长廊，在空地上种植了桃杏和蔬圃，使其带有乡村风味，与环境协调。

留园金碧辉煌的五峰仙馆楠木厅和林泉耆硕之馆鸳鸯厅，柱子全被军马啃成葫芦形，不能再用原庭柱，就用小木嵌补和接换办法，其他柱子一端腐朽接上一段，修成后外加油漆，仍能恢复旧观，毫无痕迹。

利用旧料，"别有天"的长廊和"小桃坞"都是利用本园旧木料修建而成，盛家祠堂中 100 多扇门窗挂落亦拆下移入园中。② 门窗隔扇和栏杆，具有较高的艺术要求，向旧货市场和私人家庭收购大批质量精美的旧门窗、隔扇和栏杆、挂落，苏州和东山这些旧货很多，进行适当装配，调正式样，使其统一。

① 陈从周：《说园》三，见《品园》，凤凰出版传媒股份有限公司、江苏凤凰文艺出版社 2016 年，第 15 页。

② 苏州市园林和绿化管理局编：《留园志》，文汇出版社 2012 年，第 219 页。

除了狮子林和怡园，现在开放的园林几乎全部使用旧门窗装配，极少新制。

移建旧屋，寒山寺枫江楼移建自宋仙洲巷；虎丘玉兰山房移建自山下大德庵，经过装饰髹漆后，和新建无异。[①]

北半园，初建于清乾隆年间的沈奕，清咸丰年间道台、安徽人陆解眉进行改建，今人修复时严格遵循修旧如旧原则：如二层半重檐楼阁已经严重倾斜，就重做地基并进行校正，先用18个建筑用葫芦将墙体整体提离地面15厘米，再按照原状恢复。施工中，每一块砖、每一根柱子、每一个石墩等，都做了编号，保证复原时不发生错位。面向水池的大厅紫竹轩，原与后面重檐楼阁旁一座一楼半附楼相连，四面沟通，因附楼被改成了厕所只通三面，为恢复原状，古建专家们先拆墙体，再按大木结构恢复原状，在东侧巧妙设计了一段半廊，与附楼相连，使紫竹轩完全恢复原貌。园内有大小两个水池，风格为传说中的"金山银山"，即下面黄石，上面太湖石。修复前，由于池边垒石已多处坍塌，为了使池边垒石纹理清晰，上下和谐，并与园中风格和谐，派了专人带着"标准"四处找石，经过4个月苦苦寻觅、对上千块石头的甄选，才将所需补石购全再在岸上遍植黄杨、广玉兰、丁香等，树木茂盛，环境幽静。如今的北半园，古意盎然，古朴雅致。[②]

二、残山剩水，旧园改建

启园是旅沪东山金融家席启荪于1933年始建的大型湖滨园林。建园之初，园主邀请著名画家蔡铣、范少云、朱竹云等参照王鏊的"招隐园·静观楼"的意境进行设计，"临三万六千顷波涛，历七十二峰之苍翠"，依山而筑，傍水而立，尽得湖山之胜。

园林布局以水为中心，建筑随势高低，面池而筑。长长的复廊横贯园中，复廊的隔壁辟图案各异的漏窗，隐约可见被隔断的园景，给人以遐想和游之不尽之感。复廊尽端及两侧缀以亭台，愈臻古朴雅逸。

园未竟而易主，后迭经战乱，屡作他用，仅剩改作他用的镜湖楼、住宅和一段复廊、残丘废池。属陈从周所说的"颓败已极，残山剩水，犹可资用"者，只能以今人之意修改了。清代学者钱泳认为，"修改旧屋，如改学生课艺，要将自己之心思而贯入彼之词句，俾得完善成篇，略无痕迹，较造新屋者似易而实难"，这也就是汪氏在《重葺文园》中提到的"改园更比改诗难"。

重建需明确主题，遵循因地制宜原则，保留古树名木，利用犹可资用的残山剩水，进行改造，尽量利用原材料，变废为宝，最大程度地存其旧时颜色。

① 苏州市园林管理处：《关于旧园改造和维护的一些经验》，见《苏州园林和绿化事业发展60年》，中共党史出版社2010年，第317—321页。

② 据2010年《苏州日报》北半园修复完工记者苏菁报道。

启园的规划，首先是改造地形。先疏浚池塘河道，使之与太湖的波涛相联，挖出来的土方在池之东南堆叠起两座土山，完善一座土山，这三座土山成为东山昝家岭余脉奔腾入湖之渚矶，山顶分别建设不同形式的轩亭。左侧宸幸堂坐北朝南三面环水，四面环有抚廊，宸幸堂西的廊有曲廊与翠薇榭相联，翠微榭坐西朝东，眼前水面宽达 20 米，前面宽阔水系河道景深达百米，右首东山余脉，岗峦起伏，左首曲廊衔接廊桥直抵宸幸堂外廊，台阶前平台宽敞。

曲桥坐落在已废弃的原席家坞头大码头上，当时园主的汽船从太湖开来，经此桥洞入园，沿小河直抵新楼（三间两厢楼房，用于住宿）近旁的码头。利用码头原有石块为阶，虽因此使七曲平板桥的跨度不同，却因采用旧料显出了古朴自然，剩下的旧石短料正好砌成了宸幸堂前平台驳岸。

今环翠桥屈身卧波，流光溢彩。清康熙帝御码头则伸入水际，气势壮阔。

园北松柏成林，橘林成片，整个园林借用园林外巍峨的莫厘峰和无垠的太湖，并与湖中与波升沉的岛屿相衬托，假山湖池，小桥飞虹，庑廊蜿蜒，楼厅错落，虚实相济，构图和谐，风光无限。

第二节

岁月章回

改革开放后的当代苏州，又悄然出现了苏州园林的"当代版"，有宅园、山麓园、湖滨园。有传统型的文人园，有与商业文化接轨的私企业主园，也有规模化的私家园林小区。

苏州园林传统"文脉"得到了继承和延续！

一、圆梦苏州

昔日苏州，每于海内清晏，士大夫林居之暇，往往为园圃池沼，以极其歌咏饮宴游观之乐。今日，嗜美的文人们同样在追求生活艺术化、艺术生活化，再次掀起构园之潮，体现了传统构园文脉的复兴。

叶落归根娱晚景。"处渔洋之麓，东襟香山，西衔太湖"的"悦湖园"（见图 7-1），是旅美浙江慈溪籍华商郑德明的私园。郑先生旅美前为上海新闻工作者，其堂姐堂哥都是抗日英雄，堂姐就是电视剧《旗袍》的女主角的原型郑苹如。郑先

图 7-1　悦湖园

生旅居美国五十载，没有入美国籍，却青睐苏州浓浓的文化氛围，喜爱太湖之滨无商业喧嚣的宁静，在太湖山庄购房筑园，以娱晚景。

郑德明先生自著《悦湖园雅集记》，言其筑园始末及园居之乐曰：

> 吾人居此不觉浑然忘尘。于是辟书斋、画室、琴堂、棋舍，邀良朋好友、骚人墨客、丹青雅士，畅游共聚，合称"悦湖园雅集"，以伴渔洋岁月……李白谓：人生逆旅，光阴过客，唯达者知之。上天厚我，有幸得居吴中。所观山川毓秀风零千秋。所遇渔洋樵耕读良朋忘年。所语掌故人物无非沧海桑麻。余与内子馀生寓此，不亦悦乎！

悦湖园为遵循四象镇宅的传统建筑理念而精心设计，园中充满乡情、亲情、友情、爱情，情意绵绵。

园分中、东、西三区：西园湖石假山之巅的六角亭比例适度，玲珑成趣，园主用兰溪家乡而命名"兰亭"；大厅取祖屋堂名"明德"，精美的小石拱桥镌以老父"华宝"之名，廊亭"慈晖"，念母爱；另用姑妈"琴恩"名名亭，用妻子"群趣"名名宽廊。东园有扇亭"信望爱",主人自撰联:"圣灵依旧何须问,人子犹怜你我知。"郑子伉俪笃信基督,心心相印,亭又名"不问亭"。

园中皆以友人文墨书壁。西轩"于庐",镶嵌的全为于右任墨迹:悬于右任"中庭桂树"匾,轩内藏于右任为郑氏所书墨宝石刻十余方。有"养天地正气,法古今完人"真迹。

园内方亭南曲廊墙上嵌国民党要人墨宝,如张默君、陈立夫、张道藩、王宠惠等送给郑氏条幅刻石数方。东廊上还镌有园主同窗于世达楷书《赤壁赋》,先生伯父郑钺(同盟会员)墨宝,以资纪念。园主还经常在园内盛情相邀朋辈,群贤聚会,说古道今,互相唱和,觅得佳句。

园主悦湖山,在此听风、听雨、听香、听鸟鸣,纯任自然,满载真趣;三亩小园,情真、墨浓、花香,在此真能生出"不知有汉,无论魏晋"的情思。

艺术家构园亲力亲为,是苏州古典园林的特色之一,苏州国画院副院长、国家一级美术师蔡廷辉,被誉为"当代文人造园师"。近年来,他倾其所有,辛苦备尝,居然构筑了三座私园,美美地过了一把园林瘾,圆了他的园林梦:

坐落在姑苏区西北街木谷巷内的"翠园",占地约400多平方米。蔡廷辉依河建了座三层的小楼,院中叠石造山,以一汪池水为中心,池中鲤鱼游弋,亭台楼阁围池而筑,花街铺地,周以长廊、湖石嶙峋,点缀着四季花木。作为金石篆刻家,蔡廷辉用了几年时间,在瓷器和石碑上雕刻了历代名家的绘画作品十几幅,诸如《竹林七贤图》《兰亭雅集图》《达摩渡江图》等碑刻,更多的是吴门画派大师文徵明、唐寅、沈周和仇英的精粹山水画作和书法作品,小园俨然一"吴门画派"的展览馆!

1999年,他又在风景秀丽的太湖东山岛一块背山临水的坡地上,开始建造自己的碑刻园林,名叫醉石山庄,占地约2公顷。山坡上是嶙峋的山石和陡峭的崖壁,而这正是他创作摩崖石刻的天然材料。他说:"我的愿望是在大片石头上都刻满摩崖石刻,历代名家在东山留下了描写东山太湖风光的诗词近400首,我要把这些历代名家的诗词墨迹刻在这些石头上。"

近年他又在苏州胥门古城墙畔,建起一座"醉石居"(图7-2)。

蔡廷辉的造园梦,既是文人怀旧情结的流露,也是现代人追求回归自然的表现。

可人雅洁的私家园林,同样撩拨着苏州寻常百姓的心灵,有条件的市民们也纷纷在自家的片山斗室中小筑卧游,挖一口3平方米大小的池塘,种一缸荷花,养数尾锦鲤,错落置两座太湖石峰,倚墙栽若干树木花卉,铺上鹅卵石,曲径通幽,花木扶疏,同样绰约有姿。

香山帮木工徐建国在太湖西山堂宅第之西隅山公园所建"纳霞小筑",采当今先进工艺,师古人,法自然。小园随地形高下曲折,环池组景,水榭坐北朝

图 7-2 醉石居瀑布

图 7-3 纳霞小筑

南，东、西、南三面外廊临水，榭中部为扁作梁架小斋，面南葵式长窗落地，裙板雕花，东西墙留什景花窗，外廊上架一柱香鹤颈轩，临水美人靠精致秀雅，水榭西侧曲廊与宅第前院由月洞相联，月洞上架垂花半亭，轻盈灵秀，右侧古井，泉水甘冽。沿卵石小径向东，花岗石平梁跨涧登东南土山，山巅架六角亭，悬额"乐馀"，亭柱挂联曰"无烦无恼无挂碍；有风有月有清凉。"亭下山岗与园之东北土岗以拱桥相联，桥西沿围墙突起咫尺山林，山泉潺潺下泻，穿桥汇池。东北角岗巅奇峰峙立，峰周植红枫、含笑、丹桂（见图 7-3）。

二、集美成园

吴江退思园不远处，出现了一座面积超过拙政园的静思园，是吴江民营企业家陈金根的私园，"静"为"进"的谐音，园主反"退思"为"进思"之意。此园乃园主多年来精心收集古建筑构件和众多灵璧石而建。

静思园分东、中、西三路。东路南段为临水人家"住宅区"，前后四进。依次为砖雕门楼、轿厅、大厅（静远堂）和后楼。静远堂梁架施以苏式彩绘，轿厅梁架为回纹型雕饰，古朴文雅。

静思园主眼光独到，能将各地"美的东西拾回来"，在新园中"复活"（图7-4）：住宅区建筑系从苏州城里拆迁移来的清代建筑。住宅区之西的四面厅名"天香书屋"，移自太湖洞庭西山，为楠木梁架、木质柱础、青石台基和阶石。

中路弘雅堂为静思园主体建筑，系从上海迁徙。梁架为红木结构，飘逸的斗拱支撑歇山式屋顶，宏敞气派，稳健凝重。

图 7-4　原苏州状元陆润庠家门楼（静思园）

园中有各式奇石 3000 多块，东路北端院中最大的一块灵璧巨石——庆云峰，高达 9.1 米，重达 136 吨，形如一帆。石身千洞百孔，注水时洞洞出水，点烟时则洞洞轻烟袅袅，被誉为"镇园之宝"。弘雅堂南的悟石山房楼下展出奇石千峰。

静思园既是对传统古典园林艺术的继承，又是成功者的象征、经济实力的展示，与企业的发展拧成一股"互动力"。

三、精神家园

在古典园林传统湮没在西方主流意识形态的狂潮中，在当代设计师包括新园林规划设计师们，往往满足于"景观"造型，一做设计就是大草坪、植物带拉弧线，园林被异化为水泥林中的植物堆积和若干仿古建筑元素的点缀的时候，在许多房产开发商舍弃自己的文化而以西洋别墅为时尚的时候，在苏州园林被某些人攻击为"小脚女人"的时候，有民族文化自觉的开发商却能回归民族文化的精神家园，以苏州古典园林为艺术蓝本，在新时代发扬广大传统民族建筑。

2000 年，姑苏城外寒山寺隔水相望处，首先出现了规模化的苏式园林小区江枫园，一座座粉墙黛瓦、飞檐翘角的私家园林，每座占地一至五亩不等，特聘园林设计师与建筑名家设计构建。那古朴典雅的亭台楼阁，逶迤的云墙，图案各异的花窗，假山峰石，飞虹曲桥，流水潺潺，游鱼穿梭，花木掩映。在此，既可聆听寒山寺的钟鸣、运河的桨声，又可安享现代生活的舒适。私家园林外，是体现四时季相之序列的公共园林景区，如"淇泉春晓""莲池鸥盟""霜天钟籁""寒山积雪"等；成为苏州人世代追求的那种宁静和谐的理想天地。

2012 年，绿城集团研发了苏州桃花源，设计之初，其创始人宋卫平说："不能辜负了这座城市！"确立了文化定位：以桃花源意境为蓝本的"苏式园林别墅群"。要将涌动于人们心中数千年的"天堂"桃花源，物化在中华宅园中，并以中华居住文化的经典、宅园一体的"苏州园林"为蓝本！

苏州桃花源筑址于苏州城东 7.4 平方千米的金鸡湖和 11.52 平方千米的独墅湖双湖供奉、三面环水的半岛之上。

设计者尝谒故宫御花园、探北京颐和园、访承德避暑山庄、穷苏州园林……"外师造化、中得心源"，经多年酝酿磨砺，布画出新桃花源蓝图，整体规划以"呈现微缩之苏州"为使命，从宋《平江图》中汲取灵感：

以合院住宅为核心，分中、南两大片区，中再划东、中、西三区，依托错位曲折的双十字空间轴线，纵横展开并巧妙围合，营造出宜人的邻里空间。南侧沿湖为滨湖合院大宅。

一水蜿蜒穿行于中部各组团，水巷居中，道路、街巷分列两侧，宅园栉比，通过漏窗、月洞门、门廊，互相渗透，隔而不隔，抑扬开阖，步移景换，"庭院深深深几许"，意境油然而生！双湖之水引入各宅园，水流潺潺，草木蓊郁，生机盎然。

二十五条街巷贯穿其间，路泾巷弄，均用姑苏古名。苏州街巷坊市之名，层累着历史厚度，有冠以官衔、姓氏名号者，有以寺观名者，有用"衙""家"、古坊等名者，不一而足，诸如卧龙街、锦帆泾、临顿弄、至德巷、濂溪坊、举案弄、学士巷、六如巷……人们穿行其间，犹如进入姑苏历史隧道，随处可触摸到古城历史脉搏。

桃花源里人家，高高的园墙内，空间组合各异，庭院通过建筑和连廊围合其中，外避市井喧嚣，内隐私密空间，安全、通透、清幽。

巡游每一组团小区的共享花园（见图7-5），别是一番境界：碧池居中，主体建筑或轩或榭或亭，或坐北朝南、或踞山巅、或临池岸，曲桥跨水，垂柳拂水，罗汉松临水斜照，登亭览眺，坐看云起，白石磷磷，瀑布漱云，晨光夕霏，缭绕无端，恍如梦中所游！

新桃花源里，大凡举首投足、俯仰送目，所见皆文化，所感皆人生，一景一意境，一花一世界！建筑、铺地、花窗、挂落等，皆"非遗"传承人亲自制作！

小区组团则营造着诗意空间：武陵春、沁园春、满庭芳，岁月如歌；园亭则看云、读画，水明鱼影静；林翠鸟歌喧，诗意浓溢；邻里，则里仁、抱朴、含真，风清俗美！

蓝天白云下，新桃花源里，一片粉墙黛瓦、飞檐戗角，堂宇参差、廊庑周环，三百余座苏州园林宅园，掩映出没于竹木泉石间！南临独墅湖1600米水岸，绕如翠带，诸景隆然上浮，清涟湛人，远岫浮青，凡双湖之大，烟霞之变，皆为我所有矣！缘滨湖步道，桃柳芳菲，落英缤纷……

苏州桃花源，成功摘取了第21届"中华建筑金石奖"和"中式别墅顶尖居

图7-5
东皋园公共小园
（苏州桃花源）

住奖"，并跻身世界豪宅之最。

苏州桃花源所复兴的东方意境，让当代中国地产行业找到了文化的归属感，找到了精神支柱和心灵的维系！"桃花源"式的中式地产项目在全国各地开花结果。

第三节

真山真水园中城

沉淀着数千年对于精致生活的理想、向往着远离喧闹与浮躁的苏州，充分利用自然山水的优势，将古典园林文化放大延伸，构造出"真山真水园中城"的区域风景，使苏州"人家"诗意地栖居在青山绿水的画境里，涵养在文化宝山中！

苏州古典园林的艺术元素，已经成为苏州城市文化的重要组成部分和标志性形态之一。

漫步在苏州古城区，竹园、蕉丛、湖石、花圃等园林小品点缀在主要干道沿线，随处可见"弹石间花丛，隔河看漏窗"的街道，犹如长虹卧波的廊桥，古色古香的候车亭和街灯，"全城皆园"的独特景致已初步显现，整个苏州古城俨然一座没有围墙的园林。

1996 年至 2000 年苏州城市总体规划的修编，形成了古城居中、东园西区、南旅北廊的城市格局，实现扩容增量，写出了新的世纪章回。外城河绿化带、黛碧如染的水道，苏州四角山水绿楔，山水共长天一色，山外湖光湖外山，岚光浮翡翠，成为苏州城的天然水肺和绿肺……

一、环古城翠带

2002 年 5 月开始，苏州市政府投巨资，在苏州护城河两边内侧约 100 米、外侧约 150 米范围内，建古城风貌保护区，疏浚整理了环古城河及沿岸的美丽风光，是苏州城市建设历史上浓墨重彩的一笔。

城南区域是大运河上重要的"交通枢纽"，建成"体现城市山林、枕河人家风貌"区域，以绿化与居住为主要功能，重振古城墙基址遗存的历史风貌。

北部为"吴门商旅""都市驿站"，除有火车站、长途汽车站外，还将建造高速铁路与轨道交通站点，成为"换乘中心"，使交通集散空间与环古城开放空间相衔接，实现古城区对外旅游交通多功能集散地的定位。

西部则"金阊十里、盘门水城"。强化金阊商业气息，护城河两岸以传统民居与小型商业相配套，点缀反映苏州地方文化特色的雕塑小品；重振石路地区繁荣与观前闹市相媲美；恢复阊门城楼、城门、城墙等"重要节点"，并在保留民居、商贸的同时，腾出空地建造绿地，营造旅游环境氛围。

古城外围长达数十公里范围内，建成娄门景区、相门景区、葑门景区、南门景区、盘门景区、胥门景区、干将景区、阊门景区、太子码头景区、平门景区、齐门景区、北园景区等 14 个绿色大景区；又依各个景区特色构成环古城 48 个特色景点的环古城风貌带（见图 7-6），分别为：故垣涟漪、映水兰香、耦园橹声、干将逸情、烟霞浩渺、桃李芬芳、溪流清映、水绿双环、赤门堞影、觅渡揽月、古木清冈、青枫绿屿、淡烟疏雨、月色江声、驿亭吴韵、翠台英华、蛇门迎辉、重桥落霞、旧城瑞光、吉水襟怀、姑胥拥翠、皇亭御迹、荷蒲薰风、笑园绿踪、日辉清波、松风夕照、金门流辉、海棠花洲、晴栏春晓、竹溪引胜、气通阊阖、锦绣南浩、水木明瑟、梧桐踏月、古津帆影、西城烟树、竹汀分水、水城塔影、梅园迎客、青春放歌、齐水涵碧、绿天小隐、松竹杏暖、北园绿水、桃堤柳障、挹秀春泛、乔木清荫、江海扬华。

苏州"绿浪东西南北水，红栏三百九十桥"，现仍保存着 168 座古桥，是中国桥梁数量最多、密度最高的城市。整个环古城河，有桥梁 42 座，穿越 20 座桥梁、途经 10 个城门。新人民桥面宽 4.5 米，8 孔桥墩，两侧筑有十五开间仿古"长廊"，黛青筒瓦，廊檐轻挑，洋溢出轻盈典雅的吴文化气息。桥墩"精雕细作"，镶有 16 幅石刻浮雕：铸剑江南、筑城争霸、江东都会、园林始兴、山塘风韵、学风蔚然、烟雨江南、百艺竞争、人文荟萃、吴门画苑、明吏治府、能工巧匠、市井风流、南巡盛况、仁人志士、与时俱进。

风貌带上，桥边亲水栈道、路边的小游园、曲折鹅卵石小径、假山、花木、亭榭、曲廊等园林元素缤纷散布其间，成为人们休憩锻炼身体的绿色空间，无不令人陶醉！

阊门曾是红尘中一二等风流繁华之地，恢复后成为环古城风貌带上一处标志性景点。阊门外的吊桥，是一座廊桥，每天都有许多游客和本地居民在那里凭栏远眺河对岸一座八角形楼阁——朝宗阁。此阁流光溢彩，富丽堂皇，过往人流如潮汹涌。以朝宗阁为主景，加上周边的"阊门移民纪念碑"石幢、"思乡树""寻根驿站""阊门码头"景观石、望苏埠等，现已构成全球姑苏人士心目中的"阊门寻根纪念地"。

巍巍盘门，屹立于古城西南，古运河之畔，"古吴锁钥"，为元代古建筑，原是公元前 514 年吴国"阖闾大城"八门之一，为中国现存唯一的水陆并联城门，国内少见，是苏州古城的标志之一。旁有宋之瑞光寺塔及现存最古、最高的一座

图 7-6　环古城风貌带

石拱桥宋吴门桥。它是苏州环城绿化带上的一颗璀璨明珠。

　　增建的苏式传统姑苏园，将瑞光塔、盘门和吴门桥有机地组合到园景之中：中部水池广达六亩，北部吴宫喜来登大酒店前两座自由奔放的土山，三拱相连的廊桥又将两山相连，视线穿过桥廊，和南部堆叠的土山和高低错落的土墩，组合成传统的古典园林"一池三山"格局。

　　古胥江的波涛，随古运河穿过盘门水城门荡漾在姑苏园的池水之中，千年古塔和现代吴宫喜来登大酒店堂楼阁遥遥相对，融山池亭榭、湖光塔影为一体，古韵今风，水乳交融，秀丽、雄健、舒张、大气！

二、四角山水绿楔

　　苏州的"四角山水"，成为苏城的"绿肺"和"绿肾"。

　　西南角的城市"绿肺"石湖，半湖碧玉，是太湖的内湖，依山傍水，山清水秀，人文荟萃，风光柔美秀丽，凝聚江南田园山水精华，又有无数历朝遗迹散布其间：东面有越来溪，溪上有座越城桥，是当年越王勾践率兵攻吴从太湖挖通水道，屯兵土城而得名。就在越城桥的右首，有座九环洞桥，叫行春桥。这里是石湖看串月的最佳处。对此有诗曰："行春桥畔画桡停，十里秋光红蓼汀。夜半潮生看串月，几人醉倚望河亭。"

清代沈朝初也有《忆江南》词说："苏州好，串月有长桥。桥面重重湖面阔，月亮片片桂轮高，此夜爱吹箫。"湖西由横山山系的上方山、吴山、茶磨屿、七子山、福寿山等及石湖水系的越来溪、荷花荡组成。这里碧水青山，重峦叠嶂，山水辉映，茂林古木，奇树异花，富于田园风光。又有小桥、流水、良田、花溪、池荡，还有古园、古桥、古碑、古塔、古城遗址以及远古文物。

上方山，"山深林幽，花果茂盛"，凝聚江南田园之美，令人心旷神怡。

白马涧自然生态型休闲度假区是一块原生态"绿肺"，原有古树名木得到严格保护，同时新增绿化 80000 平方米；水面 20000 平方米，开发景点 20 多个。

山水汇龙池，池为涧之源头，又名胜天水库，属天然雨水和山泉，水质清澈，乾隆御碑题曰"明镜漾云根"。荡漾池畔，移步换景，或莺啼柳绿，或溪水潺潺。水是龙池风景区的精华所在。临水有水滨步道、天工石韵、十里木栈。

中游凤潭水面面积 11200 平方米，可乘竹筏休闲。有云谷飞瀑，瀑布面宽 40 米，自然溢水加人工循环，龙池风景区下游为白马涧溪涧，水面面积 10000 平方米，水深 50 厘米以下，曲曲折折，一步一景，可供游人戏水、观光。

三山相拥白马涧，天地灵气聚龙池。更有诸多历代文人墨客观峰留墨迹，移步赞佳境。这里传为春秋吴王养马之处，又传为纪念晋支遁和尚的白马而名，清朝乾隆六次下江南行宫之所在。

龙池风景区的秀水、灵山、幽林犹如天堂仙境，被人们俗称为城市中的世外桃源。

西北角的生态"绿肾"苏州三角咀湿地公园，原来叫长荡湖，是苏州古城区与相城区交界处的一个小湖泊。由于地处沉降地带，成了鱼塘，这里常年耗塘养殖，淤泥厚积，塘埂坍塌，许多鱼塘成了废水潭。后来随着苏州城市北拓加快，长荡湖被建设成城市生态湿地公园。以"农庄印象、水乡记忆、山泉野趣、时代气息"为主题，通过生态岛、湖岸生态带和生态保护、生态游览、休闲娱乐三个功能区的建设，"林、湖、田、园"完美结合形成 24 个景区，每个景区对应休闲、观景、购物、娱乐、科普、野营、赏月、龙舟竞赛等特色活动，具备极佳的欣赏田塘河荡密布、树木花草繁茂的生态湿地景观。

油菜金黄、帆影点点、渔舟唱晚、芦花飘雪等都是具有江南水乡特色的典型视觉形象，三角咀湿地公园绿化规划就是要以此为源泉，营造一个生态平衡稳定、景观形象鲜明的特色公园。

三角咀湿地公园中最引人注目的是 80 万株连片种植的杜鹃和 5 个 10 亩到 50 亩不等的浅水小岛。每值杜鹃花开的季节，6000 亩生态湿地上，80 万株或红或紫的鲜花盛开在错落有致的绿树丛中，与水中倒影组成了一幅妙趣横生的生态画卷，而 5 个浅水小岛上栽下了从南国引进的池杉，据介绍，水位上升到一定高度后，5 个小岛就会沉入水中，留在水面上的是一棵棵郁郁葱葱的池杉，俨然一幅天然的水彩画。

大白荡公园，以 10 公顷水面为肌理，创建和谐生态山水环境。水系西接阳东河、南连白马涧，向东流入京杭大运河，与阳山山系延伸到平原的绿廊连结成串。运用生态净化原理，在既有生态水域构架下，通过改造水岸皮层、增设水域浮岛浮田等工程提高水的含氧量，并有效增加生物栖地，是现代与古吴文化的结合，景点以苏州人文历史与景观特质为创作元素，既有瀑布、喷泉，又有白菱田、白菱池；公园保留了水闸、码头遗址，设计了游船、观景平台、树阵广场、亲水栈道、戏水场等景点。

苏州城区东南角有独墅湖、尹山湖生态圈；东北角，阳澄湖将实施饮用水保护、河网畅流等 141 项重点项目。

三、古迹添彩

风景名胜区的规划，将自然风景与人文历史结合起来，如在太湖东西山，石公显奇、林屋架浮；又有"寒山夕照"、凤凰展翅、雨花台等。

太湖洞庭西山石公山，似青螺伏水，碧玉浮湖。山西巉岩翠崖，负山面湖，袁中郎谓之翠屏，崖巅建"来鹤亭"，山腰建断山亭，翠屏岩前辟广场，崖前太湖之岸有轩亭"超然物外"，轩前白浪激岸漱石；广场西侧建翠屏轩，轩右为浮玉北堂，南有茶亭，堂之西为湖天一览，联廊曲折随机，更有御墨亭高敞轩昂，亭内珍藏顺治御笔"敬佛"石碑。御墨亭右山麓裸岩，洞穴与太湖涌涛相浸作鸿洞声响，水洞曰盘龙。至北桔林中，有石亭一座，曰桔香。桔香亭与石公山门相联。翠屏岩向西有两条山路，下面一条可通移影桥，与上面一条山径交汇于绝壁，两壁天开，曰一线天，有五十三级阶梯可攀登至联云亭。移影桥向南有揽曦亭、夕光洞、云梯诸胜，夕光洞左石壁上镌刻王鏊手书巨幅"寿"字。

石公山东麓恢复了明月坡，建万佛塔（海灯法师灵骨塔），一座厅堂，配以轩廊，遂使破碎山麓略有改观。

西山林屋梅海龙洞之巅，耸立着 24.01 米的驾浮阁，八面三级，琉璃攒尖屋面，全部钢筋混凝土构筑。据南宋李弥大《道隐园记》中记载："有大石通小径而又曲，曰曲岩……岩观之前大梅数十本，中为亭，曰'驾浮'，可以旷望，将凌空而蹑虚也……"平台二层 80 米的环廊内陈列的颂梅、赞梅书画精品和摄影佳作与平台周围的梅融为一体，成为林屋洞观赏林屋梅海的最佳所在，也是西山林屋梅海艺术构图的中心，丰富了天际轮廓线。

位于太湖东西山之间交通要津的含谷山，是东山豸岭向西蜿蜒伸向太湖的余脉。山上建"寒山夕照"，山顶部分岩石裸露，有一组巨石似椅似榻，石上有脚印数处，传说为蓬莱仙子采药时留下的足迹。明汪琬诗曰："闻说蓬莱采药仙，飞来曾息此山巅。不知何日凌云去，石上灵踪万古传。"清吴鼎芳有诗曰："仙人去已久，履迹留山中。山根一片石，岁岁桃花红。长松响空雨，岩洞纷濛濛。碧岭挂古月，青溪飞断虹。此意少人会，聊寄黄眉翁。"除静观楼、可月堂、试箭阁等三组风景建筑，还将建筑㗷香阁、山门及治理废岩、铺设游路、绿化配植等，逐步建成东山景区的游览场所。

太湖长沙岛平面呈展翅凤凰，太湖一号桥从凤凰咀通过，充分保留山岗台地、架小桥、疏沟渠、修矶渚，遂形成一组高低错落、风雅别致的袖珍形的城堡式景点。由于这组建筑坐落在凤凰咀的山岗上，又形成了大小不同的台地，所以命名为凤凰台。恰和太湖大桥周边的山水融合成一组比例适度的观赏点。

东山雨花台景区，幽谷深坞，山下果林茂密，山上为混交次生林，清泉汇幽谷潺潺而下，"桃花涧"以自然山林、古石拱桥为原始风景，移散落的王鏊"雄黄矶"石刻点题，清理沟谷，以本山黄石堆叠矶石、沟渠，形成既自然古朴，又有一定文化含量的景点。

四、园林化的生活境域

苏州古典园林的绿色生态理念，成为苏州城市生态文明建设与环境整治的精神资源：居民区搬迁有公害、污染严重的工厂，饮用水源地专项整治，污水处理厂升级、总量控制污染物减排，大搞生态农业建设……

为了提高生活质量，优化生活环境，辟建小公园、小游园，见缝插绿，创建国家级生态园林城市群，营构可人的公共生活区域。根据国家园林城市的基本指标，苏州市应达的指标分别是人均公共绿地 7 平方米，绿地率达 32%，绿化覆盖率达 35%。

在市区及主要居住区处处"留白"，按照 300～500 米绿化服务半径的要求，在市区范围建设面积不少于 500 平方米的绿化带，称为"小游园"，使任何一个主要居住区的居民，出门 300～500 米，必有一块公共绿化提供观赏和休闲。时至今日，已经建成桐泾公园、广济公园、文庙公园、三元公园、广大家园等 36 个市、区级公园绿地及 102 个小游园，城区基本达成公共绿地 300～500 米服务半径。

苏州建城区的绿地率、绿化覆盖率、人均公共绿地面积分别由 2002 年的 31.2%、36.1%、6.8 平方米，提升到现在的 44.5%、38.2% 和 14.3. 平方米。

2013 年底，城区实现了绿地率 37.6%、绿化覆盖率 42.5% 和人均公共绿地面积 14.96 平方米。

苏州小游园中，有小亭、假山、小池、修廊等苏州园林小品，小园植物配置、色彩、层次、布局等，处处体现出苏州园林精、细、秀、美的风格。置身小游园中，新竹遍插，香樟树、广玉兰在微风中摇曳，连绵的绿地，如一条条绿色项链，妆点着美丽的苏州。

苏州在城市街坊改造时，借鉴古典园林艺术，小心翼翼地呵护着古砖雕纹、古藤老树，依然是粉墙黛瓦，人们虔诚地挽留着历史，又见缝插绿、拆墙补绿，千方百计地打点着自然。走进改造后的小区，犹如走进了一座座园林：从檐口、椽子、雨篷等建筑细部的设计，到入口的牌坊、各弄区的"暗香""疏影"牌匾、对联、点缀居民楼的苏式小亭，无不使人联想到苏州园林。

今日的苏州在建设现代居住环境时，也注意引用传统的艺术符号，运用传统的局部造园手法，进行移植和再造。如苏州佳安别院，在设计中也运用苏州园林式的亭廊和一些空间的处理手法，点缀着苏式园林的花窗，植物配置上也采用苏州园林意境营造手段，如梅兰竹菊"四君子"、松竹梅"岁寒三友"等。通过这些艺术元素的移植、点缀，体现苏州园林的文化内涵，使老百姓在日常生活环境中于潜移默化中接受苏州园林的艺术熏陶。

居民小区、公园、图书馆以及宾馆、饭店乃至候车亭（见图7-7、图7-8），也都飞檐、门洞、斗拱、漏窗、游廊等，离不开园林艺术符号，显得古韵悠悠。如苏州五星级宾馆竹辉宾馆、南园宾馆、南林饭店、友谊宾馆等都有美丽的庭园，小桥流水、亭台楼阁，并有诗意浓浓的题名。被誉为苏州园林式星级宾馆的南林饭店内，本来就有假山、飞泉，绿树成荫，之后他们又借鉴苏州四大名园的四个代表性景点的式样和装饰，做成四个小包厢，作为高级雅座，并分别借用其原名，即"翠玲珑"（沧浪亭）、"五峰仙馆"（留园）、"香洲"（拙政园）、"真趣亭"（狮子林）。一些小饭店也运用园林艺术元素装饰得很高雅，富有文化艺术品位。

图7-7　古城内的公交车站

图 7-8　佳安别院

第八章

余韵流芳

文化如水，润物无声，集中体现东方最高最优雅的生存智慧的苏州园林，其体现的生活艺术特别是"天人合一"的环境生态观念、厚生哲学等，既是钱穆先生所说的"实是整个中国传统文化思想之归宿处"，又是"中国文化对人类最大的贡献"[①]。

英国哲学家罗素说过，"中国至高无上的伦理品质中的一些东西，现代世界极为需要"，"若能够被全世界采纳，地球上肯定比现在有更多的欢乐祥和"。

苏州园林在国内外产生了巨大影响，华夏大地乃至东亚，处处留下她的倩影，18世纪香飘欧洲；不仅铸就了历史的辉煌，而且在今天依然充满着智慧的力量，作为地球村人们的艺术瑰宝的苏州园林，成为一种直指心灵的世界语言，也是与世界人民进行文化交流的使者和永恒的贵宾。

中华文化积淀着中华民族最深沉的精神追求，包含着中华民族最根本的精神基因，代表着中华民族独特的精神标识，要努力展示中华文化独特魅力，塑造我国的国家形象。[②]

让外国民众在审美过程中获得愉悦、感受魅力，加深对中华文化的认识和理解，苏州园林作为文化产品"卖出去"比"送出去"效果将会更好。

[①] 钱穆：《中国文化对人类未来可有的贡献》，载刘梦溪主编《中国文化》1991年第4期，第93-96页。

[②] 刘奇葆：《大力推动中华文化走向世界》，载《光明日报》2014年5月22日第3版。

第一节

华夏芳踪

梁思成先生说："中国传统建筑，臻于完美醇和于宋代。"宋元符三年（1100），李诫在两浙工匠喻皓《木经》的基础上编著的《营造法式》，由皇帝下诏颁行，这是我国古代最完整的建筑技术书籍。南宋时期，《营造法式》在平江府（今苏州）重刊，代表古代建筑科学与艺术巅峰的经典范式，被苏州的工匠广泛采用。可以说，"香山帮"直接继承了中国完美醇和的建筑技艺。

一、皇家园林中的苏园倩影

宋徽宗赵佶在汴梁营造艮岳，苏州香山帮先祖两次被征召进京城参加宫殿和皇家园林的建筑，第一次是在宋真宗大中祥符年间，苏州人丁谓在汴京担任修玉清昭应宫使期间；第二次是宋徽宗时，朱冲、朱勔父子主持建延福宫、造万寿山。崇宁元年（1102）三月，赵佶就派宦官童贯在苏州、杭州设置造作局，役使数千工匠制造象牙、犀角、金银、玉器、藤竹等奇巧之物，访求书画，以供御前玩赏。崇宁四年（1105）十一月，宋徽宗遂命苏州巨商朱冲之子朱勔（1075—1126）在苏、杭设置应奉局，专门搜求奇花异石，源源不断地运到汴京，兴起了劳民伤财的"花石纲"之役。

童寯《江南园林志》也谓："帝王之离宫别馆，亦有如乐天之不施丹白，纯效文人之园。宋徽宗经营艮岳，伪托隐逸，崇尚山林竹石，美之曰取人弃物。宫室变为村居，禽兽号于秋夜，识者以为不祥。《续资治通鉴》：'帝……因令苑囿皆仿江浙为白屋，不施五采。'自宋而后，江南园林之朴雅作风，已随花石而北矣。"[①]

清代的康熙、乾隆曾先后六次到江南巡行，乾隆更是"山水之乐，不能忘于怀"，凡他所中意的园林，均命随行画师摹绘成粉本"携园而归"，"若海宁安澜阁，江宁瞻园，钱塘小有天园，吴县狮子林等，皆仿其制"到清漪园。

清漪园自清琴峡起西至北宫门一带都是土山树木，后山脚一条曲折的苏州河，时而山穷水尽，忽又柳暗花明，行走其间，恍如江南乡村景色。小河两岸的苏州街，当年帝王来游时，曾由宫监扮演买卖店家，临河叫卖，一如苏州临河街市。

陈继儒《小窗幽记》言：瀑布天落，其喷也珠，其泻也练，其响也琴。"明代赵宧光的寒山别墅，石壁峭立，赵宧光凿山引泉，泉流缘石壁而下，飞瀑如雪，名"千尺雪"（见图8-1）。山半有屋曰"云中庐"，又有"弹冠室""惊虹渡"。

乾隆十分赏爱苏州赵宧光寒山别墅中的景点千尺雪瀑布，乾隆六次南巡，驻苏时必游千尺雪。旧有阁未署名，乾隆十六年赐名"听雪"。

乾隆在皇家园林北京西苑、蓟县的盘山和承德山庄，"皆引泉肖境为之"，均题名"千尺雪"。[②]他在《御制千尺雪》诗中说："吴下寒山爱佳名，热河田盘率仿作。松涛泉籁或仿佛，路遥岂得常凭托。咫尺西苑传春明，结构颇具林涧乐。四百余年树石古，峭茜信佳究穿凿。我书三字题檐端，亦有雪花拂檐落。揣称终疑不恰当，雪后今来一斟酌。人之称也徒彼哉，天之然兮谁此若。"避暑山庄的千尺雪在文津岛宁静斋之东，近旁有溪水从石上流出，喷薄如珠似雪，水声玲琮。乾隆《千尺雪歌》曰："何来晴昼飞玉花，玉花中有声交加。人间

① 童寯：《江南园林志》，中国建筑工业出版社1984年版，第12页。

② 曹林娣：《静读园林·流泉出峡中琴音》，北京大学出版社2005年，第114—120页。

图 8-1
赵宦光寒山别墅景"千尺雪"

丝竹比不得，似鼓云和之瑟湘灵家。"

　　明初高启《师子林十二咏序》曰："师子林，吴城东兰若也。其规制特小，而号为幽胜，清池流其前，崇丘峙其后，怪石膏幸而罗立，美竹阴森而交翳，闲轩净室，可息可游，至者皆栖迟忘归，如在岩谷，不知去尘境之密迩也。"

　　乾隆皇帝自第二次南巡起，每次必游苏州狮子林，赐匾"镜智圆照""画禅寺""真趣"等三块，以及十首"御制诗"。临摹倪云林款《狮子林全景图》[①]三幅（见图8-2）。

　　乾隆为了"梦寐游"，在皇家园林也仿建了狮子林：

　　1771年，他在圆明园长春园东北角仿建狮子林，由苏州织造署奉旨将狮子林实景按五分一尺烫样制图送就御览，建成后景点匾额均由苏州织造制作，送京悬挂。长春园狮子林八景曰：狮子

① 乾隆看到的宫藏《狮子林图》，因图中有人物、落款时间等问题，今学术界大多认为属临摹，属于"倪款"狮子林图。

图 8-2　乾隆《仿倪瓒狮子林图》

林、虹桥、假山、纳景堂、清閟阁、藤架、磴道、占峰亭，又续题八景曰：清淑斋、小香幢、探真书屋、延景楼、画舫、云林石室、横碧轩、水门。

翌年9月初具规模，因苏州狮子林"以石胜"，在北京也令"吴下高手堆塑小景"，虽用的是北京西山所产青石，与太湖石有雄秀之别，倒也"玲珑趣亦不相饶"，"宛若粉本此重临"，"峰姿池影都无二"，"不可移来惟古树"。

1774年，在避暑山庄镜湖与银湖之间的清舒山馆前，度地复规仿之，东部以假山为主题，西部以水池为主景，合称文园狮子林。

该园林总体布局宗法于元代画家倪瓒款的《狮子林图》，占地面积也与苏州狮子林一样大小。园内假山则就地取材，用北方的青石堆成，虽不如太湖石玲珑剔透，但都姿态万千、形状各异，颇具北方山石的雄壮浑厚之气，有山洞、蹬道可通峰顶及各个亭子，园外的磬锤峰、罗汉山、园内的"南山积雪""锤峰落照"等景点一览无余。

构园克服了圆明园平地造园、横向布局错落有致、纵向构图平淡无奇的缺点，不但在横向上着意刻画，而且在立面上精心设计，层次分明，使人置身园内，处处美景如画。乾隆皇帝每次来山庄必游文园狮子林，"随景纪以诗"，亲题文园十六景于内。乾隆曾赞曰："何必江南罗绮月，请看塞北有江南。"称之"欲傲金阊未有此"。

明永乐年间营修北京宫殿，大量征用江南工匠主要是苏州工匠，苏式彩画因之传入北方。历经几百年变化，苏式彩画的图案、布局、题材以及设色均已与原江南彩画不同，尤以乾隆时期的苏式彩画色彩艳丽、装饰华贵，因称"官式苏画"。北京颐和园长廊上的彩画就是典型的苏式彩画。北方园林宅第也多爱用之。紫禁城内苏式彩画多用于花园、内廷等处，大都为乾隆、同治或光绪时期的作品。慈禧太后对苏画特别偏爱，将其居住过的宁寿宫等处彩画均改作苏式。

二、私家园林中的苏园情怀

明末之时，北方文人学士就被苏州园林的魅力深深吸引。《万历野获编》记载："米仲诏进士园，事事模效江南，几如桓温之于刘琨，无所不似。"

台湾林本源园林，素有"园林之胜，冠于北台""台湾大观园"之称。设计风格模仿当时晚清大臣盛宣怀在苏州的园林"留园"，并重金礼聘大陆名师巧匠参与设计建造。

常州龙溪人盛宣怀与福建漳州龙溪人林家据说有些关系，盛氏时留园门厅悬有"龙溪盛氏义庄"匾。当时，林本源园林设计风格模仿留园的痕迹至今犹存。

盛氏时住宅在园东，五峰仙馆前庭东南侧鹤所附近，原为住宅入园通道。今留园入口为前任园主刘恕为接待宾客而在沿街所辟，位于住宅与祠堂间的夹巷中。

林本源园林的主人和内眷由内宅入园，宾客则必须经过老宅（旧大厝）东临的窄而长的"百花厅"游廊方能通往园之正门，"百花厅"还兼作林家接待外客的客厅，前后共两进院落，自第二进之后经过修长的游廊再折而东，方能进入园内的汲古书屋小庭院，含蓄不张扬，与苏州盛氏时留园的入口颇为相似。

盛氏留园入园后进入的"五峰仙馆"，清刘恕时（称其寒碧庄）被扩建为"传经堂"，"藏先世图书其中"，今五峰仙馆后院耳室书房名"汲古得绠处"，今林本源园林名"汲古书屋"（见图8-3），当时收藏图书数千卷，其中不乏宋元善本。两者都是仿明代毛子晋之汲古阁而命名。

盛氏留园建有"花好月圆人寿轩"，今已毁，林氏的"花好月圆"轩尚存；今盛氏留园的"远翠阁"，位于中部东北角，在此眺望，绿树翠竹一齐映入眼帘，有遥远之感。刘恕时曾名"空翠"，后改名"含青楼"。林本源园林的"来青阁"取自"青山绿野入眸来"之意，亦模仿此意。

林氏书斋方鉴斋斋前"半亩方塘一鉴开"，池中设有戏台，右侧依壁，假山重叠，取高山流水之意设计，演出和拍曲之时，利用水面回声以增加音响效果，昔日林氏于此宴客，夜则观赏歌舞，饶有情趣。盛氏留园在鸳鸯厅林泉耆硕之馆南有"东山丝竹"门额，意思是追慕东晋谢安隐居会稽东山时的风流逸韵，陶情于丝竹管弦之乐。园主人爱好声乐，当年在此造了苏州第一戏厅，室内设双层戏台，两翼为包厢，中央大厅可容十张大圆桌，并以谢安之风流自许。

图8-3 汲古书屋（林本源园林）

留园水池中曾筑"掬月亭"，取唐代于良史《春山夜月》诗中"掬水月在手，弄花香满衣"诗句意。今林氏园林中亦有建在海棠形水中的方胜形"月波水榭"，两者亦有相似之处。

林氏园林当街园门额曰"板桥小筑"，与留园入园处的"华步小筑"以及"一池三岛"的写意造型、漏窗造型一样多样化，并且其具有象征隐喻的吉祥口采、漏窗图案无一雷同等，这与留园亦有异曲同工之妙。

三、遍地开花的苏式园林建筑及小品

苏式园林建筑及小品在全国各地遍地开花：香港九龙寨城公园糅合了寨城原址遗留下来的历史遗迹和苏州传统园林的设计模式。整个公园共分为八个不同景区，分别为衙府缅昔、南门怀古、八径异趣、四季同馨、生肖情影、棋坛比奕、狮子窥园和归璧半亭。

香港园圃街雀鸟花园，设计有苏式"牌楼"。园内"洞门"将花园划分成不同的庭园。

1999 年昆明世博会"东吴小筑"，设计者在方寸之地，设计了小桥、流水、长廊、古屋、亭、台、楼、阁、水、榭、桥、窗、池、连廊、楹联、假山等要素，做工精细，主题精辟，充分表现了江苏地方特色和中国山水画与文人诗词通灵之境。通过自然风景与人文内涵的有机结合，体现了世界园林艺术中独具特色的苏州园林艺术风采。

今天，苏州香山帮各古建公司成为中国古建修缮、新建的骨干。仅苏州太湖古典园林建筑有限公司、苏州蒯祥古建园林工程有限公司和苏州常熟古建园林建设集团有限公司，就在江苏、浙江、上海、陕西、湖南、安徽、广东、福建、河南等地，承建了南京中山门城楼、南京甘熙故居、南京南捕厅历史街区传统民居保护二期工程、南京净觉寺、扬州凤凰岛湖光寺、阜宁盘龙古寺、姜堰古寿圣寺、浙江南浔张静江旧宅、大庆楼老街、台州路桥历史保护区十里长街等工程的测绘和修缮设计、无锡前洲锦绣园、上海宋城、南京钟山宾馆悦园、常州唐氏宗祠迁移工程、南昌滕王阁等。

常州的"文笔塔""天宁寺"，南京的"煦园""四明山庄"，上海的"文庙"，承德的"避暑山庄"，其中古建的修缮或新建，都出自苏州工匠之手。

还有当今方兴未艾的苏式园林别墅群，仅仅绿城集团 2018 年年底统计，其已经在全国各地做了 68 个中式园林别墅项目，而中式园林的样板正是苏州园林（见图 8-4）。

图 8-4 中式别墅区中心花园（上海浦江桃花源）

第二节

文化使者

中国园林对欧洲的影响，是在 17 世纪末到 19 世纪初，即明末清初，随着海外贸易的发展，欧洲大批商人和传教士来到中国，随着中国的瓷器、壁纸、刺绣、服装、家具等风靡以英国和法国为代表的欧洲国家之时，也掀起了一阵"中国园林热"。

中国追求自然、格调自由、洋溢诗情画意的园林艺术给欧洲以极度的惊异与钦佩。

康熙时阿迭生（Addison）在《旁观报》（SPeeator）著文叹息曰"吾欧洲之园圃，整齐画一，当为中国人所窃笑，以为种树成行，距离相等，作正圆方形，乃人人所能为，有何艺术可言？必如中国人之匠心独运，巧为计画，不求整齐呆板，方能称之为艺术"。[1]

随后，欧洲掀起了仿效中国园林的热潮，法国艺术史学家热尔曼·巴赞在《艺术史》中说：18 世纪中，这种花园在欧洲被模仿，先在英国，后在法国。德国、荷兰、瑞士、波兰、意大利等国相继建起了一些深具中国园林趣味的花园，其中都能见到以苏州园林为代表的中国江南园林的影子。

1772 年著名学者钱伯斯出版了《东方庭园论》《中国园林的布局艺术》《东方造园艺术泛论》等著作，将中国园林艺术介绍到英国，主张"明智地调和艺术与自然，取双方的长处，这才是一种比较完美的花园"，中国园林"虽然处处师法自然，但并不摈弃人为"，它的"实

---

[1] 方豪：《中西交通史》（下），岳麓书社 1987 年版。

际设计原则，在于创造各种各样的景，以适应理智的或感情的享受的各种各样的目的"，"中国人的花园布局是杰出的，他们在那上面表现出来的趣味，是英国长期追求而没有达到的"。他赞美中国造园家"是画家和哲学家"，不像意大利和法国那样，"任何一个不学无术的建筑师都可以造园"。[①]

1757—1763 年间钱伯斯为王太后主持丘园设计和建造时，就在园中运用了中国园林手法：辟湖叠山，构筑岩洞，还造了一座十层八角的地道的中国砖塔和一座亭子。

自此，自然风造园在英国风靡一时，取代了古典主义的造园艺术，这是英国人独创的花园，但由于受到中国园林艺术的启发，借鉴过中国造园艺术的题材和手法，因而被法国人称为"英中式花园"，或"中国式花园"。

一时间，仿中国园林池、泉、桥、洞、假山、幽林的自然式布局风格的新高潮在英国各地兴起。德国美学家赫什菲尔德在《造园学》中写道："近来没有别的花园像中国花园或者被称为中国式的花园那样受到重视的了，它不仅成了爱慕的对象，而且成了摹仿的对象。"

著名的有德洛普摩尔花园、阿莫斯伯雷花园、石格波罗花园等，被称为"图画式花园"。单纯模仿中国园林的建筑则更多，如英国伦敦的莱乃拉夫花园里的阁子、莱德诺公爵庄园里的塔、丘园里的孔庙等。

英中部"毕达福山庄"内有一湾曲水，上架木栏杆折桥，池旁是水榭长廊，廊尽头有座重檐翘角的小方亭子，配以成荫的绿树，真令人有如置身于苏州园林之感。

法国画家王致诚神父在 1747 年的《传教士书简》中说中国园林："再没有比这些山野之中、巉岩之上、只有蛇行斗折的荒芜小径可通的亭阁更像神仙宫阙的了。""人们所要表现的是天然朴野的农村，而不是一所按照对称和比例的规则严谨地安排过的宫殿"，"由自然天成"；无论是蜿蜒曲折的道路，还是变化无穷的池岸，都不同于欧洲那种"处处喜欢统一和对称"的造园风格，比欧洲花园更富诗情画意，更有深度。韩国英神父《论中国花园》说："人们到花园里来是为了避开世间的烦扰，自由地呼吸，在沉寂独处中享受心灵和思想的宁静，人们力求把花园做得纯朴而有乡野气息，使它能引起人的幻想。"

法国以罗梭为代表的哲学家倡导返璞归真、回归自然，这些与以苏州园林为代表"虽由人作，宛自天开"的构园思想一致。于是，在 17 世纪末，法国掀起了"中国园林热"。

1670 年，离凡尔赛宫主楼一公里半处，法王路易十四仿中国南京琉璃塔风格建成"蓝白瓷宫"，内陈中式家具，名"中国茶厅"。光达古亥公爵花园由原来的古典主义形式，改成了具有中国味的有叠石、假山的花园。1772 年，巴黎郊区的商蒂府邸在大草地的东边扩建，

---

① 转引自杨存田：《中国风俗概观》，北京大学出版社 1994 年，第 137 页。

形成广阔的水域，还有假山、岩洞和画廊。

1774 年，凡尔赛宫的小特里阿农花园建成，里面安排了曲折的小径、假山。

1775 年，法王路易十五下令将凡尔赛花园里经过修剪的树砍光。蒙梭花园有小溪、跌水和湖泊，湖心岛上还有一幢中国式建筑，有中国式的桥和岩洞、假山。蓬乃勒花园的主要入口就是一个大叠石假山洞，主要的府邸是中国式的重檐建筑。被成为"哈莫"的中国式大型花园，庙宇和农舍的周围，有河水和石砌的拱桥。巴黎西端的由贝郎士设计的巴夏代勒花园和圣詹姆士花园里，有叠石假山、岩洞和拱桥、小溪曲径在乱石间穿行。

巴黎郊区的商蒂府邸花园，有一座圆形的中国式亭子，两边有塔，色彩都照中国样子，有黄、绿、红等色。今天，巴黎有 20 多处建有中国式亭子的花园，现存巴黎近郊的"喷奈园"内的木桥和亭子就充满了中国情调。

当时法国许多庭园内都布置了中国式的假山、桥、修竹曲径等。

位于卡塞尔附近的威廉阜花园，是德国最大的中国式花园之一；1781 年，在它南面的魏森斯坦地方，面山傍水，造了一所叫"木兰村"的中国式村落，里面全是中式农舍，中央有一座圆形的小庙，有一道木质的"跨越激流的中国桥"，村旁山溪名"吴江"，一切景物都模仿苏州水乡。

瑞典、俄国、荷兰、瑞士、波兰、意大利都出现了中式庭园，大多具有水乡风情。花园中的水域，也具有了江南特别如苏州园林的特点，如一泓宽阔明净的水域，参差不齐、嶙峋的石驳岸，蜿蜒曲折的流水，低临水面的建筑物等。

18 世纪之后，欧洲的"中国热"才渐渐消退。

日本、朝鲜等东亚国家的园林是在中国古典园林的直接影响下产生发展的，特别是日本的园林。早在 7 世纪初，在推古天皇宫殿的南庭由百济工匠仿须弥山修造假山，还在上面架设仿中国式建筑的吴桥。

出自苏州明代画家兼造园艺术家计成之手的《园冶》，号为"千古未闻"之作，很早就传到日本，日本大村崖《东洋美术史》呼其为《夺天工》，尊之为世界造园学最古的名著，在日本得到广泛流传。

日本在江户时代所建的大名园林中，有两座园林都是以苏州宋代名臣范仲淹在《岳阳楼记》中的"先天下之忧而忧，后天下之乐而乐"这一千古绝唱立意，命名为"后乐园"，将个人的逸乐置于"天下乐"的前提下考虑，与民同乐，以精神上的娱乐为主，鄙弃或轻视物质享受。为使两园有所区别，在园名前各加上了地名，即东京的小石川后乐园和冈山后乐园。

东京的小石川后乐园由明遗臣朱舜水（1600—1682）受水户藩主德川光国之邀主持建造。朱舜水是和计成同时的造园学家，他渡日讲学，被德川光国邀请作为政治、经济顾问，深受光国敬重，被尊为"国师"，主持建造了"后乐园"。朱舜水去日本前，曾定时游历吴江、苏州等地，因此，"后乐园"内采纳了苏州宝带桥与桥上或桥旁布置凉亭的布局和风格，如圆月桥为富于江南情调的单孔石拱桥，将中国拱桥的营造技术首次用于日本园林。园中有苏州的太湖石、竹、芭蕉树、梧桐树，有唐门、西湖堤、八卦堂、得仁堂、福禄堂等。

朱舜水不仅向日本传授了明代造园风格和技艺，而且把日本室町时代发展而来的坐观式园林，重新发展到了游人可以身临其境的"回游式"庭园，更靠近中国园林、苏州园林的意趣。该园成为日本江户时期造园的模仿对象，拱桥圆月桥都被照样搬进了不少私家园林，成为营造中国式园林不可缺少的景物。

冈山后乐园与兼六园、栗林公园一起，在日本号称"天下三名园"或"天下三公园"。该园明确表示政府官员都要效法中国名臣范仲淹"先忧后乐"，希望四民先乐。该园从此向四民开放，四民可以在闲暇之时随意来园消闲游乐。

范仲淹"先忧后乐"的思想，通过园林这一特殊的文化实体物化了，并作为历史的"记忆"流芳千古。[1]

① 曹林娣：《凝固的诗——姑苏园林》，中国建筑工业出版社2012年版，第206页。

第三节

永恒贵宾

生活艺术化、艺术生活化的苏式生活和人类最佳生活境域的苏州园林，越来越受到世界人民的青睐。目前，苏州已在五大洲承建40多个园林项目，占中国园林"走出去"项目数的一半。

苏州园林大致以展览厅、园艺节参展作品、城市之间的友好赠建、纪念性的修建、观光园林等多种形式走向世界。

一、落户北美

1980年，以苏州网师园殿春簃庭院为范本，在美国纽约著名的大都会艺术博物馆里北翼建成了风格疏朗淡雅的"明轩"（见图8-5），用来陈设美国收藏的中国明代家具。由于其以营造中国明代文化而作为背景环境收藏而建，故名"明轩"，这是历史上第一个出口走向世界的苏州园林。

整个庭园占地面积460.2平方米，建筑面积230平方米，由门厅、曲廊、主厅、冷泉半亭、涵碧泉、假山、露台、天井、围墙组成，莳花种竹，虽然位于该

图 8-5 明轩庭园（美国大都会艺术博物馆二楼）

博物馆的二楼，但构成园林的建筑、山水、植物一应俱全，且简洁紧凑、粉墙黛瓦、飞檐翘角、小中见大、步移景异，完全是一座袖珍的苏州园林。

据程宗骏《吴中旧迹谈丛》载，"明轩"周围所垒的太湖石假山，本系乾隆年间苏州卫道观前巨商潘麟兆府东落鸳鸯厅正南庭院中物。假山或状如水帘洞，洞内自然形成"福禄寿"三字；或神似《西游记》人物唐僧、孙悟空、猪八戒、沙和尚、观音等，都栩栩如生，浑然天成。

纽约大都会艺术博物馆董事阿斯托夫人惊叹："简直是奇迹，我被中国工匠的聪明才智所感动，衷心感谢他们带来如此奇妙的园林建筑艺术。"

明轩这座小巧玲珑的仿明代建筑在美国引起轰动，美国《纽约时报》盛赞："明轩宛如一轴画卷一样，把秀美多姿的中国花园展现在人们眼前。"[1]

著名作家丁玲在其访美时所写的《纽约的苏州亭园》一文中盛赞道：

> ① 崔晋余主编：《苏州香山帮建筑》，中国建筑工业出版社2004年版，第190页。

转过屏风，苏州亭园就像一幅最完整、最淡雅、最恬适的中国画，呈现在眼前：清秀的一丛湘妃竹子，翠绿的两棵芭蕉，半边亭子，回转的长廊，假山垒垒，柳丝飘飘。青石面铺地，旁植万年青。后面正中巍峨庄严坐着一栋朴素的大厅，檐下，悬一块黑色牌匾，上面两个闪闪发亮的金字："明轩"。……

庄重、清幽、和谐。……正厅里的布置与摆设，无一处是以金碧辉煌、精雕细镂、五彩缤纷、光华耀目来吸引游人，而只是令人安稳、沉静、深思。这里几净窗明，好似洗净了生活上的繁琐和精神上的尘埃，给人以美、以爱、以享受，启发人深思、熟虑、有为。……苏州的亭园在这个博物馆里不失为一朵奇花异葩，人们在这里略事观览，就像是温泉浴后，血流舒畅，浑身轻松，精力饱满，振翅欲飞。

哲人的思维、画家的眼光和文学家的想象力——丁玲可谓苏州园林的"知音"！

明轩内陈设着该博物馆收藏的明代家具，座椅上还都有苏州著名书画家如文徵明、祝枝山、周天球等名家的刻铭文，可谓文气氤氲，与精雅的苏式园林风格珠联璧合。

1993年，在美国佛罗里达州其士美市建成了"锦绣中华园·苏州苑"；占地面积6.3万平方英尺，约5900平方米。

位于美国纽约史泰登岛的中国园林寄兴园，建筑材料配件在苏州加工制造，精美的太湖石选自太湖地区，由四十名来自苏州的能工巧匠完成，为典型的苏州古典园林风格。

园林依地就势，堆山理水，太湖石驳岸和叠石，亭台堂榭、曲桥飞廊、花街铺地、云墙月洞应有尽有，受到了当地各界的极大关注和赞赏。

2000年世纪之交，作为美国俄勒冈州波特兰市和苏州市缔结友好的象征、融汇蕙兰（波特兰）和紫苏（苏州）的"兰苏园"，在美国波特兰市中心、曾是著名的唐人街上落成。

兰苏园占地3700余平方米，建筑面积830平方米，园中以水景为主，波光荡漾，清泓皎澈，有涵虚阁、锦云堂、锁月亭、知鱼亭、浣花春雨榭、沁香仙馆、廊桥、假山等分别组成院落、小景"岁寒三友""雨打芭蕉"等，注重景境营造。全园五个景区，布局自由、灵活、曲折，空间层次丰富。粉墙黛瓦、亭台楼阁、数百种植物和花草、蜿蜒的马赛克幽径、古柱廊上的雕龙、小桥流水和湖畔的茶楼，清新、典雅，诗情画意浓溢，充满了美妙而又神秘的东方神韵。[①]

美国市民为兰苏园的迷人风采所折服，美国俄勒冈州政府授予兰苏园"人居环境奖"，波特兰市政府授予"兰苏园"当地建筑质量最高奖"模范安全奖"。

此外，苏州还赠给该市一特大湖石立峰，题为"奇石通灵"（见图8-6），置于市政厅前的广场，这又是把中国联系着《红楼梦》的石文化，进一步辐射到西方世界……

1986年，美国纽约市斯坦顿岛植物园内，以苏州退思园为蓝

① 吴靖宇：《兰苏园，苏州人的自豪》，载《苏州园林》2000年第4期。

图 8-6
"奇石通灵"湖石峰
（美国波特兰市）

本，建造了一座面积 3850 平方英尺的苏州园林，名"退思庄"。

位于洛杉矶汉庭顿园林的流芳园，遵循苏州园林建筑原理，因地制宜而建。保留了该地茂密的树木成为绿意盎然的背景，又因势利导，利用汉庭顿园区豪雨积水的低洼处，依势改造成了人工湖，湖石叠岸，环湖而筑的苏式亭台楼阁，掩映在四季花木之中。

加拿大是北美洲最北的国家，素有"枫叶之国"的美誉。温哥华市华埠与市中心之间的中山公园内的"逸园"，为该市十万余加拿大籍华裔为开拓华埠、继承和发扬中华民族传统，并纪念孙中山先生而建，用中山先生之字"逸仙"命名。

逸园面积不大，占地仅两亩多，全园划分为入口主堂区、复廊水榭区、书斋庭园区和曲池山林区等四大景区。

入园门有一小院以曲尺形走廊与主厅华枫堂相连。堂坐北朝南，面阔三间，内四界前后带轩廊。

复廊水榭区曲折起伏，变化多端，曲直有序，步移景换。南边歇山式建筑涵碧榭，两面临水，前后空透，水面湖光波影；岸畔垒山堆石，山水相映，妙趣横生。水面架有一桥，迂回曲折，花木配置虚实有致。水轩面北而筑，与华枫堂、云蔚堂互为对景，是逸园主要观赏点之一。

书斋庭园区，书斋门上悬有"四宜书屋"匾额。屋内一侧为坡邹角亭，另一侧湖石散置，以松、竹、梅、兰等花木点缀，景色别致，幽雅宜人。

曲池山林区主要由东部岛山和西部壁山组成，以山洞水溪相隔，池水缭绕山间，水随山转，山因水活，浑然一体。岛山峭壁之西有一花洞，佐以石崖道，游客可涉水而入，观瀑听涛，天趣信然。岛山顶部建有云蔚亭，游客在此可眺望中山公园和逸园景色全貌。

全园疏密相间，"多方景胜，咫尺山林"的构设，充满诗情画意，被加拿大媒体誉为"中国以外唯一完整的苏州花园"。

该园曾荣获国际城市中心协会 1987 年度"特别成果奖""杰出贡献奖"。

二、踏足欧洲

在欧洲的德国、英国、荷兰、瑞士、马耳他等地，都留下了苏州园林及苏州园林小品的倩影。

坐落在德国巴符州的"清音园"，取晋左思《咏史》："非必丝与竹，山水有清音。"有个德国妇女参观了"清音园"后告诉中国记者说：她在中国工作过，很喜欢中国园艺，她已经在自己的家里建了个 60 平方米的中国花园。中国园林已经进入异国的家园。

1981 年，在有 20 多个国家参展的慕尼黑国际园艺博览会上"芳华园"以其自然、雅趣的风格艳压群芳，赢得了国际评奖委员会授予的最高荣誉：获得大金质奖章。展览结束时原计划要把这批园林拆除后移建别处，在 6 万多市民签名要求下，芳华园被保留下来。[①]

《姑苏晚报》1995 年 2 月 10 日载：园林设计院为马耳他设计"中国园"，坐落在马耳他桑塔露西亚，占地面积约 8000 平方米。园林由喷泉小景、中心庭院、曲径林荫三部分组成。

池中立湖石峰一座，造型喷泉三组，园内水域面积约 600 平方米，池周有厅堂、方亭、六角亭、石板曲桥、游廊等。有小型假山一座。园内道路采用多种花色材料铺设，曲径林荫以植物造型为主，花木选用当地品种。

正如哈佛东亚系教授包庇德所认为的，苏州园林与欧洲、美国园林最大的不同在于其园林里有深刻的思想，有诗，有故事，有人物介绍。

---

① 周峥：《走向世界的苏州园林》，载《苏州园林》1992 年第 1 期。

三、留迹亚洲

坐落在新加坡南裕廊镇上的唐城，模仿我国古代唐都长安，主殿大明宫及宫后御花园和华清池，都体现了香山帮建筑艺术精华。仅屋脊鸱吻堆塑等图案就达 60 余种，诸如龙吻、凤头吻、大象、二龙戏珠、喷水团龙等。

1990 年，又在新加坡裕廊公园内建成了与盆景相结合的"蕴秀园"（见

图 8-7），占地 5800 平方米，为传统的苏州仿古园林。园内假山叠石均出自苏州的太湖石。

园林以展示中国各流派的盆景为主，诸如岭南派、川派、扬派、苏派和海派等，品类有微型盆景、树木盆景、精品盆景和水式盆景。园中的四面厅、轩廊、池山与多个盆景区互相搭配，浑然一体。展示了苏州能工巧匠高超的建筑技艺和苏州园林的布局和风格。

早在 1984 年，苏州古典园林建筑公司就在日本东京鹤岗八幡宫神社的牡丹园内堆叠了太湖石假山小品，有立峰三座，散石多块，错落有致。

1994 年，在日本金泽市建成了"金兰亭"，金泽与苏州缔结友好城市，取"义结金兰"而名，六角攒尖顶，黛瓦红柱，围以吴王靠。亭四周有水池、石栏、花木和曲桥。

听香深处——魅力

图 8-7　蕴秀园（新加坡）

日本池田市水月公园内"齐芳亭"，六角攒尖顶，黛瓦红柱，围以吴王靠，立于池畔，两侧有曲廊通幽。

仅苏州园林设计院有限公司历年来先后在美国、加拿大、英国、法国、马耳他、瑞典、新加坡等十个国家和地区设计苏州园林项目，有较大规模和知名度的项目就有 14 个，零星的亭台楼阁项目约 10 个。因地制宜，不乏创新，如材料运用上，"兰苏园"采用了碳纤维；"流芳园"为防震用了钢结构等。

精美的园林佳作，架起了中外文化交流的桥梁。

后记

　　苏州园林为什么会成为中华的文化经典？我们策划这套由七部著作组成的系列，就是企图从宏观和微观两个维度来解答这个问题。宏观是从全局的视角揭示苏州园林艺术本质及其艺术规律；微观则通过具体真实的局部来展示其文化艺术价值，微观是宏观研究的基础，而宏观研究是微观研究的理论升华。

　　《听香深处——魅力》就是从全局的视角，探讨和揭示苏州园林永恒魅力的生命密码；日本现代著名诗人、作家室生犀星曾称日本的园林是"纯日本美的最高表现"，我们更可以说，中国园林文化的精萃——苏州园林是"纯中国美的最高表现"！

　　本系列的其他六部书分别从微观角度展示苏州园林的文化艺术价值：

　　《景境构成——品题》，通过解读苏州园林的品题（匾额、砖刻、对联）及品题的书法真迹，使人们感受苏州园林深厚的文化底蕴，苏州园林不啻一部图文并茂的文学和书法读本，要认真地"读"。《含情多致——门窗》《吟花席地——铺地》《透风漏月——花窗》《凝固诗画——塑雕》和《木上风华——木雕》五书，则具体解读了触目皆琳琅的园林建筑小品：千姿百态的门窗式样、赏心悦目的铺地图纹、目不暇接的花窗造型、异彩纷呈的脊塑墙饰、精美绝伦的地罩雕梁……

　　我与研究生们及青年教师向净一起，经过数年的资料收集，包括实地拍摄、考索，走遍了苏州开放园林的每个角落，将上述这些默默美丽着的园林小品采集汇总，又花了数年时间，进行分类、解读，并记述了香山工匠制作这些园林小品的具体工艺，终于将这些无言之美的"花朵"采撷成册。

　　分类采集图案固然艰辛，但对图案的文化寓意解读尤其不易。我们努力汲取学术界最新研究成果，希望站在巨人肩头往上攀登，力图反本溯源，写出新意，寓知识于赏心悦目之中。尽管一路付出了艰辛的劳动，但距离目标还相当遥远！许多图案没有现成的研究成果可资参考，能工巧匠大多为师徒式的耳口相传，对耳熟能详的图案样式蕴含的文化寓意大多不知其里，当代施工或照搬图纹，或随机组合。有的图纹十分抽象写意，甚至理想化，仅为一种形式美构图。因此，识别、解读图纹的文化寓意，更为困难。为此，我们走访、请教了苏州市园林和绿化管理局、香山帮的专业技术人员，受到不少启发。

今天，在《苏州园林园境》系列出版之际，我们对提供过帮助的苏州市园林和绿化管理局的总工程师詹永伟、香山古建公司的高级工程师李金明、苏州园林设计院贺凤春院长、王国荣先生等表示诚挚的谢意！还要特别感谢涂小马副教授，他是这套书的编外作者，无私地提供了许多精美的摄影作品，为《苏州园林园境》系列增添了靓丽色彩！

感谢中国电力出版社梁瑶主任和曹巍编辑对传统文化的一片赤诚之心和出版过程中的辛勤付出！

虽然我们为写作《苏州园林园境》系列做了许多努力，但在将园境系列丛书奉献给读者的同时，我们的心里依然惴惴不安，姑且抛砖引玉，求其友声了！

最后，我想借法国一条通向阿尔卑斯山的美丽小路旁的标语牌提醒苏州园林爱好者们："慢慢走，欣赏啊！"美学家朱光潜先生曾以之为题，写了"人生的艺术化"一文，先生这样写道：

> 许多人在这车如流水马如龙的世界过活，恰如在阿尔卑斯山谷中乘汽车兜风，匆匆忙忙地急驰而过，无暇一回首流连风景，于是这丰富华丽的世界便成为一个了无生趣的囚牢。这是一件多么可惋惜的事啊！

人生的艺术化就是人生的情趣化！朋友们：慢慢走，欣赏啊！

曹林娣
辛丑桐月改定于苏州南林苑寓所

参考文献

（汉）郑玄，（唐）孔颖达. 礼记（十三经注疏）[M]. 上海：上海古籍出版社，2008.

（汉）司马迁. 史记 [M]. 北京：中华书局，1975.

（清）王先谦集解，汉书补注，北京：中华书局，1983.

（清）王先谦集解，后汉书集解，中华书局，1984.

（南朝）刘义庆、余嘉锡撰，世说新语笺疏，北京：中华书局，1983.

（梁）萧统编：文选，北京：中华书局，1977.

（梁）刘勰、范文澜注：文心雕龙，北京：人民出版社，1958.

（梁）萧子显编：南齐书，北京：中华书局，1972.

（唐）姚思廉编，陈书，北京：中华书局，1999.

（北魏）杨衒之：洛阳伽蓝记，北京：中华书局，1984.

（唐）欧阳询主编：艺文类聚，上海：上海古籍出版社，1982.

（唐）徐坚编：初学记，（唐）·徐坚编：北京：中华书局，1980 年重印本.

（唐）白居易、朱金城笺校，白居易集笺校，上海：上海古籍出版社，1988.

（唐）陆广微、曹林娣注：吴地记，南京：江苏古籍出版社，1986.

（清）彭定求等编，全唐诗，北京：中华书局，1960.

（唐）寒山子：寒山诗全集，唐百家诗全集本，海南出版社，1992.

（宋）朱长文：吴郡图经续记，南京：江苏古籍出版社，1986.

（宋）朱长文：乐圃馀稿，四库全书两淮马裕家藏本.

（宋）苏舜钦：苏舜钦集编年校注，成都：巴蜀书社，1991.

（宋）苏轼：苏轼文集，北京：中华书局，1986.

（宋）范成大：吴郡志，南京：江苏古籍出版社，1986.

（宋）龚明之：中吴纪闻，上海：上海古籍出版社，1986.

（宋）沈括：梦溪笔谈，北京：文物出版社，1976 年影印元东山书院刻本.

（元）脱脱等，宋史，北京：中华书局，1985.

（元）徐贲：北郭集四库全书安徽巡抚采进本.

（元）郑元祐：侨吴集北京图书馆古籍珍本丛刊影印弘治九年刊本.

（元）李祁：云阳集四库全书浙江鲍士恭家藏本.

（明）于慎行：谷山笔麈，北京：中华书局，1997.

（明）王鏊：四姑苏志，库全书本.

（明）张岱：陶庵梦忆，马兴荣注，北京：中华书局，2007.

（明）王鏊：震泽集，台北：台湾商务印书馆，中华民国75年（1986）版本.

（明）吴宽：家藏集，上海：上海古籍出版社，1991.

（明）徐有贞：武功集，台北：商务印书馆影印文渊阁四库全书本.

（明）文徵明：甫田集，杭州：西泠印社出版社，2012.

（明）祝允明：怀星堂集，杭州：西泠印社出版社，2012.

（明）唐寅：六如居士集，杭州：西泠印社出版社，2012.

（明）文洪：文氏五家集，四库全书珍本.

（明）沈德符：万历野获编，北京：中华书局，1989.

（明）邱浚：重编琼台会稿，清光绪五年刻本.

（明）王世贞：弇州续稿，四库别集.

（明）高濂：燕闲清赏笺，杭州：浙江人民美术出版社，2012.

（明）陆绍珩：醉古堂剑扫（一名小窗幽记，陈继儒撰），长春：吉林大学出版社，2011.

（明）黄省曾：吴风录，百陵学山本.

（明）王锜：寓圃杂记，北京：中华书局，1984.

（明）张瀚：松窗梦语，北京：中华书局，1985.

（明）王士性：广志绎，北京：中华书局，1981.

（明）张大复：梅花草堂笔谈，长沙：岳麓书社，1991.

（明）归有光：震川先生集，上海：上海古籍出版社，1981.

（明）高启、清金檀辑注，高青丘集，上海：上海古籍出版社，1985.

（明）杨基：眉庵集，成都：巴蜀书社，2005.

（明）袁宏道、钱伯诚笺校，袁宏道集笺校，上海：上海古籍出版社，1981.

（明）王守仁、吴光等编校，王阳明全集，上海：上海古籍出版社，1995.

（明）钱谷：吴都文粹续集，北京：商务印书馆，1934.

（明）陆粲：陆子余集，上海：上海古籍出版社，1993.

（明）郑真：荥阳外史集，四库全书本.

（清）邵廷采：思复堂集，杭州：浙江古籍出版社，2012.

（清）汪琬：尧峰文钞，台北：台湾商务印书馆影印文渊阁四库全书.

（清）佚名、王锺翰注，清史列传，北京：中华书局，1987.

（清）袁枚、顾学颉校点，随园诗话，北京：人民文学出版社，1982.

（清）张廷玉等：明史，北京：中华书局，1974.

（清）顾嗣立：元诗选，北京：中华书局，1987.

（清）沈德潜：古诗源，北京：中华书局，2006.

（清）沈复：浮生六记，北京：作家出版社，1996.

（清）赵翼、王树民 校证：廿二史札记校证，北京：中华书局，1984.

（清）钱谦益：列朝诗集小传，上海：上海古籍出版社，1957.

（清）袁学澜：适园古文稿，线装.

（清）况周颐：蕙风词话，北京：人民文学出版社，1984.

（清）叶燮：已畦文集，北京：人民文学出版社，1979.

（清）姚之骃：元明事类钞，四库全书本.

（清）顾祖禹：读史方舆纪要，北京：中华书局重印商务万有文库本.

（清）贺长龄辑、魏源参订：清经世文编，道光刊本.

（清）高见南：相宅经纂，台北：育林出版社，1999.

（清）宋如林等修、清石韫玉纂：苏州府志，道光四年刻本.

（清）沈德潜、顾诒禄：乾隆元和县志，南京：江苏古籍出版社，1991.

（清）顾震涛：吴门表隐，南京：江苏古籍出版社，1986.

（清）钱泳：履园丛话，北京：中国书店，1991.

（清）曹允源、李根源：吴县志，南京：江苏古籍出版社，1990 年影印本；

（清）钱谦益：牧斋初学集，上海：上海古籍出版社，1985.

（清）沈德潜：归愚文钞余集，清乾隆间精写刻本.

（清）韩崶：还读斋续刻诗稿，道光七年写刻本.

（清）李渔：闲情偶寄，北京：作家出版社，1996.

（清）沈宗骞，芥舟学画编，济南：山东画报出版社，2013.

（清）王时敏：王烟客先生集，上海苏新书社、苏州振新书社，民国五年印行.

（清）俞陛云：诗境浅说，上海：上海书店，1984 年影印本.

（清）史研究室编，明清苏州工商业碑刻集，苏州博物馆、江苏师范学院历史系、南京大
　　学明南京：江苏人民出版社出版，1981.

黄怀信，张懋镕，田旭东. 逸周书汇校集注［M］. 上海：上海古籍出版社，2007.

杨伯峻. 论语译注［M］. 北京：中华书局，1963.

杨伯峻. 孟子译注［M］. 北京：中华书局，1963.

庄子［M］. 北京：中华书局，2007.

管子［M］. 北京：中华书局，2009.

陈植.〈长物志〉校注［M］. 南京：江苏科技出版社，1984.

陈植. 园冶注释［M］. 北京：中国建筑工业出版社，1988.

童寯：江南园林志，北京：中国建筑工业出版社，1984.

梁思成：中国建筑史，广州：百花文艺出版社，1998.

刘敦桢：苏州古典园林，北京：中国建筑工业出版社，2005.

陈从周：中国园林，广州：广东旅游出版社，1996.

陈从周等：园综，上海：同济大学出版社，2004.

周维权：中国古典园林史，北京：清华大学出版社，1999.

杨鸿勋：江南园林论，上海：上海人民出版社，1994.

陈俊愉、程绪珂：中国花经，上海：上海文化出版社，1990.

林语堂英文原，越裔汉译：林语堂全集，长春：东北师范大学出版社，1994.

顾颉刚：苏州史志笔记，南京：江苏古籍出版社，1987.

钱穆：中国文学论丛，北京：生活·读书·新知三联书店，2002.

钱穆：宋代理学三书随劄附录，北京：生活·读书·新知三联书店，2002.

汤一介：佛教与中国文化，北京：宗教文化出版社，2000.

朱光潜：朱光潜美学文集，上海：上海文艺出版社，1982.

朱光潜：谈美书简二种，上海：上海文艺出版社，1999.

龙庆忠：中国建筑与中华民族，广州：华南理工大学出版社，1990.

李文治：中国近代农业史资料第1辑，北京：生活·读书·新知三联书店，1957.

范伯群：周瘦鹃文集，上海：文汇出版社，2011.

徐复观：中国艺术精神，沈阳：春风文艺出版社，1987.

袁行霈：中国文学史，北京：高等教育出版社，1999.

牟宗三：中西哲学之会通十四讲，上海：上海古籍出版社，1997.

张岂之：中国思想史，西安：西北大学出版社，2003.

侯幼彬：中国建筑美学，哈尔滨：黑龙江科学技术出版社，1997.

李泽厚：美的历程，北京：文物出版社，1982.

张岫云：补园旧事，苏州：古吴轩出版社，2005.

一丁、雨露、洪涌：中国古代风水与建筑选址，石家庄：河北科技出版社，1996.

冯采芹：绿化环境效应研究（国内篇），北京：中国环境科学出版社，1992.

吴振声：中国建筑装饰艺术，台北：文史哲出版社，1980.

俞绳方：苏州古城保护及其历史文化价值，西安：陕西人民教育出版社，2007.

杨晓东：灿烂的吴地鱼稻文化，北京：当代中国出版社，1993.

王稼句：苏州园林历代文钞，上海：上海三联书店，2008.

杨存田：中国风俗概观，北京：北京大学出版社，1994.

曹林娣：姑苏园林—凝固的诗，北京：中国建筑工业出版社，2012.

曹林娣：园庭信步——中国古典园林文化解读，北京：中国建筑工业出版社，2011.

曹林娣：静读园林，北京：北京大学出版社，2005.

魏嘉瓒：苏州古典园林史，上海：上海三联书店，2005.

美学文献第一辑，北京：书目文献出版社，1984.

苏州市园林和绿化管理局编：留园志，上海：文汇出版社，2012.

苏州市园林和绿化管理局，等. 中国苏州地方史文库：苏州园林和绿化事业发展60年（1949—2009）[M]. 北京：中共党史出版社，2010.

方豪：中西交通史，长沙：岳麓书社，1987.

崔晋余：苏州香山帮建筑，北京：中国建筑工业出版社，2004.

丁应执. 苏州城市演变研究——兼评苏州现代化城市建设 [D]. 南京：南京师范大学，2008.

[德] 马克思，马克思恩格斯全集，北京：人民出版社，1975.

[德] 马克思. 1844年哲学经济学手稿 [M]. 北京：人民出版社，2000.

[德] 威廉·狄尔泰：狄尔泰全集，哥廷根·1977.

[德] 黑格尔、朱光潜译：美学，北京：商务印书馆，1984.

[德] 费尔巴哈. 十八世纪末—十九世纪初德国哲学 [M]. 北京大学哲学系、外国哲学史教研室，译. 北京：商务印书馆，1975.

[德] 海德格尔、彭富春译：诗语言思—人诗意地居住，文化艺术出版社，1991.

[德] 马尔库塞. 李小兵. 审美之维 [M]. 北京：生活·读书·新知三联书店，1989.

［英］罗素. 秦悦. 中国问题［M］. 上海：学林出版社，1997.

［法］热尔曼·巴赞. 刘明毅. 艺术史［M］. 上海：上海人民美术出版社，1989.

［法］罗歇·苏. 姜依群. 休闲［M］. 北京：商务印书馆，1996.

［法］丹纳. 傅雷. 艺术哲学［M］. 合肥：安徽文艺出版社，1994.

［美］美威尔·杜兰、幼狮文化公司译，世界文明史·东方的遗产，东方出版社，1999.

［美］克里斯蒂安·乔基姆. 王平、张广保、沈培、李淑珍译：中国的宗教精神［M］. 中国华侨出版公司，1991.

［美］查尔斯·詹克斯. 赵冰译. 中国园林之意义［J］. 建筑师，1987（27）.

［美］林达·约翰逊主编、成一农译：帝国晚期的江南城市，上海：上海人民出版社，2005.

［意大利］马可波罗、丁伯泰编译：东方见闻录，北京：中国文史出版社，1998.